线损管理手册

（第二版）

赵全乐　编

内 容 提 要

本书是供电企业和电力客户线损管理的工具书。为方便供电企业和各电力客户做好线损管理工作，积极开展线损培训，提高人员素质，根据线损管理的内容，电力市场改革的需要，结合工作中存在的问题、现代互联网＋的普及应用，在原《线损管理手册》的基础上进行了全面的修改与补充。全书比较全面详细地介绍了线损管理的相关知识，并收集了与线损管理有关的输配电设备和变压器的技术数据等资料，是线损管理人员必备的工具书，具有面向基层、内容广泛、实用性强等特点，可帮助线损管理人员在工作中查阅。

全书共分十章，内容包括基础知识、线损理论计算、无功电压管理、技术降损、管理降损、辅助专业工作标准与要求、电能计量、反窃电知识等技术方面的内容，以及收集整理了输配电线路、三相电力变压器等设备的各项技术参数等。

本书可供供电企业线损管理、用电营销、农电管理、无功电压管理、调度运行管理、计量管理、用电检查、供电站（所），以及电力客户的线损管理人员参考使用，并可作为基层单位线损管理人员的培训教材。

图书在版编目（CIP）数据

线损管理手册/赵全乐编．—2版．—北京：中国电力出版社，2023.4（2024.7重印）

ISBN 978-7-5198-7574-9

Ⅰ.①线… Ⅱ.①赵… Ⅲ.①线损计算-手册 Ⅳ.①TM744－62

中国国家版本馆CIP数据核字（2023）第021496号

出版发行：中国电力出版社

地　　址：北京市东城区北京站西街19号（邮政编码100005）

网　　址：http://www.cepp.sgcc.com.cn

责任编辑：娄雪芳（010－63412375）

责任校对：黄　蓓　于　维

装帧设计：郝晓燕

责任印制：吴　迪

印　　刷：固安县铭成印刷有限公司

版　　次：2007年7月第一版　2023年4月第二版

印　　次：2024年7月北京第九次印刷

开　　本：787毫米×1092毫米　16开本

印　　张：19.75

字　　数：428千字

印　　数：15001—15500册

定　　价：80.00元

《线损管理手册（第二版）》编委会

主　任　谢国荣

副主任　吴浩林　李　欣

主　编　赵全乐

编　委　刘和平　赵　娟　李　华　南晓强　靳海岗　邱慧芳

黄　静　张亚丽　梁跃亲　田育江　刘永平　刘建平

刘　佳　赵　霆　李　静　张晋星　王忠泽　卫佳佳

张　芳　乔惠军　王炳耀

前　言

线损率是电力企业管理中一项重要的综合性技术经济指标，其高低直接影响到电力企业的经济效益和利润。为此加强线损管理，努力提高线损管理人员的业务素质、工作效率和管理水平是电力企业的一项长期工作。根据多年来线损管理的经验，为方便广大线损管理人员查阅有关线损方面的资料，解决实际问题，提高工作效率，《线损管理手册（第二版）》编委会相关人员深入基层、到达现场进行调查研究，参考各种线损管理的资料，在原《线损管理手册》的基础上，融入先进的管理理念和科学发展技术，结合现阶段线损管理与发展的现状，以及新设备、新技术的推广应用，重新对原《线损管理手册》中的相关内容进行了修改、补充和完善，是一本实用性很强的技术书和工具书，广泛应用于供电企业的各个部门、营销管理的各专业，以及电力客户的线损管理工作，也可作为线损培训的配套教材使用。

全书共分十章，第一章收集了与线损管理有关的基础知识；第二章围绕开展理论线损计算，重点讲述了理论线损计算的方法和损耗计算；第三章对无功电压管理进行了详细的说明；第四章从降低技术线损着手，全面阐述了各种电气设备的损耗和降损途径；第五章重点对线损的统计、分析、考核等全过程进行了讲解；第六章主要对线损管理的有关专业，与线损相关的工作提出了工作标准与要求；第七章主要对线损管理的基础电能计量管理进行了全面的讲述；第八章从反窃电角度考虑，重点收集并整理了用户常见的窃电方法及应采取的反窃电措施；第九、十章广泛收集了各种电气设备的技术参数等，供广大线损管理人员在工作中进行查阅。

在本书的编写过程中，得到了供电公司有关技术人员的大力支持和帮助，在此表示衷心的感谢。

由于作者水平有限，疏漏和不足之处在所难免，敬请广大读者和技术同仁批评指正。

编　者

2023年1月

目　录

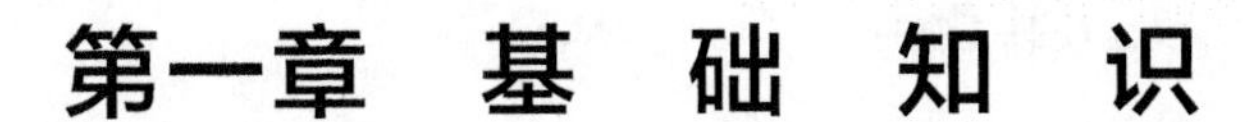

第一章 基 础 知 识

线损率是供电企业一项综合性的经济指标，是实现利润的重要组成部分，其高低决定于电网结构、技术状况、运行方式和潮流分布、电压水平以及功率因数等多种因素，它不仅反映电网的运行管理水平，同时还受电网的规划设计以及电网建设的制约。在管理方面，线损率的高低还能够反映一个企业经营管理水平、企业经济效益的好坏等。为此，加强线损管理，减少漏洞，是提高供电企业管理水平和经济效益的有效途径。

第一节 常用电工名词、符号、单位和概念

一、电荷

物体的带电质点称为电荷。电荷有正、负两种，同性电荷相互排斥，异性电荷相互吸引。代表符号是“Q”，度量单位是“库仑（C）”。

二、电流

电荷的定向运动称为电流。单位时间内通过导体截面积的电荷称为电流强度，简称为电流。代表符号是“I”，度量单位是“安培（A）”。

1A 电流也就是在 1s 内通过导体截面的电荷为 1C，即 6.24×10^{18}个电子。

计算公式为

$$I=\frac{q}{t} \tag{1-1}$$

式中 I——电流，A；

q——通过导体的电荷，C；

t——时间，s。

三、电压

电压是指静电场或电路中两点间的电位差，其数值等于单位正电荷在电场力的作用下，从一点移到另一点所做的功。代表符号是“U”，度量单位是“伏特（V）”。

1 伏特就是 1 安培电流通过 1 欧姆电阻时，电阻两端的电压。

计算公式为

$$U_{ab}=\frac{A_{ab}}{q} \tag{1-2}$$

式中 U_{ab}——a、b 两点的电压，V；

A_{ab}——正电荷在电场力的作用下，从 a 点移到 b 点所做的功，J；

q——电荷所带的电量，C。

1 伏特（V）＝1000 毫伏（mV）

1 千伏（kV）＝1000 伏特（V）

1 万伏＝10 千伏（kV）

四、电流密度

通过单位面积的电流大小。代表符号是“J”，度量单位是 A/m^2，工程上常以 A/mm^2 表示。

计算公式为

$$J=\frac{I}{S} \tag{1-3}$$

式中 J——电流密度，A/m^2；

I——电流，A；

S——导体的截面积，m^2。

五、电动势

电源力把电量为 q 的正电荷从它的负极移到正极所做的功 A 与电量 q 的比值称为电动势。代表符号是“E”，度量单位是“伏特（V）”。

计算公式为

$$E=\frac{A}{q} \tag{1-4}$$

式中 E——电动势，V；

A——电源力移动电荷所做的功，J；

q——电荷所带的电量，C。

六、电阻

导体一方面具有导电的能力，另一方面又有阻碍电流通过的作用，这种阻碍作用称为电阻。代表符号是“R”，计量单位是“欧姆（Ω）”，简称“欧”。

计算公式为

$$R=\rho\frac{L}{S} \tag{1-5}$$

式中 R——导体的电阻，Ω；

ρ——导体的电阻率，Ωm，常见导电纯金属的电阻率如表 1-1 所示；

L——导体的长度，m；

S——导体的截面积，m^2。

表 1-1 常见导电纯金属的电阻率

名称	符号	密度 (g/cm^3)	熔点 (℃)	电阻率 (20℃，$\times10^{-8}\Omega m$)	电阻温度系数 (20℃，$\times10^{-3}$/℃)
银	Ag	10.50	961.93	1.59	3.80
铜	Cu	8.90	1084.5	1.69	3.93
金	Au	19.30	1064.43	2.40	3.40
铝	AI	2.70	660.37	2.65	4.23
钠	Na	0.97	97.8	4.60	5.40
钼	Mo	10.20	2620	4.77	3.30
钨	W	19.30	3387	5.48	4.50
锌	Zn	7.14	419.58	6.10	3.70
镍	Ni	8.90	1455	6.90	6.0
铁	Fe	7.86	1541	9.78	5.0
铂	Pt	21.45	1772	10.5	3.0
锡	Sn	7.30	231.96	11.4	4.20
铅	Pb	11.37	327.5	21.9	3.90
汞	Hg	13.55	−38.87	95.8	0.89

七、自感

当闭合回路中的电流发生变化时，由这种电流所产生的、穿过回路本身的磁通也发生变化，因此回路中将产生感应电动势，这种现象称为自感现象。这种感应电动势称为自感电动势。穿过回路所包围面积的磁通与产生此磁通的电流之间的比例系数叫作回路的自感系数，简称为自感或电感。代表符号是“L”，计量单位是“亨利”，或“H”。

自感表达式为

$$L=\frac{\psi}{I} \tag{1-6}$$

式中 L——自感系数，H；

ψ——线圈的自感磁链，Vs；

I——线圈所通过的电流，A。

八、互感

当两个线圈互相靠近时，则一个线圈内的电流所产生的磁通会有一部分与另一个线圈环链。当一个线圈中的电流发生变化时，其与另一个线圈环链的磁通也发生变化，此时另一个线圈中产生感应电动势，这种现象叫作互感现象。一个线圈的电流所产生的与第二个线圈相交联的磁链，与第一个线圈电流的比值，称为互感系数，简称为互感或电感。

互感表达式为

$$M=\frac{\psi_{12}}{i_1}=\frac{\psi_{21}}{i_2} \tag{1-7}$$

式中　M——互感系数，H；

ψ_{12}——第二个线圈的互感磁链，Vs；

ψ_{21}——第一个线圈的互感磁链，Vs；

i_1——第一个线圈的电流，A；

i_2——第二个线圈的电流，A。

互感的大小反映了一个线圈在另一个线圈中产生磁链的能力。

九、电容

在相互绝缘的两个导体上，加上一定的电压，就具有储存电荷的性质。所储存的电荷与两个导体之间的电压之比称为电容，电容的代表符号是“C”，计量单位为法拉，符号为“F”。由于法拉这个单位太大，实际应用中常用微法（μF）或皮法（pF）作为电容的单位。

电容的表达式为

$$C=\frac{Q}{U} \tag{1-8}$$

式中　C——电容器的电容量，F；

Q——极板上储存的电荷量，C；

U——极板之间的电压，V。

电容的大小反映了电容器储积电荷的能力。

十、感抗

交流电流通过具有电感的电路时，电感有阻碍交流电流通过的作用，这种作用叫作感抗。感抗的代表符号为“X_L”，计量单位是“欧姆”，符号为“Ω”。

感抗的关系式为

$$X_\mathrm{L}=\omega L=2\pi fL \tag{1-9}$$

式中　ω——角频率；

L——电感量；

f——频率。

说明：

（1）因为在同样电压 U 的作用下，感抗 X_L越大，电流 I 越小，所以感抗反映了电感元件对正弦电流的限制能力。

（2）感抗与频率成正比，是因为频率越高，电流变化越快，电感元件的自感电动势越大，限制电流的作用越大。

（3）感抗与电感成正比，是因为电感越大，自感电动势也越大。

（4）在纯电感电路中，电压比电流超前$\frac{\pi}{2}$。

（5）电感元件是储能元件，它不消耗能量，只和外界进行能量交换。

(6) 感抗在直流电路中不起限制作用，只有在正弦交流电路中才有意义。

(7) 感抗不等于电感元件的电压和电流瞬时值的比值。

十一、容抗

交流电流通过具有电容的电路时，电容有阻碍交流电流通过的作用，这种作用叫作容抗。容抗的代表符号为“X_C”，计量单位是“欧姆”，符号为“Ω”。

容抗的关系式为

$$X_C = \frac{1}{\omega C} = \frac{1}{2\pi fC} \tag{1-10}$$

式中 ω——角频率；

C——电容量；

f——频率。

说明：

(1) 因为在同样电压 U 的作用下，容抗 X_C 越大，电流 I 越小，所以容抗反映了电容元件对正弦电流的限制能力。

(2) 容抗与频率成反比，因为频率越高，电压变化越快，电容元件极板上电荷变化的速率越大，所以电流就越大，电容元件限制电流的能力越小。

(3) 容抗与电容成反比，因为电容越大，极板上储积的电荷越多，所以电压变化时电路中移动的电荷越多，电流也就越大。

(4) 在纯电容电路中，电流比电压超前$\frac{\pi}{2}$。

(5) 电容元件对高频电流的限制作用小，对低频电流的限制作用大。

(6) 电容器在直流电路中相当于开路，容抗只有在正弦交流电路中才有意义。

(7) 容抗不等于电容元件的电压和电流瞬时值的比值。

十二、电抗

感抗和容抗统称为电抗。电抗的代表符号为“X”，计量单位是“欧姆”，符号为“Ω”。

电抗的关系式为

$$X = X_L - X_C \tag{1-11}$$

电抗的倒数叫电纳，代表符号是“b”，计量单位“$\frac{1}{欧姆}$”

十三、阻抗

交流电流通过具有电阻、电感、电容的电路时，它们有阻碍交流电流通过的作用，这种作用叫作阻抗。阻抗的代表符号为“Z”，计量单位是“欧姆”，符号为“Ω”。

阻抗的关系式为

$$Z = \sqrt{R^2 + (X_L - X_C)^2} \tag{1-12}$$

阻抗三角形如图 1-1 所示。

端电压超前电流的相位角称为阻抗角，即

$$\varphi=\tan^{-1}\frac{U_L-U_C}{U_R}=\tan^{-1}\frac{X_L-X_C}{R}=\tan^{-1}\frac{X}{R}$$

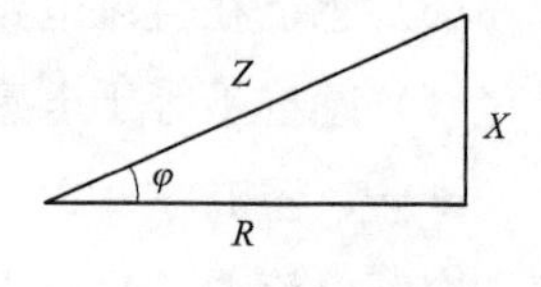

图 1-1　阻抗三角形

阻抗的倒数是导纳，代表符号是“y”，计量单位是“$\frac{1}{欧姆}$”，也叫西门。

导纳的计算公式为

$$y=\sqrt{g^2+b^2} \tag{1-13}$$

式中　g——电导；

b——电纳。

十四、电能量

电能量一般称为电量。它是衡量某一时间内某电路电能量多少的一个指标。电能量分为有功电量和无功电量。

有功电量的代表符号是“W_P”，计量单位是“千瓦时”，工程中常用“kWh”来表示，即 1kW 的有功电力 1h 所产生的电能量。

无功电量的代表符号是“W_Q”，计量单位是“千乏时”，工程中常用“kvarh”来表示，即 1kvar 的无功电力 1h 所产生的电能量。

十五、有功功率

单位时间所做的功叫作功率。直流电路中 $P=UI$；交流电路中，电压、电流都是随时间变化的，瞬时功率不是恒定值，功率在一周期内的平均值称为有功功率。有功功率是指电路中电阻部分所消耗的功率，代表符号是“P”，计量单位是“瓦”，符号为“W”。工程上计量单位一般采用“千瓦”，符号为“kW”。

（1）直流电路为

$$P=UI=I^2R=\frac{U^2}{R} \tag{1-14}$$

（2）单相交流电路为

$$P=UI\cos\varphi \tag{1-15}$$

（3）三相对称电路中，无论电源或负载是星形连接还是三角形连接，三相总有功功率为

$$P=\sqrt{3}UI\cos\varphi \tag{1-16}$$

式中　P——有功功率，W；

U——电压，V；

I——电流，A；

R——电阻，Ω；

cosφ——功率因数；

φ——电流与电压间的相位角。

十六、无功功率

在交流电路中，电感或电容与电源进行能量的反复交换，即电能转换为电感或电容的磁场或电场能，这种能量交换速率的最大值称为无功功率。代表符号是“Q”，计量单位是“乏”，符号为“var”。工程上计量单位一般采用“千乏”，符号为“kvar”。

（1）单相交流电路为

$$Q = UI\sin\varphi \tag{1-17}$$

（2）三相对称电路中，无论电源或负载是星形连接还是三角形连接，三相总无功功率为

$$Q = \sqrt{3}UI\sin\varphi \tag{1-18}$$

式中 Q——无功功率，var；

U——电压，V；

I——电流，A；

sinφ——功率因数角的正弦值；

φ——电流与电压间的相位角。

无功功率反映的是储能元件与外界交换能量的规模。“无功”的含义是“交换而不消耗”，不应理解为“无用”。

十七、视在功率

在具有电阻和电抗的交流电路中，电压和电流有效值的乘积（三相电路还应乘以$\sqrt{3}$）称为视在功率。它的代表符号是“S”，计量单位是“伏安”，符号为“VA”。工程上计量单位一般采用“千伏安”，符号为“kVA”。

有功功率、无功功率和视在功率之间的关系如图1-2所示。

（1）单相交流电路为

$$S = UI = \sqrt{P^2 + Q^2} \tag{1-19}$$

（2）三相交流电路为

$$S = \sqrt{3}UI = \sqrt{P^2 + Q^2} \tag{1-20}$$

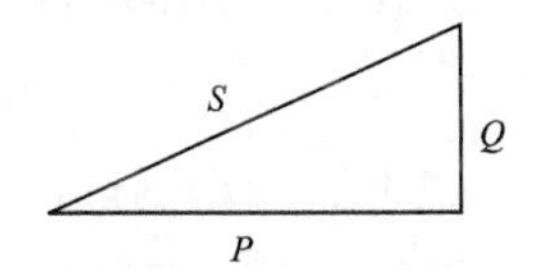

图1-2 有功功率、无功功率和视在功率间的关系

十八、功率因数

有功功率与视在功率之比称为功率因数。代表符号是“cosφ”。

计算公式为

$$\cos\varphi = \frac{P}{S} = \frac{P}{\sqrt{P^2 + Q^2}} \tag{1-21}$$

十九、效率

输出能量（或功率）与输入能量（或功率）的比值称为效率。代表符号是“η”，计量单位符号为“%”。

计算公式为

$$\eta=\frac{P_2}{P_1}\times 100\% \tag{1-22}$$

式中 P_2——输出功率，kW；

P_1——输入功率，kW。

二十、磁感应强度

在磁场中放一小段长度为 ΔL、电流为 I 并与磁场方向垂直的直导线，它所承受的电磁力（安培力）为 ΔF 时，磁场在该点的磁感应强度为

$$B=\frac{\Delta F}{I\Delta L} \tag{1-23}$$

磁感应强度代表符号是“B”，计量单位是“特斯拉”，符号为“T”。工程上也用高斯（简称高，符号是Gs）来表示。

$$1\mathrm{T}=10^4\mathrm{Gs}$$

二十一、磁通

磁通密度与垂直于磁场方向的面积的乘积称为磁通。代表符号是“Φ”，计量单位是“韦伯”，符号为“Wb”。工程上也用麦克斯韦（简称麦，符号是Mx）。

计算公式为

$$\Phi=BS \tag{1-24}$$

式中 B——磁感应强度，T；

S——与磁场方向垂直平面的面积，m^2。

$$1\mathrm{Mx}=10^{-8}\mathrm{Wb}$$

二十二、磁场强度

磁场强度是表示磁场中各电磁力大小和方向的量，其值等于磁感应强度 B 与磁介质磁导率 μ 之比。

二十三、同名端

互感线圈中，由于线圈的绕向一致而产生的感应电动势极性一致的端点叫同名端，反之叫异名端。

二十四、负荷率

在一定时间内，用电的平均负荷与最大负荷之比的百分数称为负荷率。

计算公式为

$$负荷率=\frac{平均负荷(\mathrm{kW})}{最大负荷(\mathrm{kW})}\times 100\% \tag{1-25}$$

二十五、同时率

同时率是综合负荷曲线的最大负荷与构成该负荷曲线各用户最大负荷之和的比值。

计算公式为

$$同时率=\frac{综合负荷曲线的最大负荷(kW)}{各用户最大负荷之和(kW)} \tag{1-26}$$

二十六、设备利用率

用电设备实际综合最大负荷与其额定容量之和的比值称为设备利用率。

计算公式为

$$设备利用率=\frac{实际综合最大负荷(kW)}{额定容量之和(kW)}\times 100\% \tag{1-27}$$

二十七、变压器利用率

变压器实际最大负荷与额定容量之比称为变压器的利用率。

计算公式为

$$变压器利用率=\frac{变压器实际最大负荷(kW)}{变压器额定容量(kVA)}\times 100\% \tag{1-28}$$

二十八、年最大负荷利用小时

全年总用电量被年实际最大负荷去除所得的小时数称为年最大负荷利用小时数。

$$年最大负荷利用小时=\frac{全年总用电量(kWh)}{年最大负荷(kW)} \tag{1-29}$$

第二节　常用的基本定律

一、库仑定律

在一个均匀的、各向同性的而且伸展到无限远的媒质中，集中在两点的两个电量间的作用力与这些电量成正比，并与相隔距离的平方成反比，这个定律称库仑定律。其表达式为

$$F=\frac{Q_1Q_2}{4\pi\varepsilon R^2} \tag{1-30}$$

式中　F——点电荷之间的吸力或斥力，N；

Q_1、Q_2——点电荷所带的电量，C；

ε——介电常数；

R——点电荷之间的距离，m。

二、欧姆定律

欧姆定律是指在同一电路中，通过某段导体的电流与这段导线两端的电压成正比，与这段导体的电阻成反比。为便于记忆，可用图 1-3 来表示：用手遮住需要求的未知数，剩下的两个数就是运算公式。

（1）在直流或纯电阻负载的交流电路中，则

$$I=\frac{U}{R}=\frac{P}{U} \tag{1-31}$$

$$U=IR=\frac{P}{I}$$

$$R=\frac{U}{I}=\frac{P}{I^2}$$

$$P=IU=I^2R=\frac{U^2}{R}$$

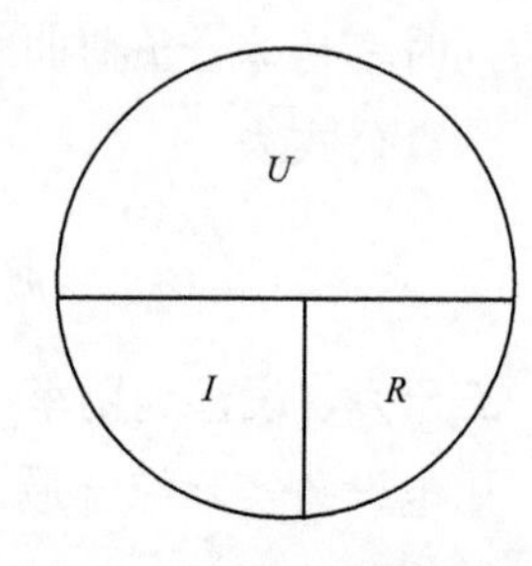

图 1-3 欧姆定律图形表示

（2）在具有电阻、电抗的交流电路中，则

$$I=\frac{U}{Z}$$

$$U=IZ$$

$$Z=\frac{U}{I}=\sqrt{R^2+X^2} \tag{1-32}$$

纯电阻电路为

$$I=\frac{U}{R}$$

纯电容电路为

$$I=\frac{U}{\frac{1}{\omega C}}=\frac{U}{X_C}$$

纯电感电路为

$$I=\frac{U}{\omega L}=\frac{U}{X_L}$$

$$Z=\sqrt{R^2+X^2}=\sqrt{R^2+(X_L-X_C)^2}=\sqrt{R^2+\left(\omega L-\frac{1}{\omega C}\right)^2}$$

式中 I——电路的电流，A；
U——电路的电压，V；
R——电路的电阻，Ω；
Z——电路的阻抗，Ω；
X——电路的电抗，Ω；
P——电路的功率，W；
L——电感量，H；
C——电容量，F；
X_C——容抗，Ω；
X_L——感抗，Ω。

三、克希荷夫第一定律

从一个地方流进多少电量的电荷，必定同时从这个地方流出相等电量的电荷，即流过电路中任一接点的各电流的代数和等于零。其数学表达式为

$$\sum I = 0$$

应用克希荷夫第一定律时，一般取指向接点的电流取正号，背向接点的电流取负号。

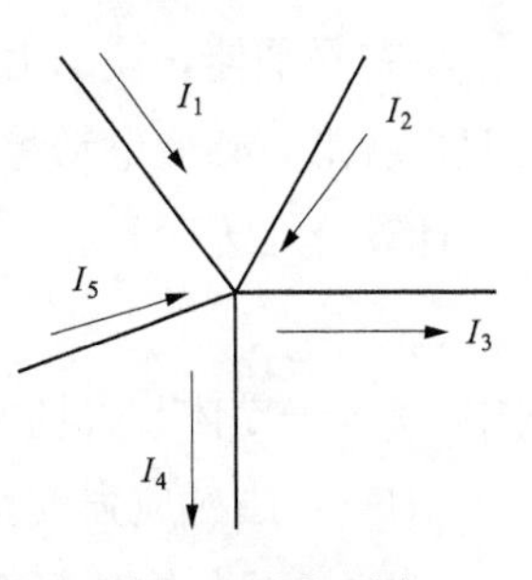

图 1-4 基尔霍夫第一定律示意图

如图 1-4 所示，其电流方程式为

$$I_1 + I_2 - I_3 - I_4 + I_5 = 0$$

四、克希荷夫第二定律

从电路中的一点出发，经任意回路绕行一周，再回到这一点，所经回路中所有电位升高的总和必定等于所有电位降低的总和，即电路中任一回路的各段电压的代数和等于零。

其数学表达式为

$$\sum U = 0$$

应用克希荷夫第二定律时，要先对回路取一个绕行方向，一般取与绕行方向一致的电压取正号，与绕行方向相反的电压取负号。

如图 1-5 所示，其电压方程式为

$$-U_1 + U_2 - U_3 - U_4 = 0$$

或

$$U_2 = U_1 + U_3 + U_4$$

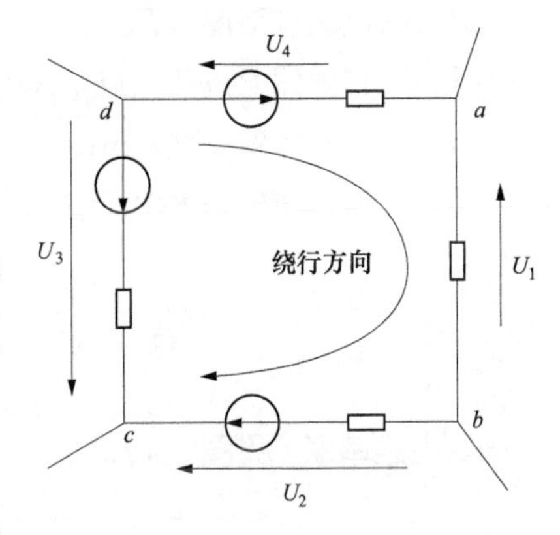

图 1-5 基尔霍夫第二定律示意图

五、叠加原理

在线性电路中，任一支路的电流（或电压）等于电路中各电动势单独作用下在此支路所生电流（或电压）的代数和。

应用叠加原理要注意以下几点：

（1）叠加原理只适用于线性电路。对非线性电路，一般不能用叠加原理。

（2）叠加原理只适用于电流和电压，对功率不适用。

（3）每个电动势单独作用时，其他电动势不起作用，但各个内电阻还是起作用的，应保留在相应的支路中。

（4）将每个电动势单独作用下的电流（或电压）分量叠加成原电流（或电压）时，分量的正方向选择与原量正方向一致时取正号，反之取负号。

六、右手螺旋定则

当通电导体为直导体时，右手握直导体，拇指的方向为电流的方向，弯曲四指的指向即为磁场方向。当通电导体为螺旋管（线圈）时，右手握住螺旋管，弯曲四指表示电流方向，拇指所指的方向即为磁场方向。

七、右手定则

将右手平伸，使磁力线垂直穿过掌心，大拇指指向导体运动方向，与大拇指互相垂直的四指就指向感应电动势的方向。（电动势的方向是从低电位点指向高电位点）

计算公式为

$$e = Blv\sin\alpha \tag{1-33}$$

式中 e——导体与磁场相对运动产生的感应电动势，V；

B——磁感应强度，T；

l——导体在磁场中的有效长度，m；

v——导体的运动速度，m/s；

α——导体运动方向与磁场方向的夹角。

八、左手定则

将左手伸直，掌心迎着磁力线的方向，四指指向电流的方向，则伸开的且与四指垂直的拇指就指向电磁力的方向。

计算公式为

$$F = BIL\sin\alpha \tag{1-34}$$

式中 F——直导体所受的电磁力，N；

B——磁感应强度，T；

I——直导体通过的电流，A；

L——直导体的长度，m；

α——导体与磁场方向所成的夹角。

第三节　常用的电工计算公式

一、电阻串联（见图 1-6）

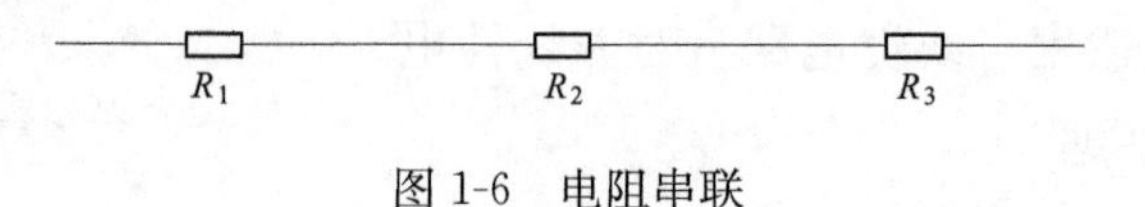

图 1-6　电阻串联

计算公式为

$$R = R_1 + R_2 + R_3 \tag{1-35}$$

二、电阻并联（见图 1-7）

计算公式为

$$\frac{1}{R} = \frac{1}{R_1} + \frac{1}{R_2} + \frac{1}{R_3} \tag{1-36}$$

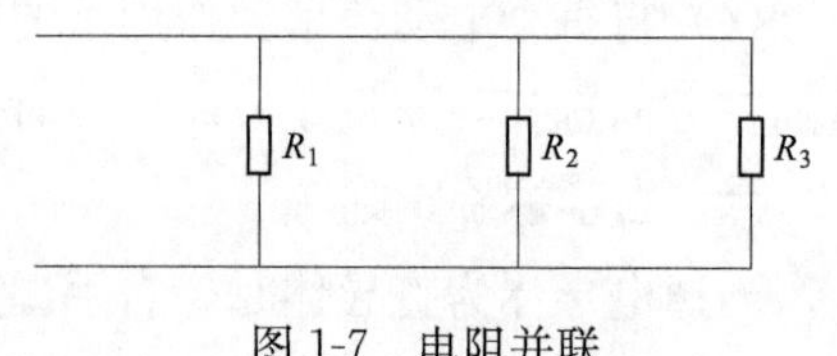

图 1-7　电阻并联

三、电阻混联（见图 1-8）

计算公式为

$$R=\frac{R_1R_2}{R_1+R_2}+R_3 \quad (1\text{-}37)$$

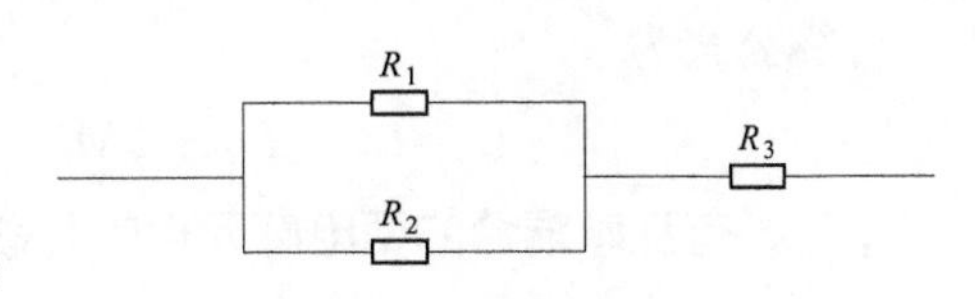

图 1-8 电阻并混联

四、电容串联（见图 1-9）

计算公式为

$$\frac{1}{C}=\frac{1}{C_1}+\frac{1}{C_2}+\frac{1}{C_3} \quad (1\text{-}38)$$

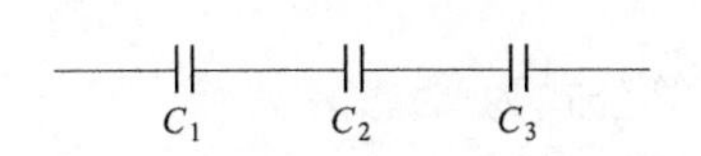

图 1-9 电容串联

五、电容并联（见图 1-10）

计算公式为

$$C=C_1+C_2+C_3 \quad (1\text{-}39)$$

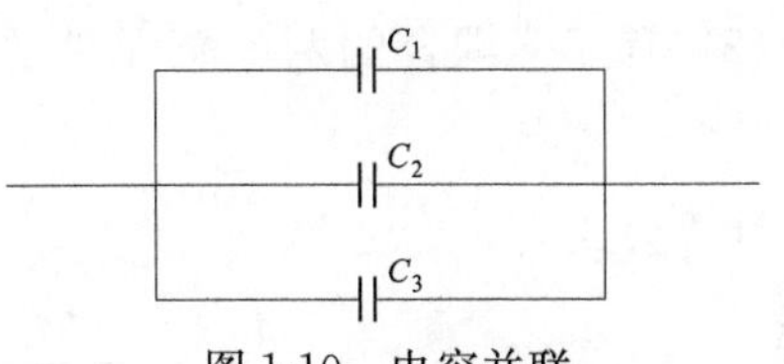

图 1-10 电容并联

六、电阻、电感串联（见图 1-11）

计算公式为

$$Z=\sqrt{R^2+X_L^2} \quad (1\text{-}40)$$

七、电阻、电容串联（见图 1-12）

计算公式为

$$Z=\sqrt{R^2+X_C^2} \quad (1\text{-}41)$$

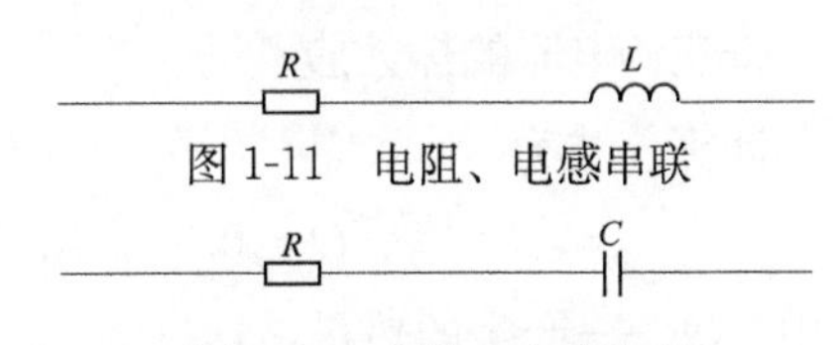

图 1-11 电阻、电感串联

图 1-12 电阻、电容串联

八、电阻、电感、电容串联（见图 1-13）

计算公式为

$$Z=\sqrt{R^2+(X_L-X_C)^2} \quad (1\text{-}42)$$

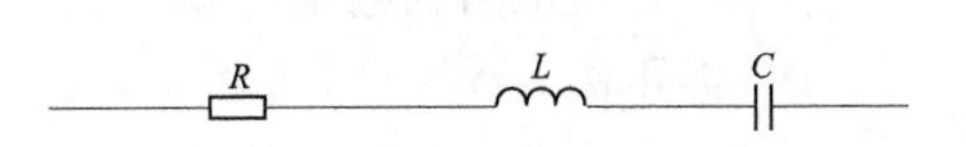

图 1-13 电阻、电感、电容串联

九、电阻、电感并联（见图 1-14）

计算公式为

$$\frac{1}{Z}=\sqrt{\left(\frac{1}{R}\right)^2+\left(\frac{1}{X_L}\right)^2} \quad (1\text{-}43)$$

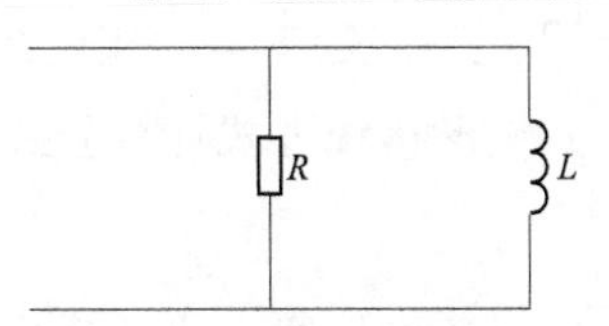

图 1-14 电阻、电感并联

十、电阻、电容并联（见图 1-15）

计算公式为

$$\frac{1}{Z}=\sqrt{\left(\frac{1}{R}\right)^2+\left(\frac{1}{X_C}\right)^2} \quad (1\text{-}44)$$

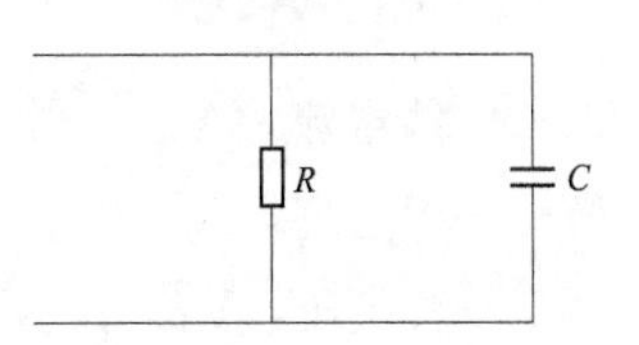

图 1-15 电阻、电容并联

十一、有互感耦合的两电感元件的串联

（1）有互感耦合的两电感元件的串联（一）如图 1-16 所示。

计算公式为

$$L=L_1+L_2+2M \quad (1\text{-}45)$$

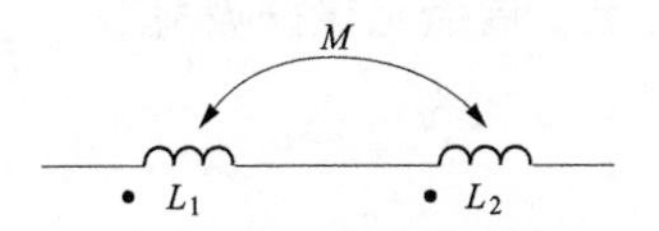

图 1-16 有互感耦合的两电感元件的串联（一）

（2）有互感耦合的两电感元件的串联（二）如图 1-17 所示。

计算公式为

$$L = L_1 + L_2 - 2M \tag{1-46}$$

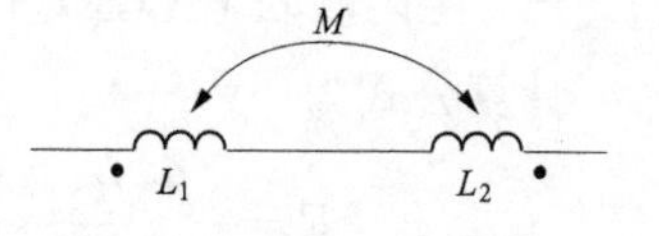

图 1-17　有互感耦合的两电感元件的串联（二）

十二、有互感耦合的两电感元件的并联

（1）有互感耦合的两电感元件的并联（一）如图 1-18 所示。

计算公式为

$$L = \frac{L_1 L_2 - M^2}{L_1 + L_2 - 2M} \tag{1-47}$$

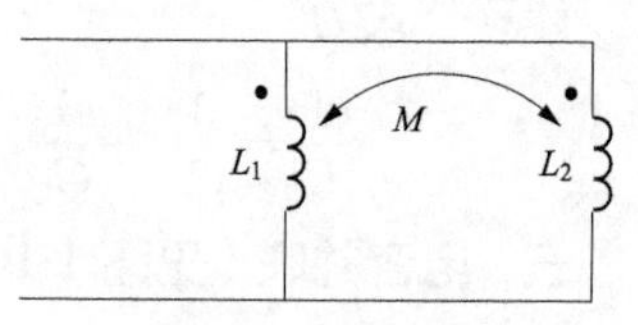

图 1-18　有互感耦合的两电感元件的并联（一）

（2）有互感耦合的两电感元件的并联（二）如图 1-19 所示。

计算公式为

$$L = \frac{L_1 L_2 - M^2}{L_1 + L_2 + 2M} \tag{1-48}$$

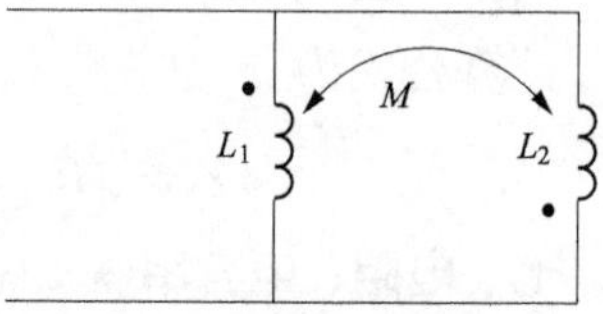

图 1-19　有互感耦合的两电感元件的并联（二）

十三、电流的热效应

计算公式为

$$Q = 0.24 I^2 R t \tag{1-49}$$

式中　Q——产生的热量，J；

I——通过电阻的电流，A；

R——电阻，Ω；

t——时间，s。

十四、三相交流电路的主要关系

（1）星形接线方式计算公式为

$$I_1 = I_X; \quad U_1 = \sqrt{3} U_X \tag{1-50}$$

（2）三角形接线方式计算公式为

$$I_1 = \sqrt{3} I_X; \quad U_1 = U_X \tag{1-51}$$

式中　I_1——线电流，A；

I_X——相电流，A；

U_1——线电压，V；

U_X——相电压，V。

十五、直流电磁铁吸引力

计算公式为

$$F = 39.2 B^2 S \tag{1-52}$$

式中　F——吸引力，N；

B——磁通密度，T；

S——磁路的截面积，cm^2。

十六、平行导线电流间的作用力

计算公式为

$$F=F_1=F_2=\frac{\mu I_1 I_2}{2\pi D} \tag{1-53}$$

式中 F_1、F_2——导线 1 和导线 2 所受的力，N；

μ——导体外介质的磁导率，H/m；

I_1、I_2——导线 1 和导线 2 通过的电流，A；

D——两导线间的距离，m。

注：电流同相时相互吸引，反向时相互排斥。

十七、同轴圆形导线电流间的作用力

计算公式为

$$F=\frac{\mu r}{D}I_1 I_2 \tag{1-54}$$

式中 F——两圆形导线所受力，N；

μ——导体外介质的磁导率，H/m；

r——圆形线圈的半径，m；

D——线圈间的距离，m；

I_1、I_2——线圈 1 和线圈 2 通过的电流，A。

十八、 星形连接变换为三角形连接的等效互换（见图 1-20）

变换公式为

$$Z_{12}=Z_1+Z_2+\frac{Z_1 Z_2}{Z_3}$$

$$Z_{23}=Z_2+Z_3+\frac{Z_2 Z_3}{Z_1}$$

$$Z_{31}=Z_3+Z_1+\frac{Z_3 Z_1}{Z_2}$$

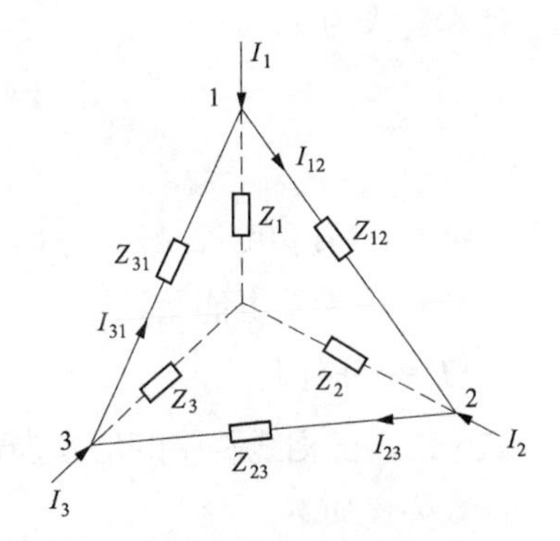

图 1-20 星形连接变换为三角形连接

十九、三角形连接变换为星形连接的等效互换（见图 1-21）

变换公式为

$$Z_1=\frac{Z_{12}Z_{31}}{Z_{12}+Z_{23}+Z_{31}}$$

$$Z_2=\frac{Z_{23}Z_{12}}{Z_{12}+Z_{23}+Z_{31}}$$

$$Z_3=\frac{Z_{31}Z_{23}}{Z_{12}+Z_{23}+Z_{31}}$$

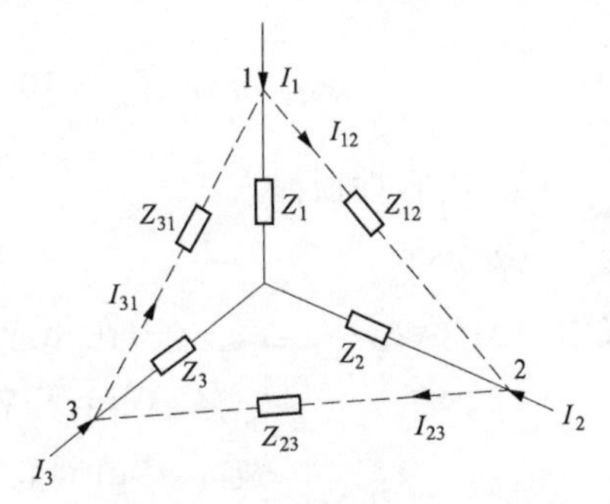

图 1-21 三角形连接变换为星形连接

二十、功率三角形（见图 1-22）的计算

计算公式为

$$\cos\varphi=\frac{P}{S}=\frac{P}{\sqrt{P^2+Q^2}} \tag{1-55}$$

$$P=S\cos\varphi$$

$$\sin\varphi=\frac{Q}{S}=\frac{Q}{\sqrt{P^2+Q^2}}$$

$$Q=S\sin\varphi$$

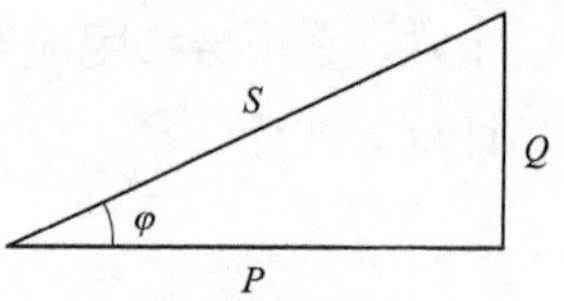

图 1-22 功率三角形

$$\tan\varphi=\frac{Q}{P}$$

$$S=\sqrt{P^2+Q^2}$$

式中 φ——视在功率与有功功率之间的夹角，即功率因数角；

$\cos\varphi$——功率因数；

P——有功功率，kW；

Q——无功功率，kvar；

S——视在功率，kVA。

二十一、电能量的计算

计算公式为

$$W_p=PT$$

$$W_q=QT$$

式中 W_p——有功电能量，kWh；

W_q——无功电能量，kvarh；

T——时间，t。

二十二、三相线路中的功率损耗

计算公式如下。

（1）有功功率损耗为

$$\Delta P=3I^2R\times10^{-3}=\frac{S^2}{U^2}R\times10^{-3}=\frac{P^2+Q^2}{U^2}R\times10^{-3} \tag{1-56}$$

（2）电感性损耗为

$$\Delta Q_L=3I^2X_L\times10^{-3}=\frac{S^2}{U^2}X_L\times10^{-3}=\frac{P^2+Q^2}{U^2}X_L\times10^{-3}$$

（3）电容性损耗为

$$\Delta Q_C=3U^2b_C$$

式中 ΔP、ΔQ_L、ΔQ_C——在相应的电阻（R）、感抗（X_L）、容抗（X_C）上的功率损耗，kW；

U——电网的线电压，kV；

b_C——容性电纳，s；

I——通过线路每相的电流，A；

S——通过线路的视在功率，kVA；

P——通过线路的有功功率，kW；

Q——通过线路的无功功率，kvar。

二十三、电力电容器电容量及无功功率的计算

计算公式为

$$C=\frac{Q}{2\pi fU^2}$$

$$Q=2\pi fCU^2 \tag{1-57}$$

式中 C——电容量，F；

Q——无功功率，kvar；

π——圆周率，取 3.14；

f——频率，Hz；

U——电压，kV。

二十四、直角三角函数

设一个直角三角形（见图 1-23），α 角的邻边为 x、对边为 y、斜边为 r，α 角的三角函数如下。

（1）正弦函数为

$$\sin\alpha=\frac{对边}{斜边}=\frac{y}{r}$$

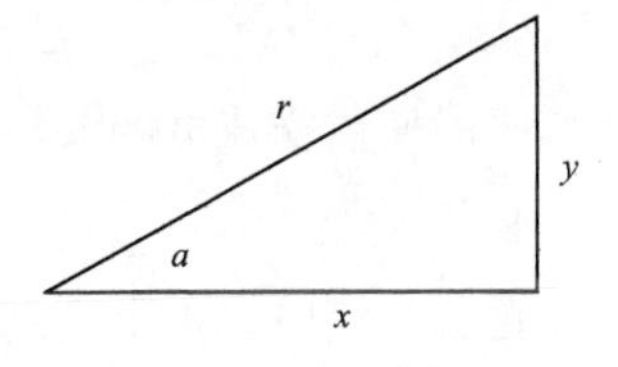

图 1-23 直角三角形

（2）余弦函数为

$$\cos\alpha=\frac{邻边}{斜边}=\frac{x}{r}$$

（3）正切函数为

$$\tan\alpha=\frac{对边}{邻边}=\frac{y}{x}$$

（4）余切函数为

$$\cot\alpha=\frac{邻边}{对边}=\frac{x}{y}$$

（5）正割函数为

$$\sec\alpha=\frac{斜边}{邻边}=\frac{r}{x}$$

（6）余割函数为

$$\csc\alpha=\frac{斜边}{对边}=\frac{r}{y}$$

第四节 交流电的基本知识

一、交流电的基本概念

大小与方向均随时间作周期性变化的电流（电压、电动势）叫交流电。交流电的变化规律随时间按正弦函数变化的称为正弦交流电。

二、正弦交流电的瞬时值、最大值、有效值和平均值

1. 瞬时值

交流电在某一瞬间的数值称为交流电的瞬时值，用小写字母 e、u、i 表示。

2. 最大值

交流电的最大瞬时值称为交流电的最大值（也称振幅值或峰值），用字母 E_m、U_m、I_m表示。

3. 有效值

若一个交流电和一个直流电通过相同的电阻，在相同的时间内产生的热量相等，则这个直流电的量值称为该交流电的有效值。用大写字母 E、U、I 表示。

对于正弦交流电，有效值与最大值的关系式为

$$E_m=\sqrt{2}E;\qquad U_m=\sqrt{2}U;\qquad I_m=\sqrt{2}I$$

平时所讲交流电的大小，都是指有效值的大小。

4. 平均值

正弦交流电在正半周期内所有瞬时值的平均大小称为正弦交流电的平均值，用字母 E_p、U_p、I_p表示。

正弦交流电平均值与最大值的关系为

$$E_p=\frac{2}{\pi}E_m;\qquad U_p=\frac{2}{\pi}U_m;\qquad I_p=\frac{2}{\pi}I_m$$

三、正弦交流电的周期、频率及角频率

1. 周期

交流电完成一次循环所需要的时间称为周期，用字母 T 表示，单位是 s。

2. 频率

在每一秒钟内交流电重复变化的次数称为频率，用字母 f 表示，单位是 Hz。

频率与周期互为倒数，即

$$f=\frac{1}{T};\qquad T=\frac{1}{f}$$

我国使用的正弦交流电的频率为 50Hz，习惯上称为“工频”。

3. 角频率

正弦交流电每秒钟内变化的角度（弧度）称为角频率或角速度，用字母 ω 表示，单位

是 r/s。即

$$\omega=\frac{a}{t} \quad 或 \quad \omega=2\pi f=\frac{2\pi}{T}$$

当工频为 50Hz 时，交流电的角频率为 314rad/s。

四、正弦交流电的相位、初相角及相位差

正弦交流电的表达式为

$$e=E_m\sin(\omega t+\varphi) \tag{1-58}$$

式中 $\omega t+\varphi$——相位；

φ——初相角（初相位）。

（1）初相角（或初相位）：当 $t=0$ 时正弦交流电的相位角称为初相角（或初相位）。

（2）相位差：两个同频率交流电的相位之差称为相位差，在矢量图中为两个矢量之间的夹角。用字母 φ 表示，即

$$\varphi=(\omega t+\varphi_1)-(\omega t+\varphi_2)=\varphi_1-\varphi_2$$

（3）交流电的三要素：最大值、频率和初相角。

五、正弦交流电的三种表示方法

正弦交流电常用的表示方法有解析法、图形法和矢量法三种。

（1）用一个数学式子来表示交流电的方法称为解析法。如 $e=50\sin(100\pi t+60°)$。

（2）用波形图来表示交流电的方法为图形法，也叫曲线图法。

（3）用矢量来表示交流电的方法为矢量法。

六、三相交流电源

1. 基本知识

三相交流电是由三相交流发电机产生，经三相输电线路输送到各地的对称电源。三相电源对外输出的 e_A、e_B、e_C 三个电动势，三者之间的关系为大小相等、频率相同、相位上互差 120°，即

$$e_A=E_m\sin\omega t$$

$$e_B=E_m\sin(\omega t-120°)$$

$$e_C=E_m\sin(\omega t+120°)$$

三相电动势达到最大值的先后次序叫相序。正相序为 A-B-C-A；反之为逆相序。常用黄、绿、红三种颜色分别表示 A、B、C 三相。

2. 三相电源的连接

（1）三相电源绕组的星形连接，即Y连接如图 1-24 所示。

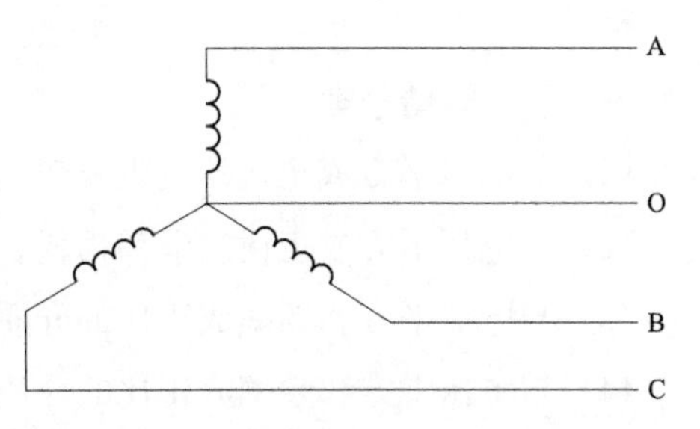

图 1-24 三相电源星形连接，即Y连接

三相绕组的末端连接在一起，从 3 个始端分别引出导线，此接线方式称为星形连接。从每相

绕组的始端引出的导线叫相线（也叫火线）；3 个末端接在一起的公共点称为中性点，简称中点；由中点引出的一根导线，叫作中性线（也叫零线）；如果中点是接地的，中线又叫作地线；每相绕组两端的电压称为相电压，用 U_A、U_B、U_C 表示；两根相线之间的电压称为线电压，用 U_{AB}、U_{BC}、U_{CA} 表示。

线电压是相电压的 $\sqrt{3}$ 倍，并且线电压超前相电压 30°。

没有中线的三相电路称为三线制三相电路；有中线的三相电路称为四线制三相电路；有中线的星形连接用 Y_0 表示。

（2）三相电源绕组的三角形连接，即△连接如图 1-25 所示。

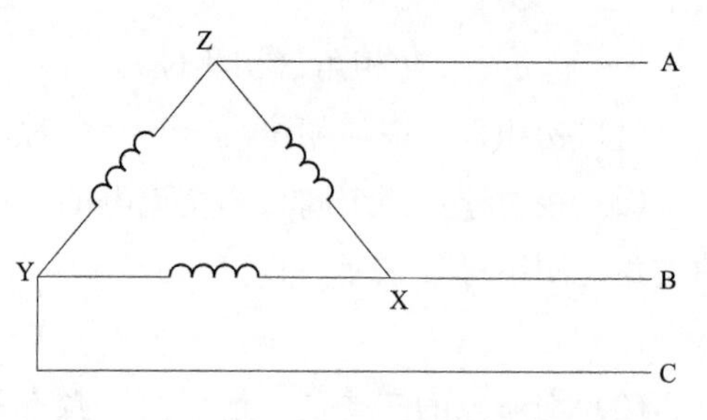

图 1-25　三相电源三角形连接，即△连接

将三相绕组每一相的末端和另一相的始端依次相连的连接方式，称为三角形连接。即 X 与 B 相连，Y 与 C 相连，Z 与 A 相连，接成一个回路，再从三个连接点引出三根端线。这种连接引不出中线，只能是三线制的。

在三角形连接中，$U_{AB}=U_{BC}=U_{CA}$。

第五节　线损的基本概念

一、线损

电网经营企业在电能输送和营销过程中自发电厂出线起至客户电能表止所产生的电能消耗和损失称为电力网电能损耗，简称线损。

二、线损电量

电力网在输送和分配电能的过程中，由于输电、变电、配电设备存在着阻抗，在设备带电或电流流过时，就会产生一定数量的有功功率损耗。在给定的时段（日、月、季、年）内，输电、变电、配电设备以及营销各环节中所消耗的全部电量称为线损电量。用公式表示为

$$线损电量=供电量-售电量$$

三、线损电量分类

（1）与电流平方成正比的电阻发热引起的损耗。

（2）与电压平方成正比的泄漏损耗。

（3）与电流平方和频率成正比的介质磁化损耗。

（4）与电压平方和频率成正比的介质极化损耗。

（5）高压导线的电晕损耗。

（6）由于管理原因造成的电能损耗。

四、线损电量的组成

线损电量可分为固定损失、变动损失和其他损失三部分，也可分为技术线损和管理线损两部分。

1. 固定损失

固定损失也称空载损耗（铁损）或基本损失，一般情况下不随负荷变化而变化，只要设备带有电压，就要产生电能损耗。但是，固定损失也不是固定不变的，它随着外加电压的高低而发生变化，实际上由于电网的电压变动不大，认为电压是恒定的，因此这部分损失基本上也是固定的。固定损失主要包括：

(1) 发电厂、变电站的升压变压器、降压变压器及配电变压器的铁损。

(2) 高压线路的电晕损失。

(3) 调相机、调压器、电抗器、互感器、消弧线圈等设备的铁损及绝缘子的损失。

(4) 电容器和电缆的介质损失。

(5) 高压计量装置中电压线圈的损失。

2. 变动损失

变动损失也称可变损失或短路损失，随着负荷变动而变化，它与电流的平方成正比，电流越大，损失越大。变动损失主要包括：

(1) 发电厂、变电站的升压变压器、降压变压器及配电变压器的铜损，即电流流经线圈的损失，电流大，铜损也大。

(2) 输电、配电线路的铜损，即电流通过导线所产生的损失。

(3) 调相机、调压器、电抗器、互感器、消弧线圈等设备的铜损。

(4) 接户线的铜损。

(5) 高压计量装置中电流线圈的损失。

3. 其他损失

其他损失也称管理损失或不明损失，是由于管理不善，在供用电过程中偷、漏、丢、送等原因造成的各种损失。

五、技术线损

技术线损主要包括：

(1) 35kV 及以上输电线路中损耗。

(2) 降压变电站主变压器中的损耗。

(3) 10(6)kV 配电线路中的损耗。

(4) 配电变压器中的损耗。

(5) 低压线路中的损耗。

(6) 无功补偿设备中的损耗。

(7) 变电站的站用电损耗。

(8) 电流、电压互感器及二次回路中的损耗。

（9）接户线及电能表中的损耗。

六、管理线损

管理线损分两部分：即电力营销环节和电力生产运行环节。

1. 电力营销环节

在电力营销环节管理线损包括：

（1）电能计量装置的误差。如表计互感器配置不合理、表计错误接线、计量装置故障、二次回路电压降、熔断器熔断等引起的电能损耗。

（2）在业扩报装环节，由于立户不及时、供电方案确定不准确、业务变更办理不到位引起的电能损耗。

（3）在抄表方面，由于采集系统维护不及时，存在漏户、抄错、表计故障抄不回，以及采集系统与核算系统不匹配、采集数据不能全部自动导入、人工抄表不到位等因素引起的电能损耗。

（4）在核算电费过程中错算以及倍率错误，异常处理不及时、不准确造成的电能损耗。

（5）客户违章用电与窃电引起的电能损耗。

（6）供电量、售电量抄表时间不一致引起的线损波动。

（7）带电设备绝缘不良引起的泄漏电流等。

2. 电力生产运行环节

在电力生产运行环节管理线损包括：

（1）在规划设计供电设施建设环节，由于变电站、电气设备选址、设备选型、电压等级配置不合理等引起的电能损耗增加。

（2）在供电设施的运行阶段，由于无功补偿装置管理不到位、电网运行方式不合理、电压不在合格范围内，以及存在迂回供电、线路截面不符合运行要求、三相负荷不平衡、线路负荷率低、线路缺陷处理不及时等因素引起的电能损耗增加。

七、供电量

供电量是指供电企业供电生产活动的全部投入量。供电量的构成主要有：

（1）发电厂上网电量。计量点在发电厂的出线侧时，上网电量是指发电厂送入电网的电量。

（2）外购电量。电网向地方电厂、客户自备电厂（包括光伏发电、风力发电、可再生能源发电以及其他形式的发电等）购入的电量。

（3）电网送入、输出电量。是指电网（或地区）之间的互供电量。

供电量的计算公式为

$$供电量=发电厂上网电量+外购电量+电网送入电量-电网输出电量$$

八、售电量

售电量是电力企业卖给客户（包括趸售客户）的电量、电力企业供给本企业非电力生产、基本建设和非生产部门所使用电量的总和。

九、用电量

用电量是指售电量与自备电厂用电量的总和。

十、自备电厂的用电量

自备电厂的用电量是指自备电厂供给本企业生产、非生产和基本建设的用电量。

十一、线损率

线损电量占供电量的百分比称为线路损失率，简称线损率。

计算公式为

$$\begin{aligned}\text{线损率} &= \frac{\text{线损电量}}{\text{供电量}} \times 100\% \\ &= \frac{\text{供电量} - \text{售电量}}{\text{供电量}} \times 100\% \\ &= \left(1 - \frac{\text{售电量}}{\text{供电量}}\right) \times 100\%\end{aligned} \tag{1-59}$$

十二、线损的种类

线损的种类可分为统计线损、理论线损、管理线损、同期线损、经济线损和定额线损五种。

（1）统计线损。是指根据电能表指示数计算出来的供电量与售电量进行计算得出的线损。

（2）理论线损。是指根据供电设备的参数和电力网当时的运行方式及潮流分布以及负荷情况，由理论计算得出的线损。

（3）管理线损。是指在电网运行及营销管理过程中，由于管理原因造成的电量损失。

（4）同期线损。是指供电量与售电量在同一时刻抄表，计算出的线损。

（5）经济线损。对于设备状况固定的线路，理论线损并非为一固定的数值，而是随着供电负荷大小、运行环境的变化而变化的，实际上存在一个最低的线损率，这个最低的理论线损率称为经济线损，相应的电流称为经济电流。

（6）定额线损。也称线损指标，是指根据电力网实际线损，结合下一考核期内电网结构、负荷潮流情况以及降损措施安排情况，经过测算、上级批准的线损指标。

十三、线损管理工作的主要内容

（1）贯彻执行国家和上级电力部门的能源方针政策。

（2）建立健全线损管理体系，完善各项制度和管理办法、明确相关部门及岗位的管理职责、工作内容、权限及工作标准。

（3）定期开展线损调查和线损理论计算与分析工作，为确定降损主攻方向提供依据。

（4）制定中长期的降损规划。

（5）编制年度降损节电计划、分类线损率考核指标。

（6）按时完成线损率统计工作，正确编制线损报表。

（7）定期召开线损分析会，查找存在的问题，制定相应措施，为领导和上级的决策提供依据。

（8）落实降损节电的各项措施，监督相关专业的工作质量，并进行考核。

（9）加强线损管理的业务培训，组织开展降损经验交流活动，推广先进的管理经验。

十四、线损率按管辖范围和电压等级分类

（1）综合线损率（区域线损率）。

（2）网损率（一次网损率、地区网损率、各级电压网损率）。

（3）10kV 综合线损率。

（4）10kV 有损线损率。

（5）10kV 线路高压线损率。

（6）低压线损率。

十五、综合线损率

综合线损率（区域线损率）是指本单位（或区域）总损失电量占总供电量的百分率。是反映供电企业管理水平的一项重要的经济指标。

综合线损率计算公式为

$$
\begin{aligned}
\text{线损率} &= \frac{\text{线损电量(或损失电量)}}{\text{供电量}} \times 100\% \\
&= \frac{\text{供电量} - \text{售电量}}{\text{供电量}} \times 100\% \\
&= \left(1 - \frac{\text{售电量}}{\text{供电量}}\right) \times 100\%
\end{aligned} \tag{1-60}
$$

其中：

（1）供电量。是指本单位（或本区域）电网的输入电量。

1）对省级供电企业供电量的构成为

供电量＝发电厂上网电量＋外购电量＋电网送入电量－电网输出电量

2）对地区（或市级）供电企业供电量的构成为

供电量＝省对地关口表计电量＋小电厂（或分布式电源）的外购电量－电网输出电量

3）对县级供电企业供电量的构成为

供电量＝地对县关口表计电量＋小电厂（或分布式电源）的外购电量

（2）售电量。是指本单位所有客户的售电量，即抄见电量与加计电量之和。

抄见电量是指通过电能量采集系统或人工抄录的电能表计量的电量；加计电量是指除电能表记录电量以外的其他电量，包括电能表异常需要追、退补的电量，用户窃电追补的电量，资产属于用户的线路、变压器需要加计的线损电量、变压器损耗电量等。

十六、网损率的分类

网损是指各级调度部门管理的送电、变电设备，在送电、变电过程中所产生的电能损耗。产生损耗的对象主要是输送电线路、升压变压器、降压变压器、变电站站用变压器、

电容器、电抗器，以及相关各元件等。网损率可分为

（1）跨国、跨区、跨省网损率。

（2）省网网损率。

（3）地区网损率（主网线损率）。

（4）各电压等级的网损率。

十七、跨国、跨区、跨省网损率

跨国、跨区、跨省网损是指跨国跨区跨省联络线以及“点对网”跨国、跨区、跨省送电线路的电能损耗。

计算公式为

$$\text{跨国、跨区、跨省网损率}=\text{跨国、跨区、跨省联络线和“点对网”送电线路(输入电量}-\text{输出电量)/输入电量}\times 100\% \tag{1-61}$$

十八、省网网损率

省网网损是指省级电力调度部门管理的送电、变电设备所产生的电能损耗。

计算公式为

$$\text{省网网损率}=(\text{省网输入电量}-\text{省网输出电量})/\text{省网输入量}\times 100\% \tag{1-62}$$

其中：

省网输入电量＝电厂220kV及以上输入电量＋220kV及以上省间联络线输入电量＋地区电网向省网输入电量；

省网输出电量＝省网向地区电网输出电量＋220kV及以上用户售电量＋220kV及以上省间联络线输出电量。

十九、地区网损率（或地区主网线损率）

地区网损是指由地（市）调度管理的送电、变电、配电设备所产生的电能损耗。地区网损也称为地区线损电量，也就是省对地关口表计以下，地对县关口表计以上所有送电、变电、配电设备产生的电能损耗。

地区网损率是指地区线损电量占地区供电量的百分率。

计算公式为

$$\begin{aligned}\text{地区网损率}&=\frac{\text{地区供电量}-\text{地区售电量}}{\text{地区供电量}}\times 100\%\\&=\frac{\text{地区线损电量}}{\text{地区供电量}}\times 100\%\end{aligned} \tag{1-63}$$

其中：

（1）地区供电量。是指送入地区电网的全部输入量，即省对地关口表计电量与外购电量之和。抄表时间一般为月末日24时。

（2）地区售电量。是指地对县关口电量与地区直供客户的用电量之和。抄表时间有的为月末日24时。

二十、各级电压等级网损率

各级电压等级网损是指各级电压如 1000kV、500kV、330kV、220kV、110kV、63kV、35kV，以及 10kV 以上其他电压等级的电压网络，在电力的输送和分配的过程中，各种电气元器件如输电线路、升降压变压器、电容器、电抗器、站用变压器以及相应的电力元件所消耗的电能。分电压等级的网损率包括 1000kV 网损率、500kV 网损率、330kV 网损率、220kV 网损率、110kV 网损率、63kV 网损率、35kV 网损率，以及其他电压等级的网损率。分压网损率是指各级电压等级网损率中的其中一种网损率。

计算公式为

$$\text{分压网损率}=(\text{分电压等级输入电量}-\text{分电压等级输出电量})/\text{分电压等级输入电量}\times 100\% \tag{1-64}$$

其中：

(1) 分电压等级输入电量＝接入本电压等级的发电厂上网电量＋本电压等级外网输入电量＋上级电网主变压器本电压等级侧的输入电量＋下级电网向本电压等级主变压器输入电量（主变压器中、低压侧输入电量合计）；也就是流入本级电压的所有电量。

(2) 分电压等级输出电量＝本电压等级售电量＋本电压等级向外网输出电量＋本电压等级主变压器向下级电网输出电量（主变压器中、低压侧输出电量合计）＋上级电网主变压器本电压等级侧的输出电量（也就是反向电量）。也就是流出本级电压的所有电量。

二十一、元件损失率

元件损失是指电力网中各主要电气元件在输电、变电过程中所消耗的电能，如输配电线路、电力变压器、变电站各电压等级母线、电容器、电抗器等。

计算公式为

$$\text{元件损失率}=(\text{元件输入电量}-\text{元件输出电量})/\text{元件输入电量}\times 100\% \tag{1-65}$$

其中：

(1) 元件输入电量＝流入该元件的所有电量之和。

(2) 元件输出电量＝流出该元件的所有电量之和。

二十二、10kV 综合线损率

10kV 综合线损率是指 10kV 网络（包括 10kV 配电线路、配电变压器）和低压网络（低压线路及其他设备）所产生的综合线损率。

10kV 损失电量是指 10kV 网络在配电过程中所产生的损耗。其损耗主要包括 10kV 配电线路电能损耗、配电变压器损耗、低压配电线路（包括接户线）损耗、测量表计损耗以及部分管理损耗等。

计算公式为

$$\begin{aligned}\text{10kV 综合线损率}&=\frac{\text{10kV 综合供电量}-\text{10kV 综合售电量}}{\text{10kV 综合供电量}}\times 100\%\\&=\frac{\text{10kV 综合损失电量}}{\text{10kV 综合供电量}}\times 100\%\end{aligned} \tag{1-66}$$

10kV 综合供电量＝本单位各变电站 10kV 母线总表电量＋发电厂（或分布式电源）10kV 和低压网络上网电量（包括光伏发电、风力发电、其他可再生能源发电等）；

10kV 综合售电量＝本单位 10kV 线路及以下所有电力客户售电量之和＋各变电站 10kV 母线总表的反向电量。

二十三、10kV 有损线损率

10kV 有损线损率是指 10kV 配电系统的综合损失电量（包括 10kV 和低压部分）与 10kV 有损供电量比值的百分率。

计算公式为

$$\begin{aligned}\text{10kV 有损线损率} &= \frac{\text{10kV 综合供电量}-\text{10kV 综合售电量}}{\text{10kV 综合供电量}-\text{10kV 无损电量}}\times 100\% \\ &= \frac{\text{10kV 综合损失电量}}{\text{10kV 有损供电量}}\times 100\%\end{aligned} \tag{1-67}$$

其中：

10kV 有损供电量＝10kV 综合供电量－10kV 专线客户电量（10kV 无损电量）。

二十四、10kV 综合线损率与 10kV 有损线损率的区别

10kV 综合线损率是指 10kV 配电系统包括低压部分的综合损失电量占 10kV 系统综合供电量比值的百分率，是反映供电企业 10kV 配电系统与低压网络的耗电水平，是一项综合性的指标；而 10kV 有损线损率是指 10kV 配电系统包括低压部分的综合损失电量与 10kV 有损供电量比值的百分率，是反映各单位线损管理水平的一项重要的指标，是综合线损的重要组成部分，其高低直接影响综合线损率的高低。同时，由于 10kV 网络包括 10kV 低压部分分布面广，客户多，其管理线损在这一网络起决定性作用，因此，加强对 10kV 有损线损的管理，是降低本单位线损的关键环节。

二十五、10kV 单条线路高压线损率

10kV 单条线路高压线损是指单条 10kV 线路 10kV 高压元件（设备）如城镇和农村公用配电变压器、供配电线路、高压计量箱、配电电容器以及其他 10kV 元件在供配电过程中所消耗的电能。

计算公式为

$$\begin{aligned}\text{10kV 单条线路高压线损率} &= \frac{\text{10kV 单条线路输入电量}-\text{10kV 单条线路输出电量}}{\text{10kV 单条线路输入电量}}\times 100\% \\ &= \frac{\text{10kV 单条线路损失电量}}{\text{10kV 单条线路输入电量}}\times 100\%\end{aligned} \tag{1-68}$$

其中：

10kV 单条线路输入电量＝10kV 本线路变电站总表的下网电量＋本线路 10kV 小电厂（包括分布电源、光伏发电、其他可再生能源发电）的上网电量＋本线路公用配电变压器总表的反向电量；

10kV 单条线路输出电量＝10kV 本线路所有高压供电客户的售电量＋本线路公用配电

变压器总表的正向下网电量＋本线路变电站总表的反向电量。

二十六、低压线损率

低压线损是指变压器产权属于供电企业的公用变压器在给低压用电客户供电时，所属的低压线路、计量装置、其他元器件，以及管理方面的因素引起的电能损耗。

计算公式为

$$\begin{aligned}低压线损率&=\frac{本台区输入电量-本台区输出电量}{本台区输入电量}\times 100\%\\&=\frac{本台区损失电量}{本台区输入电量}\times 100\%\end{aligned} \tag{1-69}$$

其中：

本台区输入电量＝本台区供电总表的供电量＋本台区分布电源（光伏发电、风力发电、其他可再生能源发电）的上网电量；

本台区输出电量＝本台区所有低压客户的售电量＋本台区总表的反向电量。

两台及以上变压器低压侧并联或低压联络开关并联运行的，可将所有并联运行变压器视为一个台区单元统计线损率。

二十七、台区总表的反向电量计入输出电量的分析

对于公用配电变压器内有光伏发电、其他可再生能源发电的情况，在计算台区低压线损率时，应将台区总表的反向电量计入输出电量内，而不能将总表的反向电量从总输入电量（供电量）中核减，以光伏发电为例分析如下：

（1）在正常情况下，也就是本台区没有光伏发电设备，在计算台区低压线损率时，输入电量为本台区的总表供电量，输出电量为本台区所有用电客户的售电量，损失电量只有电流从变压器台区总表到用电客户的低压线路损耗。

（2）如果本台区有光伏发电设备时，低压线路的损耗将发生变化。根据光伏发电设备的性质是白天发电，晚上无光照时不能发电，而居民客户大部分为晚上用电的特点，可将一天的低压线损率分别按两个时段（即白天和晚上）进行计算，假设本台区低压客户在理想条件下只是晚上用电，白天不用电，其线损率计算的构成如下。

1）第一时段白天时，只有光伏发电设备工作，没有客户用电，光伏设备所发的电力全部通过台区的低压线路、公用变压器反向送入 10kV 系统，台区总表的反向有了电量，此时，计算台区线损率的输入电量只有光伏发电设备的上网电量，台区的输出电量为台区总表的反向电量，损失电量为光伏发电的上网点到公用变压器的线路损耗。即

台区输入电量(白)＝光伏发电客户的上网电量

台区输出电量(白)＝台区总表的反向电量

台区的损失电量(白)＝光伏发电客户的上网电量－台区总表的反向电量

2）第二时段晚上时，光伏发电设备停止工作，居民开始用电，此时，计算台区线损率的输入电量为公用变压器的总表供电量，台区的输出电量为台区所有客户的售电量，损

失电量为公用变压器到客户的线路损耗，即

台区输入电量(晚)＝台区总表的供电量

台区输出电量(晚)＝台区所有客户的售电量

台区的损失电量(晚)＝台区总表的供电量－台区所有客户的售电量

3）计算本台区一天的线损率时，需要将第一时段的白天和第二时段的晚上分别相加，即

台区输入电量＝台区输入电量（白）＋台区输入电量（晚）＝光伏发电客户的上网电量＋台区总表的供电量

台区输出电量＝台区输出电量（白）＋台区输出电量（晚）＝台区总表的反向电量＋台区所有客户的售电量

台区的损失电量＝台区的损失电量（白）＋台区的损失电量（晚）

$$台区低压线损率=\frac{台区的损失电量}{台区的输入电量}\times100\%=\frac{台区的输入电量-台区的输出电量}{台区的输入电量}\times100\%$$

$$=\frac{(光伏发电客户的上网电量+台区总表的供电量)-(台区总表的反向电量+台区所有客户的售电量)}{光伏发电客户的上网电量+台区总表的供电量}\times100\%$$

从上述电量构成可以看出，台区总表的反向电量是加在台区的输出电量中的，而不是在总的供电量中核减。

二十八、低压台区内光伏发电对低压线损的影响

对于在低压台区中，如果有安装的光伏发电设备并正常发电时，由于光伏发电所上网的电量被低压客户就地使用，相应地缩短了供电线路的长度，减少了线路中的电阻，可有效地降低台区的低压线损率。

二十九、节电量的计算

(1）线损率实际完成值与计划值比较，其节电量计算如下。

1）第一种计算方法。

计划供电量＝实际售电量/(1－计划线损率)

计划损失电量＝计划供电量－实际售电量

节电量＝计划损失电量－实际损失电量

或 节电量＝计划供电量－实际供电量

2）第二种计算方法。

节电量＝实际供电量×（计划线损率－实际线损率）

节电量为正值时表示节约了电量；节电量为负值时表示多损了电量。

(2）线损率实际完成值与去年同期比较，其节电量为

$$节电量=本期实际供电量\times(去年同期实际线损率-本期实际线损率) \quad (1\text{-}70)$$

节电量为正值时表示节约了电量；节电量为负值时表示多损了电量。

三十、线损管理常用的名词

(1）高供低计。对高压供电用户，应在高压侧计量，因某些原因经供用电双方协商同

意，实际在低压侧计量的方式为高供低计。

（2）专用线路。是指线路的产权属于客户所有，计量点在变电站的出口处即产权分界点，并且该线路主要是为产权所有者供电。

（3）专线非专用。是指线路的产权属客户所有，但本线路并不是只给线路产权所有者一户供电，而是在本线路上带有其他客户用电的线路。

（4）无损售电量。线损由用户承担的专用线路的售电量。

三十一、百分率与百分点的区别

显示经济指标时通常用“百分率”和“百分点”这两个概念，其区别如下。

（1）百分率又称为百分比，是表示一个数值占另一个数值的比例或增减幅度。如某一供电公司年售电量为100亿kWh，其中：无损电量为40亿kWh，占年总售电量的40%，百分率在这里用来表示比例。又如某一供电公司2003年售电量比上年增长5%，这里的百分率表示增长幅度。

（2）百分点表示的是百分率的变化情况，如2月份线损率完成7%，3月份线损率完成5%，3月份与2月份相比线损率降低了2个百分点等。

三十二、线损和利润的关系

售电量、售电平均电价、线损、电费回收和利润是考核供电企业的主要技术经济指标，其中售电量、售电平均电价和线损是形成供电企业利润的基础，是利润的重要组成部分，随着售电量的增加、售电平均电价的提高和线损的降低，利润随之增大。但是，由于售电量受电力市场、国家的调控政策和电力紧张程度影响较大，售电平均电价受用电结构的变化影响较大，这两项指标不能通过人为因素有较大提高，但线损是能够通过加强管理、采取措施将线损降下来，从而提高企业的经济效益。

利润的计算公式为

$$
\begin{aligned}
\text{利润} &= \text{上交电费(销售收入)} - \text{成本} \pm \text{营业外收支净额} + \text{其他销售利润} \\
&= \text{应收电费} - \text{税金} - \text{成本} \pm \text{营业外收支净额} + \text{其他销售利润} \\
&= \text{供电量} \times (1 - \text{线损率}) \times \text{售电平均电价} \times (1 - \text{税率} - \text{附加费率}) - \\
&\quad [\text{售电量}/(1 - \text{线损率}) \times \text{售电平均电价}] - \text{固定成本} \pm \text{营业外收支净额} + \\
&\quad \text{其他销售利润}
\end{aligned}
\tag{1-71}
$$

从上式可以得出：线损率的降低将使可变成本减少，增加售电量收入，从而增加供电企业的利润。

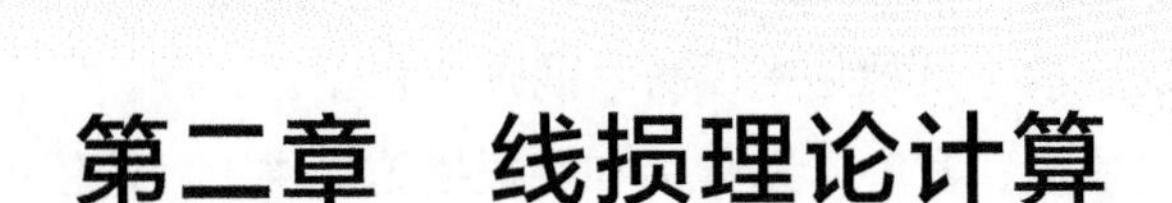

第二章　线损理论计算

理论线损是指根据电网设备参数、运行方式、潮流分布以及负荷情况等计算得出的线损。理论线损率是指理论线损电量占供电量的百分数。通过开展线损理论计算，可进一步地了解和掌握电网中每一电气元件、输配电线路、分电压等级、分区域（地区）实际有功功率和无功功率损失，以及在一定时间内的电能损耗、线损率等，根据计算结果就能够科学、准确地找出电网中存在的问题，针对性地采取有效措施，将线损降低到比较合理的范围内，对提高供电企业的生产技术和经营管理水平有着重要的意义。

第一节　理论计算的目的和要求

一、线损理论计算的含义

线损理论计算是指从事线损管理的工作人员，根据电网的结构参数和运行参数，运用电工原理和电学中的理论，将电网元件中的理论线损电量及其所占比例、电网的理论线损率、最佳理论线损率和经济负荷电流等数值计算出来，并进行定性和定量分析。

二、线损理论计算的作用

线损理论计算具有指导降损节能，促进线损管理进一步科学化。具体可分为：

（1）根据理论线损率与实际线损率比较，可分析出企业线损管理的潜力及努力的方向。

（2）将最佳线损率与理论线损率比较，可以分析出电网的运行是否经济、电网的结构和布局是否合理。

（3）通过计算各种线损电量所占比重，可以为线损分析提供可靠的依据，查找电网的薄弱环节，确定降损的主攻方向，从而采取针对性措施，降低线损。

（4）参照线损理论计算的结果，合理下达线损率考核指标，按线路或设备分解指标，并进行考核。

（5）开展线损理论计算是供电企业加强技术降损和基础管理的重要组成部分。

三、开展线损理论计算的目的

（1）对电网结构和运行方式的合理性、经济性进行鉴定。

（2）查明电网损失较大的元件，分析其原因。

（3）通过将实际线损与理论线损的比较，根据不明损失的程度，采取相应措施，提高营业管理水平。

（4）根据电网中导线的损失和变压器损失所占的比重，以及固定损失和可变损失所占的比重，有针对性地对电网的某些薄弱环节进行技术降损改造。

（5）为电网的发展、改进及规划提供科学的理论依据。

（6）为制定年度、季度、月度计划指标和降损措施提供了理论依据。

（7）根据理论线损计算结果，总结先进的管理经验，并认真推广。

（8）通过分析和计算，有利于加深电力传输方面的理论知识，努力提高业务管理的水平。

四、开展线损理论计算的要求

（1）线损理论计算所采用的方法不应过于复杂或繁琐，而应较为简便、易于操作，计算过程应简洁而明晰。

（2）计算用的数据或资料，在电网现有的仪器仪表配置下，应易于采集获取，对有条件的场所，应尽量采用自动化抄表数据。

（3）各电气元件的技术参数应与实际相符，并全面、准确。

（4）所采用的方法，计算的结果应达到足够的精确度，应能满足实际工作需要，如有误差，应在允许范围内。

五、理论线损电量的组成

（1）变压器的损耗电量。

（2）架空及电缆线路的导线损耗电量。

（3）电容器、电抗器、调相机中的有功损耗及调相机的辅机损耗。

（4）电流互感器、电压互感器、电能表、测试仪表、保护及远动装置的损耗电量。

（5）电晕损耗电量。

（6）绝缘子的泄漏损耗电量（数量较小，可以估计或忽略不计）。

（7）变电站的站用电量。

（8）电导损耗。

六、理论线损率

理论线损率是指利用代表日当天的电网参数和运行数据，科学计算得出的理论线损电量与代表日当天的供电量比值的百分率，即

$$\text{理论线损率} = (\text{理论线损电量} / \text{供电量}) \times 100\%$$

七、线损理论计算的工作流程

线损理论计算是一项复杂的系统工作，由于涉及面广，工作量大，要求计算结果准确，并能够指导线损管理工作，因此，在计算理论线损时应参照图 2-1 工作流程进行。

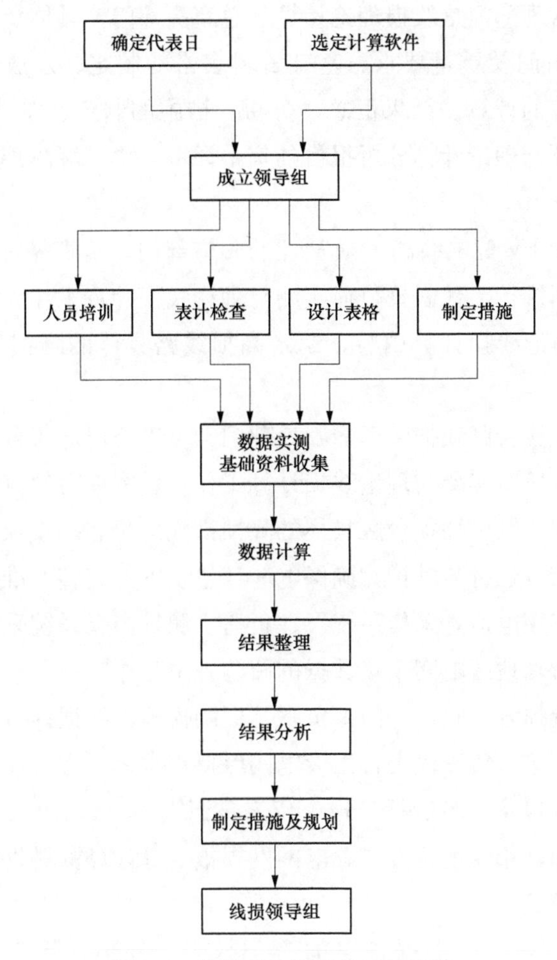

图 2-1 线损理论计算的工作流程

第二节 理论计算的准备

一、成立线损理论计算领导组

线损理论计算是一项复杂性的工作，其计算面广，工作量大，涉及的部门多，为使此项工作能够顺利进行，各单位在开展线损理论计算时，需要成立线损理论计算领导组，由行政一把手担任组长，成员由发策、运检、营销（农电）、调控中心、技术支撑等部门的负责人员组成，具体负责线损理论计算措施的制定、明确各部门的职责、协调各部门的关系、处理计算工作中出现的问题、组织对线损理论计算结果的分析、研究总结存在问题和解决问题的措施等。

二、职责与分工

为使各部门各负其责，按时高质量地完成各项工作，对线损理论计算工作进行合理的分工是很有必要的，主要包括：

（1）线损的归口管理部门是线损理论计算的总牵头部门，具体负责线损理论计算的组织安排、责任分工、时间及质量要求、基础资料表格的制定、发放、收集、审核、汇总等，负责线损理论计算的计算、结果汇总、分析、措施的制定、总结的编制和上报工作。组织开展理论计算培训与理论计算分析报告的集中评审，协调解决理论线损计算工作中遇到的问题。

（2）生产部门为10kV配电线路线损管理的归口部门，负责做好10kV配电线路理论计算系统基础档案更新维护、代表日负荷实测与理论线损计算工作，负责编写理论线损计算报告中10kV线路理论线损计算内容，制定高损线路具体的降损措施建议和降损项目清单。

（3）营销部门为低压台区线损管理的归口部门，负责公司低压台区理论计算系统基础档案更新维护、代表日负荷实测与理论线损计算工作，负责编写理论线损计算报告中低压台区理论线损计算内容，制定高损台区具体的降损措施建议和降损项目清单；负责所辖区域电能计量装置的安装、运行与维护，确保电能计量装置的完整、准确；负责保障“厂站电能量采集系统”与“用电信息采集系统”在负荷实测日当天系统采集数据完整、及时和准确，并做好代表日所辖地区电网采集数据的召测补采工作。

（4）调控中心为网损管理归口部门，负责开展网损理论线损计算，制定主网高损设备降损措施和降损项目清单。负责代表日当天电网保持正常运行方式，提供调度范围内电网主网设备参数、调度日报及生产运行日报、代表日当天10点及较大负荷某一整点的主网潮流图、电网主结线图、年度运行方式、电网网损报表等计算资料收集。

三、计算范围的确定

省公司、市公司和县公司根据各自的管理权限，分别计算综合线损、各级网损、10kV线损和台区线损，并进行汇总、分析、总结和上报。

（1）省公司线损归口管理部门负责全省的综合线损、网损和分电压等级网损的计算、汇总、分析、总结和上报工作。

（2）省公司调度部门负责220kV及以上电网的网损及分电压等级网损的计算、汇总、分析、总结和上报工作。

（3）市（分）公司线损归口管理部门负责所辖区域的综合线损、网损和分电压等级网损的计算、汇总、总结和上报工作。

（4）市（分）公司调度部门负责220kV及以下电网的网损及分电压等级网损的计算、汇总、分析、总结和上报工作。

（5）各县市线损归口管理部门负责所辖供电区域综合线损、网损、分电压等级网损、10kV有损（包括各输配电线路、低压台区）的计算、汇总、分析、总结和上报工作。

四、开展线损理论计算工作的时间或周期

各级电力部门应定期组织开展负荷实测，并进行线损理论计算。35kV及以上系统每年进行一次，10kV及以下系统至少每两年进行一次。如遇有电源分布、网络结构有重大

变化时还应及时计算。

五、计算软件的选定

线损理论计算软件的选定对计算结果有着重要影响，目前，国内生产的计算软件各种各样，计算结果各有区别，因此，在选择计算软件时，应重点考虑以下几个方面。

（1）计算结果的准确性。对选定的软件应进行对比分析，采用软件计算与手工计算、实际完成值、管理经验相结合，选取软件计算结果与实际相符的软件计算。

（2）操作的简单性。对各种计算软件进行比较，选取操作简单的软件。

（3）具有一定的先进性。对选定的软件要先进，具有目前较先进操作系统支持等功能。

（4）显示界面美观性。要求软件的界面美观。

（5）计算结果的全面性。要求软件对计算结果能够全面反映，能够计算出全局的综合线损、网损、分电压等级的线损值和理论线损率，各条输配电线路的理论线损率、主要电气元件的损耗、各种电量的比例以及相关的其他数据及资料、实施降损措施的效益分析等。

六、计算人员的培训

为提高计算人员的业务素质、计算水平，在开展线损理论计算前，应对有关人员进行培训，培训的方式方法有：

（1）编写培训的讲义及教材。主要内容包括线损的概述、各种电气元件参数的收集、代表日数据的采集、电网运行方式的确定、电力网参数计算、潮流计算、线损的计算方法、分析的内容和方法、措施的制定、总结的编制、汇总的表格内容及填写说明等。

（2）聘请具有一定的线损管理经验和水平的“老师”进行讲课，重点对线损管理有关的各项基础知识进行讲述，提高计算人员的业务素质。

（3）聘请软件公司的技术人员，对计算软件原理、使用方法、注意事项，以及计算所需的数据进行培训，以便对线损理论计算进行总体的部署和安排，达到事半功倍的目的。

（4）对新的计算软件初步使用时，最好采用“集中”计算方式，便于统一培训、问题的统一处理、相互交流、共同提高，起到传、帮、带的作用。

七、线损理论计算的条件

线损理论计算是在一定的条件下进行，在进行线损理论计算之前必须做好以下工作。

（1）完善各种电能计量装置和检测仪器仪表。电网输配电线路进出口应装设电压表、电流表、有功电能表、无功电能表等；每台配电变压器二次侧应装设有功电能表、无功电能表或功率因数表，并要求计量准确，做好各种运行记录等。

（2）绘制电网的一次接线图，各条输配电线路的接线图、走径图，并标明各段线路的型号、长度、配电变压器型号及容量、代表月的电量等。

（3）选定代表日，组织按时、到位、正确抄录相关数据，如各点的电压、电流、有功功率、无功功率、有功电量、无功电量、电容器的投切情况、变压器的分接头位置等。

（4）选用精确的线损理论计算软件，输入基础数据和资料应正确无误，确保计算准确合理。

八、代表日的选定应遵循的原则

为使线损理论计算结果具有代表性，代表日的选定应遵循以下原则：

（1）电网的运行方式，潮流分布正常，没有大的停电检修工作。

（2）代表日的供电量接近全月或全年的平均日供电量。

（3）各客户的用电情况正常。

（4）气候正常，能够代表全月或全年的平均气温。

（5）计算代表月电能损耗时，至少要取 3 天 24h 的负荷，使其能够代表全月的负荷状况；计算全年的损耗时，应以月代表日为基础，35kV 以上电网代表日至少取 4 天，使其能够代表全年各季负荷情况。

（6）为提高理论线损计算的准确性，每年可选择不同季节、不同月份和不同日期作为理论线损计算的代表日进行采集、计算，经多次计算，评估分析计算结果，最终确定理论线损计算的结果。

九、线损理论计算的对象

（1）系统变电站的降压变压器。

（2）供电企业的配电变压器。

（3）调相机。

（4）电力电容器。

（5）电抗器。

（6）各电压等级的输配电线路和电缆。

（7）接户线。

（8）电能表等。

十、代表日负荷实测的数据

代表日负荷记录应完整，能满足计算要求，一般应实测并记录以下数据。

（1）各发电厂代表日全天各整点上网有功功率、无功功率、电压、电流的抄表记录，以及全天 24h 累计有功、无功电量。

（2）各电网企业间关口表计代表日整点从邻网输入和向邻网输出的有功功率、无功功率、电压、电流以及连续 24h 累计有功、无功电量。

（3）各自备电厂全天向电网输出和从电网输入的有功功率、无功功率、电压、电流以及连续 24h 累计有功、无功电量。

（4）系统变电站变压器各侧、各级电压输电线路和中、高压配电线路始端代表日各整点电压、电流、有功功率、无功功率以及连续 24h 累计有功电量、无功电量。

（5）35kV 及以上电网代表日停运的变压器和线路，并绘制电网整点潮流图（以检验计算结果的合理性）。

(6) 变电站各级母线代表日全天各整点电压的抄表记录。

(7) 高压供电用户专用变压器代表日各整点的电压、电流、有功功率、无功功率(或功率因数)和连续24h累计有功电量、无功电量。

(8) 10kV各公用和专用配电变压器代表日全天的用电量;有10kV支路计量设施的单位,应读取连续24h累计电量。

(9) 除收集以上负荷资料外,还要了解以下情况。

1) 根据代表日正点抄录的负荷,绘制各电网企业和各变压器、线路的负荷曲线,分析了解负载系数、日负荷和气候的变化情况。

2) 各电网企业关口表计所在的母线电能平衡情况。

3) 电容器的投运时间、线路切改变化、变压器分接头位置变动等有关情况资料。

4) 供电时间变化情况和停、限电情况。

十一、线损理论计算应收集的设备参数资料

为保证线损理论计算结果正确,必须事先收集、整理、核实设备静态参数和特性数据。与台账相结合,使收集的设备资料与计算期内的实际情况相一致。设备参数资料包括以下内容。

(1) 各变电站每台主变压器、调相机、电容器组、电抗器的参数资料(铭牌或试验数据)。

(2) 高压输电线路的阻抗图和高压配电线路的单线图(含各支路),图上注明导线型号、长度、线路电阻(高压输电线路的电抗)的实际有名值;一条线路有几种不同型号线段的情况下,应分别标注各线段参数。

(3) 绘制各低压台区配电线路接线图,标注线路中各段导线的型号、长度、表箱位置及表箱中单、三相表计数,月用电量,统计接户线总长度,各配电变压器的低压线路出线路数、相线和中性线的导线型号等资料。

(4) 用户三相和单相电能表的统计资料。

十二、各种典型情况的处理原则

(1) 35kV及以上系统变电站站用电按代表日当天实际抄录数据参加计算,无计量表计的110(66)kV站用电按1.5万kWh/月、35kV站用电按0.2万kWh/月参加计算。

(2) 35kV及以上变电站电容器、电抗器按代表日当天实际投入情况参加计算。

(3) 35kV及以上系统的功率因数按代表日当天实际抄录数据参加计算;10kV系统的功率因数如无实测数据可按下述原则计算:发达市区0.88、一般地区的市区0.85、农村(全部)0.8。

(4) 10kV及以下的低压配网线损率可按统计平均值分类计算:城区取6%、郊县取7.5%。特殊情况可以根据电网实际给定有关数值,同时对不同类型的典型台区(变)进行实测。

(5) 各电压等级的无损电量参加本级计算,220kV系统的无损电量参加本地区综合线

损率的计算。

(6) 各级降压变压器的损耗按其高压侧电压水平记入相应电压等级的损耗。

第三节　理论计算的方法

一、电力网线损理论计算的方法

根据《电力网电能损耗计算导则》规定，理论线损计算方法归纳起来主要包括均方根电流法、平均电流法（形状系数法）、最大电流法（损失系数法）、最大负荷损失小时法、分散系数法、电压损失法和等值电阻法等。对35KV及以上系统网损的计算，通常采用均方根电流法、平均电流法、最大电流法；对10(6)KV配电线损，一般采用等值电阻法进行计算；对低压理论线损计算，采用等值电阻法或电压损失法。

二、均方根电流法

均方根电流法是采用代表日的均方根电流来计算电力网电能损耗的方法。它是计算电力网电能损耗，特别是输电线路电能损耗最常用的计算方法之一。

(1) 当已知代表日全天24个整点的电流时，均方根电流为

$$I_{\mathrm{jf}}=\sqrt{\frac{\sum_{i=1}^{24} I_i^2}{24}}=\sqrt{\frac{I_1^2+I_2^2+\cdots+I_{24}^2}{24}} \tag{2-1}$$

式中　I_{jf}——代表日的均方根电流，A；

I_1、I_2、…、I_{24}——代表日24个整点通过该元件的电流，A。

(2) 当负荷曲线以三相有功功率、无功功率表示时，均方根电流为

$$I_{\mathrm{jf}}=\sqrt{\frac{\sum_{i=1}^{24}\frac{P_i^2+Q_i^2}{U_i^2}}{72}}=\sqrt{\frac{\sum_{i=1}^{24}\frac{S_i^2}{U_i^2}}{72}} \tag{2-2}$$

式中　P_i、Q_i——正点时通过元件的三相有功功率、无功功率，kW、kvar；

U_i——与P_i、Q_i同一测量端同一时间的线电压值，kV。

(3) 当24h实测值是小时有功电量、无功电量，以及测量点平均线电压时，均方根电流为

$$I_{\mathrm{jf}}=\sqrt{\frac{\sum_{i=1}^{24}(A_{\mathrm{Ri}}^2+A_{\mathrm{Qi}}^2)}{3\times 24U_{\mathrm{P}}^2}} \tag{2-3}$$

式中　I_{jf}——代表日的均方根电流，A；

A_{Ri}、A_{Qi}——代表日每小时的有功电量、无功电量，kWh、kvarh；

U_{P}——代表日的平均电压值，kV。

代表日的电能损耗为

$$\Delta A = 3I_{jf}^2 R \times 24 \times 10^{-3}(\text{kWh})$$

式中　ΔA——代表日的电能损耗，kWh；

I_{jf}——代表日的均方根电流，A；

R——输配电线路的电阻，Ω。

代表日线损率

线损率(%)＝代表日电能损耗／代表日供电量×100%

三、平均电流法（形状系数法）

平均电流法是利用均方根电流与平均电流的等效关系进行电能损耗计算的方法。

均方根电流与平均电流的比值称为形状系数，即

$$K = \frac{I_{jf}}{I_{pj}} \tag{2-4}$$

式中　K——形状系数；

I_{pj}——代表日负荷电流的平均值，A。

代表日的电能损耗为

$$\Delta A = 3K^2 I_{pj}^2 Rt \times 10^{-3} \quad (\text{kWh}) \tag{2-5}$$

或

$$\Delta A = K^2 \frac{A_P^2 + A_Q^2}{U_{pj}^2 \cdot t} R \times 10^{-3} \quad (\text{kWh})$$

式中　A_P、A_Q——代表日每小时的有功电量、无功电量，kWh、kvarh；

t——代表日测量时间，h；

U_{pj}——代表日首端电压平均值，kV。

K^2 应根据负荷曲线的负荷率及最小负荷率进行确定。

平均负荷率为

$$f = \frac{I_{pj}}{I_{max}}$$

最小负荷率为

$$\alpha = \frac{I_{min}}{I_{max}}$$

式中　I_{pj}——平均负荷，kW；

I_{min}、I_{max}——代表日负荷电流的最小值和最大值，A。

当 $f>0.5$ 时，按直线变化的持续负荷曲线计算 K^2 值，即

$$K^2 = \frac{\alpha + \frac{1}{3}(1-\alpha)^2}{\left(\frac{1+\alpha}{2}\right)^2}$$

当 $f<0.5$ 且 $f>\alpha$ 时，按二阶梯持续负荷曲线计算 K^2 值，即

$$K^2=\frac{f(1+\alpha)-\alpha}{f^2}$$

代表日线损率为

$$线损率(\%)=代表日电能损耗/代表日供电量\times 100\%$$

四、最大电流法（损失因数法）

最大电流法是利用均方根电流与最大电流的等效关系进行电能损耗计算的方法。

均方根电流的平方（I_{jf}^2）与最大电流的平方（I_{max}^2）的比值为 F，称为损失因数，即

$$F=\frac{I_{jf}^2}{I_{max}^2} \tag{2-6}$$

代表日的损耗电量

$$\Delta A=3I_{max}^2RFt\times 10^{-3}\quad (kWh)$$

式中 t——运行时间，h。

当 $f>0.5$ 时，按直线变化的持续负荷曲线计算 F 值，即

$$F=\alpha+\frac{1}{3}(1-\alpha)^2$$

当 $f<0.5$ 且 $f>\alpha$ 时，按二阶梯持续负荷曲线计算 F 值，即

$$F=f(1+\alpha)-\alpha$$

或

$$F=0.639f^2+0.36f(f+f\alpha-\alpha)$$

代表日线损率为

$$线损率(\%)=代表日电能损耗/代表日供电量\times 100\%$$

五、最大负荷损耗小时法

最大负荷损耗小时数 τ 的意义是：在 τ 时间内如果客户始终保持最大负荷 P_{max} 不变，此时在输电、变电、配电元件电阻中引起的电能损耗等于一年中实际负荷在该电阻中引起的电能损耗。

$$\Delta A=\Delta P_{max}\tau=3I_{max}^2R\tau\times 10^{-3}\quad (kWh) \tag{2-7}$$

式中 ΔP_{max}——最大负荷功率损耗，kW；

τ——最大负荷损耗小时数，h；

I_{max}——最大负荷电流，A。

τ 可以通过 T-τ 曲线查得，T-τ 曲线是指负荷功率因数、最大负荷利用时间和最大负荷损耗时间关系曲线。

最大负荷利用小时为

$$T_{max}=\frac{A}{P_{max}}$$

式中 A——全年消耗的电量，kWh；

P_{max}——全年的最大负荷，kW。

六、用点段法计算配电线路的电能损耗和线损率

所谓点段法计算配电线路的电能损耗就是将多分支配电线路根据所带负荷情况，分为若干段，并分别计算各段的电能损耗，最后求出配电线总的电能损耗的方法。

1. 需要准备的相关资料

(1) 配电线路接线图。图上应标明配变的位置、铭牌参数、每段导线的截面、长度和电阻等。

(2) 配电线路首端（变电站出线）代表日 24h 的电流、电压、有功功率、无功功率、全天的有功电量、无功电量以及全月的有功、无功电量等。

(3) 高压客户代表日 24h 的负荷、电量记录。

2. 配电线路电能损耗计算方法及步骤

(1) 根据代表日负荷曲线求出线路首端的均方根电流，即

$$I_{jf}=\sqrt{\frac{\sum_{i=1}^{24}I_i^2}{24}}$$

式中 I_i——代表日 24 个整点通过该元件的电流，A。

(2) 求出所有高压客户专用变压器代表日的总均方根电流，即

$$\sum I_{jfz}=I_{jf1}+I_{jf2}+I_{jf3}+\cdots\cdots+I_{jfn}$$

如果客户没有实测记录，可由代表日的日用电量，计算出日平均电流再乘以大于 1 的等效系数，以代替均方根电流，即

$$I_{jfz}=\frac{A}{\sqrt{3}\cos\varphi\times 24\times U_N}\times K \tag{2-8}$$

式中 A——日用电量，kWh；

$\cos\varphi$——客户平均功率因数；

U_N——线路额定电压，kV；

K——等效系数，可按最小负荷率查表求得。

(3) 求出所有公用变压器均方根电流之和，即

$$\sum I_{jfg}=I_{jf}-\sum I_{jfz}$$

式中 I_{jf}——配电线路首端均方根电流，A；

$\sum I_{jfz}$——所有高压客户专用变压器均方根电流，A。

(4) 求出公用变压器每千伏安容量的均方根电流，即

$$I_{jf}=\frac{\sum I_{jfg}}{\sum S_N}\quad (A/kVA) \tag{2-9}$$

式中 S_N——各公用配电变压器的额定容量，kVA。

(5) 假设每台配电变压器的利用率是相同的，分别求出每台公用配电变压器分配到的

均方根电流，即

$$I_{jfg}=I_{jf}S_N \quad (A)$$

（6）从线路首端均方根电流开始，逐步减去各个配电变压器的均方根电流就得到每段线路上的均方根电流数值，并标于示意图上。

（7）分别计算各段的损失电量，然后相加得出全线全日的损失电量，即

$$\Delta A=\sum 3I_{jf}^2R\times 24\times 10^{-3} \quad (kWh)$$

（8）为考虑所选代表日的代表性，必须对计算结果进行修正。如果代表日线路的日电量 A_1 与当月的平均日电量 A_2 相差较大，需用下式对全日损失电量进行修正，修正后的全日损失电量为

$$\Delta A_0=\Delta A\left(\frac{A_2}{A_1}\right)$$

（9）配电线路线损率为

$$\Delta A\%=\frac{\Delta A_0}{A_1}\times 100\%$$

七、用等值电阻法计算配电线路的电能损耗步骤

等值电阻法适用于计算 10(6)kV 配电网的电能损耗。因为 10(6)kV 配电网络接点多，分支线多，元件也多，各支线的导线型号不同，配电变压器的容量、负荷率、功率因数等参数和运行数据也不相同，要准确地计算配电网络中各元件的电能损耗是比较困难的。因此，在满足实际工程计算精度的前提下，使用等值电阻法计算配电网络的电能损耗具有可行性和实用性。

（1）假设计算条件。

1）负荷的分布与负荷接点装设的变压器额定容量成正比，即各变压器的负荷系数相同。

2）各负荷点的功率因数相同。

3）各接点电压相同，不考虑电压降。

（2）用等值电阻法计算配电线路的电能损耗、线损率的步骤。

1）计算线路等值电阻 R_{DZL}，即

$$R_{DZL}=\frac{\sum_{i=1}^{n}S_{Ni}^2R_i}{S_{N\Sigma}^2} \tag{2-10}$$

式中 R_{DZL}——线路的等值电阻，Ω；

S_{Ni}——第 i 段线路的配电变压器额定容量，kVA；

R_i——第 i 段线路的导线电阻，Ω；

$S_{N\Sigma}$——该条配电线路总配电变压器额定容量，kVA。

2）计算配电变压器等值电阻 R_{DZBT}，即

$$R_{\mathrm{DZBT}}=\frac{U^{2}\sum_{i=1}^{n}\Delta P_{ki}\times 10^{-3}}{S_{\mathrm{N}\Sigma}^{2}} \tag{2-11}$$

式中　R_{DZBT}——公用配电变压器的等值电阻，Ω；

U——各配电变压器接点的电压，kV；不考虑电压降时 $U=U_i$；

ΔP_{ki}——第 i 台公用配电变压器的短路损耗，kW；

$S_{\mathrm{N}\Sigma}$——该条配电线路总配电变压器额定容量，kVA。

3）计算电能损耗。

a. 计算平均功率，即

$$P_{\mathrm{pj}}=\frac{A_{\mathrm{P}}}{T}\quad(\mathrm{kW}) \tag{2-12}$$

$$Q_{\mathrm{pj}}=\frac{A_{\mathrm{Q}}}{T}\quad(\mathrm{kvar})$$

式中　A_{P}——代表日的有功电量，kWh；

A_{Q}——代表日的无功电量，kvarh；

T——代表日的运行时间，h。

b. 计算形状系数（K）。

a）最小负荷率 α 为

$$\alpha=\frac{I_{\min}}{I_{\max}}$$

b）计算形状系数 K 为

$$K^{2}=\frac{\alpha+\frac{1}{3}(1-\alpha)^{2}}{\left(\frac{1+\alpha}{2}\right)^{2}}$$

c. 计算线路损耗

$$\Delta A_{\mathrm{dl}}=\frac{P_{\mathrm{pj}}^{2}+Q_{\mathrm{pj}}^{2}}{U^{2}}K^{2}R_{\mathrm{DZL}}t\times 10^{-3}\quad(\mathrm{kWh}) \tag{2-13}$$

或

$$\Delta A_{\mathrm{dl}}=3I_{\mathrm{jf}}^{2}R_{\mathrm{DZL}}t\times 10^{-3}(\mathrm{kWh})$$

式中　P_{pj}——平均有功功率，kW；

Q_{pj}——平均无功功率，kvar；

U——线路首端的运行电压，kV；

K——形状系数；

R_{DZL}——线路的等值电阻，Ω；

I_{jf}——线路首端的均方根电流，A；

t——运行时间，h。

d. 计算配电变压器铜损为

$$\Delta A_{dT}=\frac{P_{Pj}^2+Q_{Pj}^2}{U^2}K^2R_{DZBT}t\times10^{-3}\quad(kWh)\tag{2-14}$$

或
$$\Delta A_{dT}=3I_{jf}^2R_{DZBT}t\times10^{-3}(kWh)$$

式中　R_{DZBT}——变压器的等值电阻。

e. 计算配电变压器铁损为

$$\Delta A_{d0}=\sum\Delta P_{o}t\quad(kWh)$$

式中　ΔP_{o}——变压器的空载损耗。

f. 配电线路总电能损耗为

$$\Delta A=\Delta A_{dl}+\Delta A_{dT}+\Delta A_{d0}$$

4）计算线损率为

$$\Delta A\%=\frac{\Delta A}{A_{P}}\times100\%$$

式中　A_{P}——代表日的有功电量，kWh。

八、低压电力网电能损耗计算的方法与步骤

由于低压电力网的网络较复杂，并且负荷分布不均，资料也不全，因此一般只能采用简化的方法进行计算。通常采用的方法有两种，即台区损耗率法和电压损失率法等。

低压电力网是以配电变压器台区为单元的理论线损综合计算，其计算步骤如下：

（1）绘制低压电力网网络接线图，并将线路的主干线和分支线的计算线段划分出来，接着逐段计算出负荷电流，其原则是凡线路结构常数、导线截面、长度、负荷电流均相同的为一个计算线段，否则为另一计算线段。

（2）计算线路各分段电阻、线路等值电阻。

（3）测算出线路首端的平均负荷电流。

（4）实测出线路的负荷曲线特征系数。

（5）统计配电变压器实际供电时间。

（6）将上面测算、查取和计算求得的结果代入计算公式，计算低压电力网的理论线损值。

（7）在查清进户线的条数和长度、单相和三相电能表只数的基础上，计算确定接户线和电能表的损耗电量。

（8）计算确定以配电变压器为台区的低压电力网总的线损电量和相应的理论线损率。

九、用台区损耗率法计算低压电力网电能损耗

（1）已知各台区计算期的月供电量，取容量相同、低压出线数具有代表性的台区数个，并且用电负荷正常，电能表运行正常、无窃电现象等，作为该容量的典型台区。

（2）实测各典型台区的电能损耗及损耗率，即于同一天、同一时段抄录各典型台区总表的供电量及台区内各低压客户的售电量，计算各典型台区的损耗电量和损耗率，以及各容量典型台区的平均损耗率$\overline{\Delta A_i}\%$。

（3）对需要计算的各台区，按变压器容量进行分组，将本组内配电变压器月供电量之

和乘以该组典型台区的平均损耗率$\overline{\Delta A_i}\%$，即可得到该组台区的总损耗。计算公式为

$$\Delta A_i = \overline{\Delta A_i}\% \sum A_i$$

（4）将各组台区损耗相加，可求出配电网低压台区总损耗电量

$$\Delta A = \sum_{i=1}^{n} \overline{\Delta A_i}\% \sum A_i$$

式中 n——配电变压器按容量划分的组数；

A_i——第 i 台配电变压器低压侧月供电量。

十、用电压损失率法计算低压电力网电能损耗

（1）选各配电变压器容量、低压干线型号及供电半径有代表性的台区为测量各类台区压降的典型台区。

（2）确定低压电网的干线及其末端（若配电变压器有多路出线，则需要确定每路出线的末端，每一路出线作为一个计算单元）。凡从干线上接出的线路称为一级支线，从上级支线上接出的线路称为二级支线。

（3）在低压电网最大负荷时测录配电变压器出口电压$U_{\max}$，末端的电压$U'_{\max}$。

（4）计算最大负荷时首、末端的电压损失率$\Delta U_{\max}\%$，即

$$\Delta U_{\max}\% = \frac{U_{\max} - U'_{\max}}{U_{\max}} \times 100\% \tag{2-15}$$

式中 $U_{\max}$——最大负荷时配电变压器出口电压，V；

$U'_{\max}$——最大负荷时干线末端电压，V。

（5）计算最大负荷时的功率损耗率$\Delta P_{\max}\%$，即

$$\Delta P_{\max}\% = K_{\mathrm{p}} \cdot \Delta U_{\max}\%$$

$$K_{\mathrm{p}} = \frac{1 + \tan^2\varphi}{1 + \dfrac{X}{R}\tan\varphi}$$

式中 X——导线的电抗，Ω；

K_{p}——功率损耗百分数与电压损耗百分数的比例系数；

R——导线电阻，Ω；

φ——电流与电压间的相角。

（6）按下式计算代表日电能损耗率及损耗电能，即

$$\Delta A\% = \frac{F}{f}\Delta P_{\max}\%$$

$$\Delta A = A \cdot \Delta A\%$$

式中 F——损耗因数，查表取得；

f——负荷率，各单位根据实际情况确定；

A——代表日配电变压器供电量（多路出线则每路出线供电量按每路出线电流进行分摊），kWh。

若配电变压器出口无安装电能表，可按下式计算损失电量，即

$$\Delta A = 3I_{\max}(\Delta U_{\max} - I_{\max} \cdot \sin\varphi \cdot X)F \cdot t \times 10^{-3} \quad (\text{kWh})$$

式中 $I_{\max}$——最大负荷时测录的首端电流，A；

$\Delta U_{\max}$——最大负荷时测录计算单元的电压损失值，V。

（7）对于负荷较大，线路较长的一级支线，测录支触点及支线末端的电压，然后按上述步骤计算支线的电能损耗。

（8）一个单元的损耗电量=（干线的损耗电量+主要一级支线的损耗电量）/K。

其中，K 表示干线及一级支线占计算单元的损耗电能的百分数，一般取 80%。

（9）一台配电变压器的低压网络的总损耗电能为其各计算单元的损耗电能之和。

（10）按上述方法和步骤计算其余典型台区的电能损失率 $\Delta A_i\%$为

$$\Delta A_i\% = \frac{\Delta A_i}{A_i} \times 100\%$$

式中 ΔA_i——典型台区日电能损耗；

A_i——典型 i 台区日供电量。

（11）将待计算的各台区按 n 个典型分组，统计各组台区供电量 $\sum A_i$，并按下式计算各台区总损耗，即

$$\Delta A = \sum_{i=1}^{n} (\Delta A_i\% \sum A_i)$$

式中 n——典型台区数；

$\sum A_i$——电能损失率为 $\Delta A_i\%$的台区供电量之和。

（12）电能表的电能损耗计算。电能表的损耗电量按单相表、三相三线表、三相四线表进行估算。

（13）台区总损耗电能为低压网络总损耗及电能表损耗之和。

十一、理论线损的最终计算

理论线损的最终计算是指在计算出配电系统总线损的基础上，进而计算配电系统的理论线损、各种损耗在总损耗中所占的比例、最佳理论线损率、经济负荷电流、配电变压器的经济负载率等。

理论线损率的计算为

$$\Delta A = \Delta A_0 + \Delta A_k = \sum_{i=1}^{n} \Delta P_{oi} t + 3K^2 I_{jf}^2 R_{dzL} t \times 10^{-3} \quad (\text{kWh})$$

$$\Delta A\% = \frac{\Delta A}{A} \times 100\%$$

式中 ΔA——计算期的总损耗电量，kWh；

ΔA_0——线路导线和变压器的固定损耗，kWh；

ΔA_k——线路导线和变压器的可变损耗，kWh；

K——修正系数；

ΔP_{oi}——第 i 段线路或第 i 台变压器的固定损耗，kW；

A——计算期的总供电量，kWh。

十二、多电源供电配电网线损的计算步骤

多电源供电配电网的理论线损计算步骤大致如下。

（1）绘制配电网的接线图，标出导线型号及长度、配电变压器型号、容量及抄见电量，标出各电源的有功供电量、无功供电量、供电时间，以及线路负荷曲线特征系数等有关参数。

（2）划分计算线段或支路，并编上编号，制成表格，同时将每一台配电变压器也编上号，编制成表格。

（3）计算出各电源对各计算线段（或支路）的分流比及分配的电流值；计算各线段（或支路）的叠加电流；计算各线段（或支路）的导线电阻及电能损耗；计算电网（或全线路）导线的电能损耗；将计算结果计入支路参数计算表格中。

（4）计算每台变压器的负载率，根据配电变压器的型号和容量查取每一台变压器的空载损耗和短路损耗；计算电网中（或全线路）变压器的总电能损耗；将各台变压器的损耗记入配电变压器参数计算表格中。

（5）计算电网（或线路）总的电能损耗（为线路导线总损耗和线路上配电变压器总损耗之和）。

（6）计算全部电源（对电网或线路）的总有功供电量（为各电源有功供电量之和）。

（7）计算所需配电网（或配电线路）的理论线损率。

十三、计算固定损耗在总损耗中所占的百分数

线路导线或变压器的固定损耗在总损耗的百分数为

$$\Delta A\% = \frac{\Delta A_0}{A} \times 100\%$$

十四、计算可变损耗在总损耗中所占的百分数

线路导线或变压器的可变损耗在总损耗的百分数为

$$\Delta A\% = \frac{\Delta A_d}{A} \times 100\%$$

十五、对电力网的电能损耗计算结果进行调整

线损理论计算只要按照代表日选定的原则，且收集资料符合计算要求，计算方法正确，那么计算的结果就基本上反映了计算期内的输电、变电、配电设备的实际损耗，但由于各种原因，计算结果往往与计算期内的统计线损率绝对值相差较大，因此应根据实际情况进行分析后，对计算结果进行调整，其基本原则是：

（1）将统计线损率用的供电量调整为计算理论线损率用的供电量，得出相应的线损率。

（2）对变电站漏计的自用电量在线损电量中进行调整。

（3）调整售电量中漏计和多计的电量（包括供电公司各单位的自用电量和第三产业用电量）。

（4）调整因供、售电量抄表时间不一致而少计或多计的电量。

（5）调整理论计算中不列入损耗而归客户的损耗电量。

（6）若电晕损耗未计算，但客观上存在，则应根据计算期内的实际情况，估算并调整总损耗电量。

总之，线损计算结果只有经过分析调整，使计算结果正确、可靠并有效后，才能对查找问题，制定措施起到指导作用。

第四节　各电气元件电能损耗计算

一、导线型号中的字母和数字的含义

导线型号一般分为两段，第一段表示导线的型号，第二段表示导线的截面。如：LGJ-35。

（1）第一段导线型号字母的含义：T—铜；L—铝；G—钢；J—绞线（位于第二、第三位时）；Q—轻型；H—合金；F—防腐；J—加强型（位于第四字母）。

（2）第二段数字的含义表示导线的截面积，单位为 mm^2。

二、架空线路电能损耗计算

当导线中通过电流时，将会产生有功功率损耗和无功功率损耗，功率损耗与时间的乘积即为电能损耗。在计算输电线路的电能损耗时只计算线路的有功电能损耗。输电线路的电能损耗由基本损耗、导线通过电流引起的附加损耗和周围空气温度引起的校正值三部分组成。

1. 基本损耗 ΔA_1

$$\Delta A_1 = 3I_{jf}^2 Rt \times 10^{-3} \quad (kWh)$$

或

$$\Delta A_1 = 3K^2 I_{pj}^2 Rt \times 10^{-3} \quad (kWh)$$

或

$$\Delta A_1 = 3I_{max}^2 RFt \times 10^{-3} \quad (kWh)$$

式中　I_{jf}——计算期选定代表日的均方根电流，A；

R——温度为 20℃时每相导线的有效电阻，Ω；

t——计算期输电线路运行小时数；

K——形状系数；

I_{pj}——计算期选定代表日的平均电流，A；

I_{max}——计算期选定代表日的最大电流，A；

F——损失因数。

2. 附加损耗 ΔA_2

$$\Delta A_2 = 3I_{jf}^2 \Delta Rt \times 10^{-3} \quad (kWh)$$

式中 ΔR——导线通过电流发热增加的电阻，Ω。

$$\beta_1 = 0.2 \times (I_{jf}/I_{yx})^2$$

$$\Delta R = \beta_1 R_{20} = 0.2 \times (I_{jf}/I_{yx})^2 R_{20}$$

式中 β_1——电阻修正系数；

I_{yx}——当周围空气温度为20℃时，导线达到允许温度时的允许持续电流，A；其值由有关手册查取。

注意：在实际计算中，当导线在轻负荷运行时，附加电能损耗可以忽略不计。

3. 损耗校正值 ΔA_3

周围气温不足20℃时，需要对损耗进行校正。

$$\Delta A_3 = \Delta A_1 \alpha (t - 20) = R_{20}\beta_2 \quad (\text{kWh})$$

式中 α——电阻温度系数（铜、铝和钢芯铝绞线的 $\alpha = 0.004$）；

t——代表日的平均气温，℃；

β_2——周围空气温度对电阻的修正系数。

注意：在实际计算中，当月平均气温在12～28℃范围内时，损耗校正值可以忽略不计。

4. 总电能损耗 ΔA

$$\Delta A = \Delta A_1 + \Delta A_2 + \Delta A_3 \quad (\text{kWh})$$

或

$$\Delta A = 3I_{jf}^2 R_{20}(1 + \beta_1 + \beta_2)t \times 10^{-3} \quad (\text{kWh})$$

三、电缆线路的电能损耗计算

电力电缆的电能损失包括导线电阻、介质、铅包、钢甲四部。其中导线电阻是主要的，其次是介质。要精确计算电缆线路的电能损失是很复杂的，因为电缆的铅包、钢带及钢丝铠装中的涡流、敷设方法、土壤或水底温度以及集肤效应和邻近效应等因素，对电缆的电能损失都有影响。一般根据产品目录提供的交流电阻数据进行日线损电量的计算，即

$$\Delta A = 3I_{jf}^2 r_0 L \times 24 \times 10^{-3} \quad (\text{kWh})$$

式中 I_{jf}——均方根电流值，A；

r_0——电缆线路每相导线单位长度的电阻值，Ω/km；

L——电缆线路的长度；km。

对电缆线路还应计算其介质损失，介质损失的计算为

$$A = U^2 \omega C_0 L \tan\delta \times 24 \times 10^{-3} \quad (\text{kWh})$$

式中 U——电缆的工作电压，kV；

ω——角频率，等于 $2\pi f$（f 为系统频率，Hz）；

C_0——电缆每相的工作电容，μF/km，可从产品目录查得；

L——电缆长度，km；

$\tan\delta$——电缆绝缘介质损失角 δ 的正切，它的大小与电缆的额定电压和结构等有关。

在没有具体数据的情况下，可用表 2-1 所示数据估算。

表 2-1　各级电压下电缆的 $\tan\delta$ 值

电缆额定电压（kV）	10 及以下	35	110	220
$\tan\delta$	0.015	0.01	0.007	0.005

每相电缆的工作电容可通过下式计算，即

$$C_0=\frac{\varepsilon}{18\ln\frac{r_e}{r_i}}\quad(\mu F/km)$$

式中　ε——绝缘介质的介电常数（可查表取得）；

r_e——绝缘层外半径，mm；

r_i——线芯的半径，mm。

电缆常用绝缘材料的 ε 和 $\tan\delta$ 值见表 2-2。

表 2-2　电缆常用绝缘材料的 ε 和 $\tan\delta$ 值

电缆型式		ε	$\tan\delta$
油浸纸绝缘	黏性浸渍不滴流绝缘电缆	4	0.01
	压力充油电缆	3.5	0.004 5
丁基橡皮绝缘电缆		4	0.05
聚氯乙烯绝缘电缆		8	0.1
聚乙烯电缆		2.3	0.004
交联聚乙烯电缆		3.5	0.008

注　$\tan\delta$ 值为最高允许温度和最高工作电压下的允许值。

四、变压器短路、空载试验

变压器短路试验的接线图如 2-2 所示。将变压器低压侧短路，在高压侧加较低的电压 U_k，并使其低压侧电流达到额定电流 I_{2N}，此时测得的有功功率为短路损耗 ΔP_k，所加电压对额定电压 U_N 的百分率叫短路电压百分比 $U_k\%$。

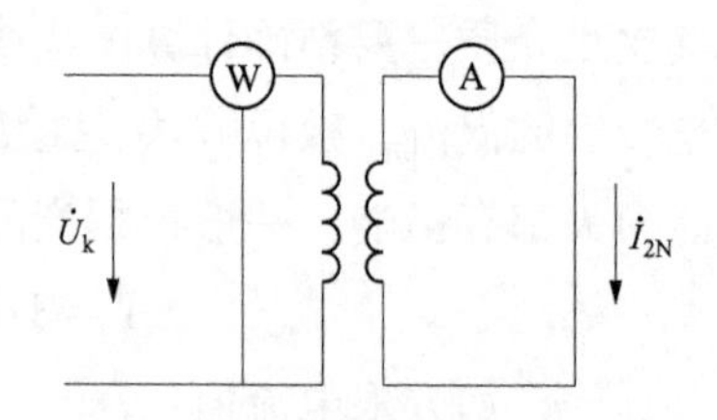

图 2-2　变压器短路试验的接线图

变压器空载试验的接线图如图 2-3 所示。把变压器二次开路，在一次绕组中加额定电压 U_{1N} 后测得的有功功率为变压器的空载损耗 ΔP_o，测得的电流 I_0 与额定电流 I_N 的百分率叫空载电流的百分比 $I_0\%$。

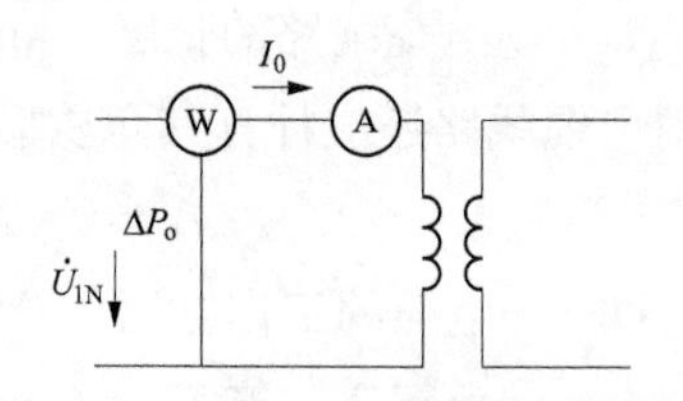

图 2-3　变压器空载试验的接线图

五、双绕组变压器功率损耗计算

变压器的功率损耗包括有功功率损耗和无功功率损耗，按其性质又可分为固定损耗与可变损耗两部分，固定损耗是指变压器的空载损耗，可变损耗包括变压器绕组的铜损和漏抗损耗。

（1）双绕组变压器有功功率损耗计算公式为

$$\Delta P=\Delta P_{o}+\Delta P_{k}\times(I/I_{N})^{2} \tag{2-16}$$

式中　ΔP——有功功率损耗，kW；

ΔP_{o}——铁损（空载损耗），kW；

ΔP_{k}——铜损（短路损耗），kW；

I——负荷电流，A；

I_{N}——变压器额定电流，A。

如变压器为调压变压器，其空载损耗为

$$\Delta P_{o}=\Delta P_{e}\times\left(\frac{U_{pj}}{U_{f}}\right)^{2}$$

式中　ΔP_{e}——变压器的空载损耗功率，kW；

U_{pj}——平均电压，kV；

U_{f}——变压器的分接头电压，kV。

（2）双绕组变压器无功功率损耗计算公式为

$$\Delta Q=\Delta Q_{0}+\Delta Q_{k}\times(S/S_{N})^{2} \tag{2-17}$$

其中

$$\Delta Q_{0}=\frac{I_{o}\%\times S_{N}}{100}\quad(\text{kvar})$$

$$\Delta Q_{k}=\frac{U_{k}\%\times S_{N}}{100}\quad(\text{kvar})$$

式中　ΔQ——无功功率损耗，kvar；

ΔQ_{0}——磁化功率（空载无功功率损耗），kvar；

ΔQ_{k}——额定负载时绕组漏抗无功功率损耗，kvar；

S——实际视在功率，kVA；

S_{N}——变压器视在功率，kVA；

$I_{0}\%$——变压器空载电流百分数；

$U_{k}\%$——变压器短路阻抗电压百分数。

六、三绕组变压器功率损耗计算

（1）三绕组变压器有功功率损耗计算公式为

$$\Delta P=\Delta P_{o}+\Delta P_{k1}+\Delta P_{k2}+\Delta P_{k3}\quad(\text{kW}) \tag{2-18}$$

其中

$$\Delta P_{k1}=\frac{1}{2}(\Delta P_{k1\text{-}2}+\Delta P_{k1\text{-}3}-\Delta P_{k2\text{-}3})\times\left(\frac{I_{1}}{I_{N1}}\right)^{2}\quad(\text{kW})$$

$$\Delta P_{k2}=\frac{1}{2}(\Delta P_{k1\text{-}2}+\Delta P_{k2\text{-}3}-\Delta P_{k1\text{-}3})\times\left(\frac{I_{2}}{I_{N2}}\right)^{2}\quad(\text{kW})$$

$$\Delta P_{k3}=\frac{1}{2}(\Delta P_{k1\text{-}3}+\Delta P_{k2\text{-}3}-\Delta P_{k1\text{-}2})\times\left(\frac{I_{3}}{I_{N3}}\right)^{2}\quad(\text{kW})$$

式中 ΔP——有功功率损耗，kW；

ΔP_{o}——铁损（空载损耗），kW；

ΔP_{k1}、ΔP_{k2}、ΔP_{k3}——变压器三个绕组的实际铜损（短路损耗），kW；

ΔP_{k1-2}、ΔP_{k1-3}、ΔP_{k2-3}——变压器每两相绕组的额定短路损耗，kW；

I_{1}、I_{2}、I_{3}——变压器三个绕组的实际电流，A；

I_{N1}、I_{N2}、I_{N3}——变压器三个绕组的额定电流，A。

（2）三绕组变压器无功功率损耗计算公式为

$$\Delta Q = \Delta Q_{0} + \Delta Q_{k1} + \Delta Q_{k2} + \Delta Q_{k3} \tag{2-19}$$

其中

$$\Delta Q_{0} = \frac{I_{o}\% \times S_{N}}{100} \quad (\text{kvar})$$

$$\Delta Q_{k1} = \frac{U_{k1}\% \times S_{N}}{100} \times \left(\frac{S_{1}}{S_{N1}}\right)^{2} \quad (\text{kvar})$$

$$\Delta Q_{k2} = \frac{U_{k2}\% \times S_{N}}{100} \times \left(\frac{S_{2}}{S_{N2}}\right)^{2} \quad (\text{kvar})$$

$$\Delta Q_{k3} = \frac{U_{k3}\% \times S_{N}}{100} \times \left(\frac{S_{3}}{S_{N3}}\right)^{2} \quad (\text{kvar})$$

$$U_{k1}\% = \frac{1}{2}(U_{k1-2}\% + U_{k1-3}\% - U_{k2-3}\%)$$

$$U_{k2}\% = \frac{1}{2}(U_{k1-2}\% + U_{k2-3}\% - U_{k1-3}\%)$$

$$U_{k3}\% = \frac{1}{2}(U_{k2-3}\% + U_{k1-3}\% - U_{k1-2}\%)$$

式中 ΔQ——无功功率损耗，kvar；

ΔQ_{0}——磁化功率（空载无功功率损耗），kvar；

ΔQ_{k1}、ΔQ_{k2}、ΔQ_{k3}——变压器三个绕组的实际无功损耗，kvar；

$U_{k1}\%$、$U_{k2}\%$、$U_{k3}\%$——变压器三个绕组的额定阻抗电压；

S_{1}、S_{2}、S_{3}——变压器三个绕组的实际视在功率，kVA；

S_{N1}、S_{N2}、S_{N3}——变压器三个绕组的额定视在功率，kVA；

$U_{k1-2}\%$、$U_{k1-3}\%$、$U_{k2-3}\%$——变压器每两相绕组的额定阻抗电压。

七、并联电容器的电能损耗计算

可根据下式计算，即

$$\Delta A = Q_{C}\tan\delta T \quad (\text{kWh}) \tag{2-20}$$

式中 Q_{C}——在运行时间 T 内投入的电容器容量，kvar；

$\tan\delta$——介质损失角的正切值，可查表取得，一般取 0.003 5。

八、串联电容器的功率损耗计算

可根据下式计算，即

$$\Delta P = 3I_{\text{if}}^2 \frac{1}{\omega C}\tan\delta \times 10^{-3} \quad (\text{kW}) \tag{2-21}$$

如果电网的频率是50Hz，那么电容器的功率损耗可根据下式计算

$$\Delta P = 9.55I_{\text{if}}^2 \frac{\tan\delta}{C} \times 10^{-3} \quad (\text{kW})$$

或

$$\Delta P = 9.55K_{\text{f}}^2 I_{\text{pj}} \frac{\tan\delta}{C} \times 10^{-3} \quad (\text{kW})$$

或

$$\Delta P = 9.55FI_{\max}^2 \frac{\tan\delta}{C} \times 10^{-3} \quad (\text{kW})$$

式中　I_{if}——均方根电流，A；

ω——角频率，$\omega=2\pi f$（f 为频率）；

C——每相串联电容器组的电容，μF；

$\tan\delta$——电容器介质损失角的正切值，可查表或实测；

K_{f}——负荷形状系数；

I_{pj}——平均电流，A；

F——损失因数；

$I_{\max}^2$——最大电流，A。

若每相串联电容器组由 n 组并联，每组由 m 个单台电容器串联组成，则

$$C = \frac{nC_0}{m} \quad (\mu\text{F})$$

式中　C_0——单台电容器的标称电容，μF。

九、串联电抗器的损耗电量计算

串联电抗器一般装设在发电机和变电站的母线或出线上，是限制短路电流的阻抗元件，它的损耗与通过电抗器的负荷电流有关，计算公式为

$$\Delta A_{\text{R}} = 3\Delta P_{\text{k}} \times \left(\frac{I_{\text{jf}}}{I_{\text{N}}}\right)^2 t \tag{2-22}$$

或

$$\Delta A_{\text{R}} = 3\Delta P_{\text{k}} \times \left(\frac{I_{\text{pj}}}{I_{\text{N}}}\right)^2 K^2 t$$

或

$$\Delta A_{\text{R}} = 3\Delta P_{\text{k}} \times \left(\frac{I_{\max}}{I_{\text{N}}}\right)^2 Ft$$

式中　I_{N}——电抗器的额定电流，A；

ΔP_{k}——每相电抗器通过额定电流，温度达到75℃时的损耗功率，kW，该数据可根据制造厂提供的有关手册查得。

十、调相机的损耗电量计算

调相机损耗的有功功率与它发出的无功功率有关，它的损耗电量包括调相机本身的损耗电量和辅助设备的损耗电量两部分。

1. 调相机本身的损耗电量

$$\Delta A = |Q|_{pj} \times (\Delta P\%/100)t \tag{2-23}$$

式中 $|Q|_{pj}$——调相机所发无功功率绝对值的平均值，kvar；

$\Delta P\%$——调相机所发平均无功负荷时的有功功率损耗率，kW/kvar，该数据可根据制造厂提供的数据或试验测定的数据进行计算。

2. 调相机辅助设备的损耗电量

调相机辅助设备的损耗电量按所装设的电能计量表抄见电量进行计算。

十一、接户线的电能损耗计算

接户线按 100m 长每月 0.5kWh 进行估算，则

$$\Delta A = 5L \quad (\text{kWh}) \tag{2-24}$$

式中 L——接户线长度，km。

第五节 理论计算结果汇总分析

一、计算结果的汇总

线损理论计算结束后应认真对计算结果进行分类汇总，列出本单位综合线损、地区网损、主网线损、分电压等级线损、各元件的电能损耗、输配电线路及分片统计的电能损耗，以及各环节的线损率、各类损耗所占的比例等。

二、对电力网电能损耗计算结果的综合分析

对电力网电能损耗的计算结果进行综合分析，其目的在于判断电网结构和运行的合理性、供电管理的科学性。找出计量装置、设备性能、用电管理、运行方式、计算方法、统计资料、营业管理等方面存在的问题，以便采取有效的措施，把线损降低在一个比较合理的范围内。

对计算结果进行综合分析的方法为：

（1）线损计算范围、职责划分、计算方法、计算程序是否符合计算规定要求。

（2）提供的计算资料，包括设备参数和负荷实测资料及数据录入是否正确、可靠。

（3）整理每条线路和各个设备的损耗情况与所占电量的比重（包括固定损耗和可变损耗），与上次线损计算结果进行比较，从中发现个别损耗增大的线路或变压器，判断电网结构、用电结构、运行方式等变化对线损的影响。

（4）计算的理论线损率与计算期内的统计线损率进行比较和分析，从而查明不明损耗的增、降原因。

（5）计算出具有两台及以上的电力变压器的变电站变压器和配电变压器的综合利用率和经济运行方式等。

（6）提出线损管理中存在的问题和今后的降损措施。

三、线损理论计算结果分析的主要内容

(1) 根据线损理论计算结果，分片进行分析。

(2) 分别按变压器和输电线路进行综合分析。

(3) 按电压等级进行线损理论分析。

(4) 将线损理论计算结果与相应统计线损数据进行比较和分析。

(5) 对铜损小于铁损的变压器进行统计和分析。

(6) 对线损率高于某给定值的输电线路进行分析。

(7) 对运行电流超出经济运行电流的线路进行分析。

(8) 对功率因数低于 0.8 的线路进行分析。

(9) 对分电压等级供电半径高于某给定值的线路进行分析。

(10) 根据分析结果，提出进行“电网升压改造”“调整运行电压”“更换导线截面”“线路经济运行”“变压器经济运行”“更换高能耗变压器”“增加无功补偿”“电网无功电压优化”“缩短供电半径”等降损措施。

(11) 采取降损措施后效益分析。

四、查找存在的问题

根据线损理论计算结果汇总表以及各元件、各环节电能损耗情况和理论线损率计算情况，与历次线损理论计算结果和统计线损进行比较，分析判断电网结构、供电半径、电流密度、电能质量、潮流分布、运行方式、变压器的负载率是否合理，以及供、售电量结构变化对电能损耗的影响，管理是否到位等。查找存在问题主要从以下几方面考虑：

(1) 电网结构是否合理，是否存在迂回供电、潮流分布不合理的现象。

(2) 供电设备是否为淘汰型设备，其电能损耗大，效率低。

(3) 通过分析固定损耗和可变损耗所占比例，来判断供电设备是否有超载或“大马拉小车”现象。

(4) 通过分析功率因数和运行电压，来判断系统无功补偿容量是否达到规定要求。

(5) 分析电网的运行方式是否达到经济状态。

(6) 查找在管理方面存在的漏洞和不足。

第六节　降损措施的制定与实施

一、制定降损措施

根据存在问题，合理制定有效的降损措施计划，主要措施包括：

(1) 加强电网规划建设，强化网络结构。

(2) 强化 35～110kV 变电站的新建、扩建、增容、升压改造工作。

(3) 更换输配电线路的导线截面。

（4）更换高能耗变压器。

（5）改善配电网络结构，减少迂回供电。

（6）增加无功补偿设备容量。

（7）计量装置更新改造。

（8）加强电网的经济运行。

（9）强化线损的科学管理，减少电量丢失。

（10）加强中、低压电网的技术改造等。

二、降损措施方案的实施

（1）降损措施确定后，由线损归口管理部门把降损计划按照分级、分压、分线、分台区分解到各专业部门及供电站（所）。各相关部门根据降损计划落实相关的措施，形成各自的工作目标。

（2）按照降损计划的时间要求，线损归口管理部门把降损各项措施，分解列入月度生产经营计划组织实施，并提交监督考核部门定期监督落实情况。

以科学理论为指导，以经济效益为目标，认真做好项目的可行性报告，综合考虑增加供电能力，提高供电可靠性，改善电压质量，降低电能损耗等方面的因素，努力做到投资省、效果好、收效快，使有限的资金发挥更大的作用。

第七节　线损理论计算分析报告（格式）

________公司

____年线损理论计算分析报告

前言

〔提示〕：简要介绍本单位供电网络状况，本年度线损理论计算的目的和总体安排等情况。

第一章　本年度线损理论计算有关情况

一、代表日选取

……。

〔提示〕：简要说明负荷实测代表日的选取情况。

二、组织分工

……。

〔提示〕：说明负荷实测及线损理论计算的各级组织领导机构及其职责和分工、理论计算和汇总分析归口部门以及各机构、部门之间的工作协调关系。

三、负荷实测前的准备工作

……。

〔提示〕：包括关口表计检查、实测和计算人员培训以及设备结构参数和特性数据的收集和整理等。

四、代表日负荷实测范围和实测方法

……。

〔提示〕：实测方法是指人工抄表或自动采集。

五、计算范围、计算内容、计算方法和计算程序

……。

〔提示〕：计算程序应简单介绍其功能特点和使用情况。

六、计算边界条件

……。

〔提示〕：说明有关计算边界条件的取值情况及其依据。

七、其他需要说明的情况

……。

第二章 代表日电网基本情况

一、代表日天气情况

……。

二、代表日负荷情况

____年__月__日为全网最大负荷日，最大负荷为______MW，日供电量为______MWh；代表日最大负荷为______MW，为最大负荷日最大负荷的______%；代表日供电量为______MWh，为最大负荷日供电量的______%；代表日负荷水平基本代表电网____（较大、平均、较小）负荷水平。

三、代表日电网运行方式

……。

〔提示〕：描述代表日各电压等级电网运行方式，包括厂、站主要设备检修以及临时负荷转带等情况。

四、无损电量

无损电量占比见表2-3。

……。

表2-3 无损电量占比

电压等级	500(330)kV	220kV	110(66)kV	35kV	10(6/20)kV	全网
供电量（万kWh）						
无损电量（万kWh）						
无损电量占比（%）						

第三章 ____地区线损理论计算结果分析

一、____地区线损理论计算结果分析

……。

代表日线损理论计算结果（含过网电量）和两年代表日计算结果（含过网电量）对比见表2-4和表2-5。

表2-4　　线损理论计算结果汇总

电压等级	供电量（万kWh）	损失电量（万kWh）						线损率（%）	铜铁损比	分压损失占比（%）	分元件损失占比（%）			
		线路	变压器		站用电量	其他	合计				线路	变压器	站用电量	其他
			铜损	铁损										
全网										100.0				
220kV														
110(66)kV														
35kV														
10(6/20)kV														
380V											100.0			

注　如果220kV电网是全省统一计算，将220kV一行删除，下同。

表2-5　　全网计算结果

项目	供电量（万kWh）	损失电量（万kWh）						线损率（%）	铜铁损比	分元件损失占比（%）			
		线路	变压器		站用电量	其他	合计			线路	变压器	站用电量	其他
			铜损	铁损									
本年代表日													
上年代表日													
同比变化量													
同比百分数													

〔提示〕：在此首先对本地区全网增降损的主要原因进行总体综合分析，然后在下面各节进行详细分析。

二、各电压等级线损理论计算结果分析

1.220kV电网线损理论计算结果分析

……。

220kV电网代表日计算结果（含过网电量）见表2-6。

表2-6　　220kV电网代表日计算结果

<table>
<tr><th rowspan="3">项目</th><th rowspan="3">供电量
（万kWh）</th><th colspan="6">损失电量（万kWh）</th><th rowspan="3">线损率
（%）</th><th rowspan="3">铜铁
损比</th><th rowspan="3">分压损
失占比
（%）</th><th colspan="4">分元件损失占比（%）</th></tr>
<tr><th rowspan="2">线路</th><th colspan="2">变压器</th><th rowspan="2">站用
电量</th><th rowspan="2">其他</th><th rowspan="2">合计</th><th rowspan="2">线路</th><th rowspan="2">变压
器</th><th rowspan="2">站用
电量</th><th rowspan="2">其他</th></tr>
<tr><th>铜损</th><th>铁损</th></tr>
<tr><td>本年代表日</td><td></td><td></td><td></td><td></td><td></td><td></td><td></td><td></td><td></td><td></td><td></td><td></td><td></td><td></td></tr>
<tr><td>上年代表日</td><td></td><td></td><td></td><td></td><td></td><td></td><td></td><td></td><td></td><td></td><td></td><td></td><td></td><td></td></tr>
<tr><td>同比变化量</td><td></td><td></td><td></td><td></td><td></td><td></td><td></td><td></td><td></td><td></td><td></td><td></td><td></td><td></td></tr>
<tr><td>同比百分数</td><td></td><td></td><td></td><td></td><td></td><td></td><td></td><td></td><td></td><td></td><td></td><td></td><td></td><td></td></tr>
</table>

（1）负荷变化对本层线损率的影响。

……。

（2）电网结构和运行方式变化对本层线损率的影响。

……。

（3）线路损失对本层线损率的影响。

……。

代表日220kV重损线路统计见表2-7。

表2-7　　代表日220kV重损线路统计

<table>
<tr><td colspan="5">__年__月__日（本年代表日）</td></tr>
<tr><td>序号</td><td>线路名称</td><td>输送电量（万kWh）</td><td>总损失电量（万kWh）</td><td>线损率（%）</td></tr>
<tr><td>1</td><td></td><td></td><td></td><td></td></tr>
<tr><td>2</td><td></td><td></td><td></td><td></td></tr>
<tr><td>3</td><td></td><td></td><td></td><td></td></tr>
<tr><td>4</td><td></td><td></td><td></td><td></td></tr>
<tr><td>5</td><td></td><td></td><td></td><td></td></tr>
<tr><td>⋮</td><td></td><td></td><td></td><td></td></tr>
<tr><td colspan="5">__年__月__日（上年代表日）</td></tr>
<tr><td>序号</td><td>线路名称</td><td>输送电量（万kWh）</td><td>总损失电量（万kWh）</td><td>线损率（%）</td></tr>
<tr><td>1</td><td></td><td></td><td></td><td></td></tr>
<tr><td>2</td><td></td><td></td><td></td><td></td></tr>
<tr><td>3</td><td></td><td></td><td></td><td></td></tr>
<tr><td>4</td><td></td><td></td><td></td><td></td></tr>
<tr><td>5</td><td></td><td></td><td></td><td></td></tr>
<tr><td>⋮</td><td></td><td></td><td></td><td></td></tr>
</table>

（4）变压器损失对本层线损率的影响。

……。

代表日220kV电网变压器运行状态统计见表2-8，代表日220kV重损变压器统计见表2-9。

表2-8　代表日220kV电网变压器运行状态统计

项目	铜铁损比大于2的重载变压器		铜铁损比小于0.5的轻载变压器		铜铁损比在0.9～1.1之间的经济变压器		其他变压器		变压器总台数
	台数	占比（%）	台数	占比（%）	台数	占比（%）	台数	占比（%）	
本年代表日									
上年代表日									
同比变化量									

表2-9　代表日220kV重损变压器统计

__年__月__日（本年代表日）					
序号	变压器名称	通过电量（万kWh）	损失电量（万kWh）	铜铁损比	变损率（%）
1					
2					
3					
4					
5					
⋮					
__年__月__日（上年代表日）					
序号	变压器名称	通过电量（万kWh）	损失电量（万kWh）	铜铁损比	变损率（%）
1					
2					
3					
4					
5					
⋮					

（5）其他损失对本层线损率的影响。

……。

（6）降损改造措施对本层线损率的影响。

……。

（7）过网电量对本层线损率的影响。

……。

（8）其他原因对本层线损率的影响。

……。

2.110(66)kV电网线损理论计算结果分析

……。

110(66)kV电网代表日计算结果见表2-10。

表2-10　　110(66)kV电网代表日计算结果

项目	供电量（万kWh）	损失电量（万kWh）						线损率（%）	铜铁损比	分压损失占比（%）	分元件损失占比（%）			
		线路	变压器		站用电量	其他	合计				线路	变压器	站用电量	其他
			铜损	铁损										
本年代表日														
上年代表日														
同比变化量														
同比百分数														

（1）负荷变化对本层线损率的影响。

……。

（2）电网结构和运行方式变化对本层线损率的影响。

……。

（3）线路损失对本层线损率的影响。

……。

代表日110(66)kV重损线路统计见表2-11。

表2-11　　代表日110(66)kV重损线路统计

_年_月_日（本年代表日）				
序号	线路名称	输送电量（万kWh）	总损失电量（万kWh）	线损率（%）
1				
2				
3				
4				
5				
⋮				
_年_月_日（上年代表日）				
序号	线路名称	输送电量（万kWh）	总损失电量（万kWh）	线损率（%）
1				
2				
3				
4				
5				
⋮				

（4）变压器损失对本层线损率的影响。

……。

代表日110(66)kV电网变压器运行状态统计见表2-12，代表日110(66)kV重损变压器统计见表2-13。

表2-12　　代表日110(66)kV电网变压器运行状态统计

项目	铜铁损比大于2的重载变压器		铜铁损比小于0.5的轻载变压器		铜铁损比在0.9～1.1之间的经济变压器		其他变压器		变压器总台数
	台数	占比（%）	台数	占比（%）	台数	占比（%）	台数	占比（%）	
本年代表日									
上年代表日									
同比变化量									

表2-13　　代表日110(66)kV重损变压器统计

__年__月__日（本年代表日）					
序号	变压器名称	通过电量（万kWh）	损失电量（万kWh）	铜铁损比	变损率（%）
1					
2					
3					
4					
5					
⋮					
__年__月__日（上年代表日）					
序号	变压器名称	通过电量（万kWh）	损失电量（万kWh）	铜铁损比	变损率（%）
1					
2					
3					
4					
5					
⋮					

（5）其他损失对本层线损率的影响。

……。

（6）降损改造措施对本层线损率的影响。

……。

（7）无损电量对本层线损率的影响。

……。

（8）其他原因对本层线损率的影响。

……。

3.35kV电网线损理论计算结果分析。

……。

35kV电网代表日计算结果见表2-14。

表2-14　　35kV电网代表日计算结果

项目	供电量（万kWh）	损失电量（万kWh）						线损率（%）	铜铁损比	分压损失占比（%）	分元件损失占比（%）			
		线路	变压器		站用电量	其他	合计				线路	变压器	站用电量	其他
			铜损	铁损										
本年代表日														
上年代表日														
同比变化量														
同比百分数														

（1）负荷变化对本层线损率的影响。

……。

（2）电网结构和运行方式变化对本层线损率的影响。

……。

（3）线路损失对本层线损率的影响。

……。

代表日35kV重损线路统计见表2-15。

表2-15　　代表日35kV重损线路统计

__年__月__日（本年代表日）				
序号	线路名称	输送电量（万kWh）	总损失电量（万kWh）	线损率（%）
1				
2				
3				
4				
5				
⋮				
__年__月__日（上年代表日）				
序号	线路名称	输送电量（万kWh）	总损失电量（万kWh）	线损率（%）
1				
2				
3				
4				
5				
⋮				

（4）变压器损失对本层线损率的影响。

……。

代表日 35kV 重损变压器统计见表 2-16。

表 2-16　　代表日 35kV 重损变压器统计

__年__月__日（本年代表日）					
序号	变压器名称	通过电量（万 kWh）	损失电量（万 kWh）	铜铁损比	变损率（%）
1					
2					
3					
4					
5					
⋮					
__年__月__日（上年代表日）					
序号	变压器名称	通过电量（万 kWh）	损失电量（万 kWh）	铜铁损比	变损率（%）
1					
2					
3					
4					
5					
⋮					

（5）其他损失对本层线损率的影响。

……。

（6）降损改造措施对本层线损率的影响。

……。

（7）无损电量对本层线损率的影响。

……。

（8）其他原因对本层线损率的影响。

……。

4. 10(6/20)kV 电网线损理论计算结果分析

……。

10(6/20)kV 电网代表日计算结果见表 2-17。

表 2-17　　10(6/20)kV 电网代表日计算结果

项目	供电量（万 kWh）	损失电量（万 kWh）						线损率（%）	铜铁损比	分压损失占比（%）	元件损失占比（%）		
		线路	变压器		站用电量	其他	合计				线路	变压器	其他
			铜损	铁损									
本年代表日													
上年代表日													
同比变化量													
同比百分数													

(1) 负荷变化和负荷率大小对本层线损率的影响。

……。

(2) 功率因数和无功补偿对本层线损率的影响。

……。

(3) 线路损失对本层线损率的影响。

……。

(4) 配电变压器损失对本层线损率的影响。

……。

(5) 降损改造措施对本层线损率的影响。

……。

(6) 新增发电设备（火电、光伏、风电、可再生能源发电）对本层线损率的影响。

……。

(7) 其他原因对本层线损率的影响。

……。

5. 380V 电网线损理论计算结果分析

……。

两年代表日地区 380V 线损率见表 2-18。

表 2-18　　380V 电网线损计算结果

项目	供电量（万 kWh）	损失电量（万 kWh）	线损率（%）	损失电量占总损比（%）
本年代表日				
上年代表日				
同比变化量				
同比百分数				

〔提示〕：分析内容可以包括三相负荷不平衡情况、一户一表改造情况、低压线路现状、新增光伏上网电量情况、节能降损取得的效果以及目标和规划等，并说明计算边界条件取值情况。

第四章　存在的问题及措施建议

一、存在的问题

……。

二、技术降损措施建议

……。

第五章　对线损理论计算工作的评价和总结

……。

〔提示〕：评价本年度线损理论计算工作是否达到了预期目的，有哪些值得总结的经验，有哪些需要进一步改进的地方，提出具体建议。

附件　低压典型台区线损率实测报告

一、低压典型台区线损率实测的开展情况

……。

二、低压典型台区实测结果及边界条件的确定

……。

〔提示〕说明典型台区的选择情况。

等值电阻的计算数据见表2-19，典型台区实测结果见表2-20。

表2-19　等值电阻的计算数据　mΩ

台区类型	城区			郊区			农村		
等值电阻	电阻1	电阻2	电阻3	电阻4	电阻5	电阻6	电阻7	电阻8	电阻9
计算数据									

表2-20　典型台区实测结果　%

城区	台区1	台区2	台区3	平均值
监测仪实测线损率				
统计线损率				
软件计算线损率				
郊区	台区4	台区5	台区6	平均值
监测仪实测线损率				
统计线损率				
软件计算线损率				
农村	台区7	台区8	台区9	平均值
监测仪实测线损率				
统计线损率				
软件计算线损率				

注　表中“平均值”为3个台区线损率相加除以3。

边界条件的确定：城区、郊区和农村线损率取值分别为____%、____%和____%。

……。

三、低压典型台区实测存在的问题

……。

四、低压典型台区实测的总体评价

……。

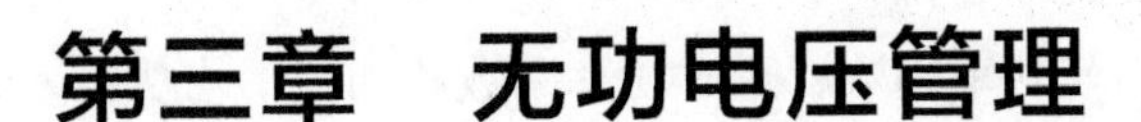

第三章　无功电压管理

电网中大部分电气设备属于电感性设备，在运行时需要从系统吸收无功能量建立交变磁场，进行能量的传递。为满足用电设备的正常运行，电网在输送有功能量的同时，还需要输送一定的无功能量，致使电网输送的有功能量减少，设备的利用率降低，因此，加强对系统和用户无功电压的管理，增加电网末端的无功设备容量，减少电网输送的无功容量，可降低线损，提高电网的运行电压。

无功电压管理系统图如图 3-1 所示。

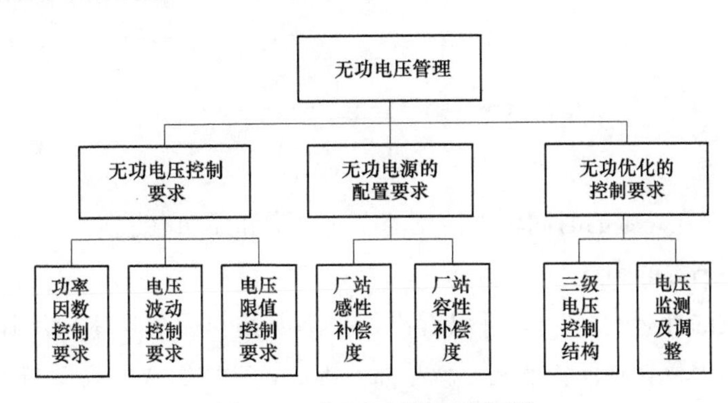

图 3-1　无功电压管理系统图

第一节　功率因数的计算及要求

一、功率因数

在功率三角形中，有功功率 P 与视在功率 S 的比值，称为功率因数 $\cos\varphi$。其计算公式为

$$\cos\varphi=\frac{P}{S}=\frac{1}{\sqrt{1+\left(\frac{Q}{P}\right)^{2}}} \tag{3-1}$$

二、功率因数的实际意义

根据有功功率表达式 $P=\sqrt{3}UI\cos\varphi=S\cos\varphi$ 可以看出，电网中各电气设备如发电机、

变压器、电动机等元件所输出的有功功率 P，除与设备的运行电压 U、电流 I、视在功率 S 有关外，主要还与设备的功率因数 $\cos\varphi$ 有关，当功率因数 $\cos\varphi=1$ 时，相关电气设备所输出的有功功率 P 最大，等于设备的视在功率 S，即 $P=S$。相反，在设备视在功率 S 不变的情况下，当功率因数降低时，设备所输出的有功功率 P 随之降低。为此，功率因数的高低，反映了电源或电气设备的有效利用程度和合理使用的状况等。

三、功率因数的分类

功率因数可分为自然功率因数、瞬时功率因数和加权平均功率因数三大类。

1. 自然功率因数

自然功率因数是指用电设备没有安装无功补偿设备时的功率因数，或者说是用电设备本身具有的功率因数。

2. 瞬时功率因数

瞬时功率因数是指在某一瞬间由功率因数表读出的功率因数值或根据电压表、电流表和有功功率表在同一瞬间的读数而计算出的功率因数值。

3. 加权平均功率因数

加权平均功率因数是指在一定时间段（一个月、一周或一年）内功率因数的平均值。计算公式为

$$\cos\varphi=\frac{1}{\sqrt{1+\left(\frac{A_{Q}}{A_{P}}\right)^{2}}} \tag{3-2}$$

式中 A_{P}、A_{Q}——在一定的时间段内抄见的有功电量和无功电量。

四、影响功率因数的因素

根据功率因数的计算式（3-1）可以看出，功率因数与无功功率成反比例关系，即无功功率越大，功率因数就越低；反之，就越高。因此，功率因数的高低与无功功率的大小有关。影响功率因数的主要因素如下。

（1）电网中存在大量的电感性设备，如变压器、电抗器等。

（2）某些电感性设备配置不合理，造成设备长期空载或轻载运行。

（3）变电设备的负载率较低。

（4）线路中的无功损耗。

（5）无功设备补偿容量不足。

五、功率因数的计算方法

对于功率因数的计算，根据给定条件的不同，可以采用以下计算方法。

（1）如果装有功率因数表，可以直接从表计上读出它的瞬时功率因数值。

（2）如果装有有功功率表和无功功率表，可根据测定的有功功率和无功功率值，按式（3-1）计算出瞬时功率因数值。

（3）当装有有功功率表和电压、电流表时，可以根据测定出的数值，运用下述公式计

算出它的瞬时功率因数值。

$$\cos\varphi=\frac{P}{\sqrt{3}UI} \tag{3-3}$$

式中 P——功率表读取的有功功率，kW；

U——电压表读取的电压值，kV；

I——电流表读取的电流值，A。

（4）当装设有功电能表和无功电能表时，测定出某一时间段内的有功电量和无功电量，按式（3-2）计算出加权平均功率因数值。

六、提高功率因数的综合效益

（1）降低线损。

（2）改善电压质量。

（3）减少设备容量，提高供电能力。

（4）节省用电客户的电费支出。

七、提高客户自然功率因数的措施

提高自然功率因数的方法就是合理选择用电设备的容量，提高设备的负载率，减少无功功率。具体方法如下。

（1）合理选择和使用电动机。由于电动机的励磁无功功率约占总无功功率的70%，合理选择感应电动机容量，将电动机的负载率保持在额定容量的75%以上，可有效改善和提高自然功率因数。

（2）合理选择和使用变压器。其措施主要是合理选择变压器容量，减少变压器的空载或轻载现象、改变变压器的接线方式和采用节能型变压器等。

（3）调整工艺生产过程，改善设备运行制度。

八、提高功率因数的方法

（1）加强设备的运行管理，减少各电气设备所消耗的无功功率，努力提高自然功率因数。

（2）进行无功设备补偿。

九、提高功率因数与降损的关系

（1）提高功率因数与减少有功损耗的关系。

假设在输送有功功率不变时，功率因数从 $\cos\varphi_1$ 提高到 $\cos\varphi_2$ 后，电网中各串接元件的有功负载损耗降低百分率为

$$\Delta P\%=\left(1-\frac{\cos\varphi_1^2}{\cos\varphi_2^2}\right)\times100\%$$

（2）提高系统的功率因数，可使发供电设备和线路减少输送的无功功率，从而使线损降低。

电流通过输配电线路和变压器的导体时，其损失电量为

$$\Delta A = \frac{R \times 10^{-3}}{U^2 \cos^2 \varphi} \int_0^t P^2 \mathrm{d}t \tag{3-4}$$

根据式（3-4）可以看出，线损 ΔA 与功率因数 $\cos\varphi$ 的平方成反比，当功率因数提高时，可以大幅度降低线损。

十、功率因数与电压质量的关系

输配电线路和变压器电压损失的计算公式为

$$\Delta U = \frac{PR + QX}{U} = \frac{PR}{U} + \frac{QX}{U} \tag{3-5}$$

根据式（3-5）可以看出，电压损失 ΔU 由两部分组成，即有功与电阻构成的电阻分量 $\frac{PR}{U}$ 和无功与电抗构成的电抗分量 $\frac{QX}{U}$。当线路和变压器的电压 U 和传输的有功功率 P 一定时，无功功率 Q 与电压损失 ΔU 成正比例关系，当输送的无功功率 Q 增大时，电压损失 ΔU 也将随之增大。同时，由于输配电线路的电抗分量比电阻分量大 2～4 倍，变压器的电抗分量为电阻分量的 5～10 倍，所以提高功率因数，可减少电网输送的无功功率，减少电压降，提高电压质量。

十一、功率因数与设备供电能力的关系

由功率因数与视在功率、有功功率的关系式 $S = P/\cos\varphi$ 得知，在输送的有功功率一定时，提高功率因数可以减少视在功率，也就是可以减少发电、变电和用电设备的安装容量。同时，由式 $P = S\cos\varphi$ 可以看出，在电气设备的视在功率一定时，提高功率因数可以多输送有功功率，提高设备的供电能力，也就是可以增加发电机的有功出力，增加线路和变压器的供电能力，如将原设备的功率因数由 $\cos\varphi_1$ 提高到 $\cos\varphi_2$ 时，原设备增加的供电能力 ΔP 为

$$\Delta P = S(\cos\varphi_2 - \cos\varphi_1) \tag{3-6}$$

十二、提高功率因数后电网节电量的计算

在用户或负荷点增加无功补偿设备提高功率因数后，电网的降损节电量，可先按各串接元件（电气设备）分别计算，然后再累加的办法进行。具体方法如下。

1. 计算各串接元件补偿前后的功率因数

补偿前各串接元件负荷的功率因数 $\cos\varphi_{i1}$ 为

$$\cos\varphi_{i1} = \cos\left(\arctan\frac{Q_i}{P_i}\right)$$

式中 Q_i——补偿前各元件的无功功率，kvar；

P_i——补偿前各元件的有功功率，kW。

补偿后各串接元件的功率因数 $\cos\varphi_{i2}$ 为

$$\cos\varphi_{i2} = \cos\left(\arctan\frac{Q_i - Q_c}{P_i}\right)$$

式中 Q_c——无功补偿容量，kvar。

2. 补偿后电网中的降损节电量

$$\Delta(\Delta A)=\sum_{i=1}^{m}\left[\Delta A_{\mathrm{i}}\left(1-\frac{\cos^2\varphi_{\mathrm{i1}}}{\cos^2\varphi_{\mathrm{i2}}}\right)\right]-TQ_{\mathrm{C}}\tan\delta \tag{3-7}$$

式中　ΔA_{i}——各串接元件补偿前的损耗电量，kWh；

T——电容器运行时间，h；

$\tan\delta$——电容器介质损耗角。

十三、对电力客户功率因数的要求

根据“水利电力部、国家物价局《关于颁发（功率因数调整电费办法）的通知》”[(83)水电财字215号]规定，电力客户的功率因数应达到以下要求。

(1) 功率因数标准0.90。适用于160kVA以上的高压供电工业用户（包括社队工业用户）、装有带负荷调整电压装置的高压供电电力用户和3200kVA及以上的高压供电电力排灌站。

(2) 功率因数标准0.85。适用于100kVA（kW）及以上的其他工业用户（包括社队工业用户）、100kVA（kW）及以上的非工业用户和100kVA（kW）及以上的电力排灌站。

(3) 功率因数标准0.80。适用于100kVA（kW）及以上的农业用户和趸售用户，但大工业用户未划由电业直接管理的趸售用户，功率因数标准应为0.85。

十四、对发电机的功率因数要求

发电机额定功率因数（迟相）值，应根据电力系统的要求决定。

(1) 直接接入330kV及以上电网处于送电端的发电机功率因数，一般选择0.9；处于受电端的发电机功率因数，可选择0.85。

(2) 直流输电系统的送电端发电机功率因数，可选择为0.85；交直流混送的可在0.85～0.9中选择。

(3) 其他发电机的功率因数可按0.8～0.85选择。

十五、对变电站的功率因数要求

为提高电网的功率因数，变电站应根据主变压器容量合理配置电容器无功补偿装置，变电站的并联电容器组，应具备频繁投切功能，装设自动控制装置。

(1) 220kV变电站的容性无功补偿装置以补偿主变压器无功损耗为主，并满足大负荷时，高压侧功率因数不低于0.95。

(2) 35～110kV变电站的无功补偿设备以补偿主变压器损耗为主，兼顾负荷侧无功补偿，并满足大负荷时，高压侧功率因数不低于0.95。

(3) 配电网的无功补偿设备容量可按主变压器最大负载率75%，负荷自然功率因数0.85考虑，补偿到变压器最大负荷时其高压侧功率因数不低于0.95。

十六、对新能源场站的功率因数要求

风电场的无功电源包括风电机组及风电场无功补偿装置，风电场安装的风电机组应满足功率因数在超前 0.95 到滞后 0.95 的范围内动态可调。风电场应配置无功电压控制系统，具备无功功率调节及电压控制能力。

光伏电站的无功电源包括光伏并网逆变器和光伏电站无功补偿装置，光伏电站安装的并网逆变器应满足功率因数在超前 0.95 到滞后 0.95 的范围内动态可调。光伏电站应配置无功电压控制系统，具备无功功率调节及电压控制能力。

第二节　无功补偿原理及方法

一、无功

电力网中有许多设备是根据电磁感应原理工作的，如变压器和电动机都要依靠磁场来传送和能量转换，通过磁场，变压器才能改变电压并且将能量传送出去，电动机才能转动并带动机械负荷，没有磁场，这些设备都不能工作，而磁场所具有的电场能是由电源供给的，而无功就是来建立交变磁场的，因此“无功”不能从字面上理解为“无用”，无功功率绝不是“无用”功率。

二、感性无功功率

带有铁芯和绕组的电气和用电设备，如电动机和变压器在能量转换的过程中建立的交变磁场，在一个周波内吸收的功率和释放的功率相等，实际上不消耗能量，这种功率称为感性无功功率。

三、容性无功功率

电容器在交流电网中，在一个周波内上半周波的充电功率和下半周波的放电功率相等，不消耗能量，这种充放电功率叫作容性无功功率。

四、自然无功负荷

自然无功负荷是指电网中感性负载所消耗的无功，如发电厂（变电站）厂用无功负荷、各级电压网络变压器和电抗器及线路的无功消耗总和。

五、电力系统中的无功负荷

电力系统中的无功负荷主要包括变压器、感应电动机（异步电动机）、电抗器、感应电热设备、电焊机等所消耗的励磁功率，以及系统中各环节的线路、变压器内的无功功率损失等。

六、系统中的无功电源

无功电源是指发电机实际可调无功出力、线路充电功率，以及包括电力部门及用电客户无功补偿设备在内的全部容性无功容量。

在电力系统中，无功电源设备包括同步发电机、同步调相机、串并联电容器、同步电动机、静止补偿器以及输电线路的充电功率等。

七、同步调相机及作用

同步调相机实质上就是空载运行的同步电动机。它既可做无功电源，又可做无功负荷。在系统电压和频率不变的情况下，改变调相机的励磁电流，即可改变它的运行特性，当转子励磁电流达到某一数值时，调相机的定子电流最小，这时调相机既不发无功功率，也不吸收无功功率。如果增大励磁电流，调相机处于过励磁状态而呈容性，则发出无功。如果减少励磁电流，使调相机处于欠励磁状态而呈感性，则从电网吸收无功功率。调相机的作用如下。

（1）在电力系统中由于大量的电磁设备（指电感性负荷如感应电动机、电焊机、感应电炉等）除消耗有功功率外还要消耗一定数量的无功功率，因而需装设一定数量的无功补偿装置，调相机就是一种能补偿无功容量，改善电网功率因数的无功补偿装置。

（2）调相机能降低网络的电能损失，提高系统的运行经济性。

（3）调相机可调整网络的节点电压，维护负荷的电压水平，提高电能质量，增加输电容量。

调相机向系统输入的供电电流由式（3-8）计算，即

$$I=\frac{E-U}{X_d} \tag{3-8}$$

式中　I——调相机向系统输入的供电电流，A；

E——调相机的电势，V；

U——系统电压，V；

X_d——调相机的同步电抗，Ω。

八、同步电机及运行状态

当通过交流电机的交流电频率与它每秒钟转数之比等于电机的磁极对数时，这种电机称为同步电机。

同步电机有三种运行状态，即

（1）将电能转变为机械能时，是电动机方式。

（2）将机械能转变为电能时，是发电机方式。

（3）空载运行时，是调相机方式。

九、电力系统的无功平衡

所谓无功平衡是指电力系统在运行的每一时刻，系统中各无功电源所发出的无功功率等于用电客户所消耗的无功功率和系统中各环节上无功功率损失之和。

十、变压器无功功率损耗的计算

变压器消耗的无功功率主要包括励磁电抗通过空载电流所产生的空载无功损失和由于负荷电流通过漏磁电抗所引起的无功损失两部分，计算公式如下。

（1）双绕组变压器无功功率损耗计算公式为

$$\Delta Q=\Delta Q_0+\Delta Q_k\times(S/S_N)^2 \tag{3-9}$$

其中

$$\Delta Q_0=\frac{I_o\%\times S_N}{100}\qquad(\text{kvar})$$

$$\Delta Q_k = \frac{U_k\% \times S_N}{100} \quad (\text{kvar})$$

式中 ΔQ——无功功率损耗，kvar；

ΔQ_0——磁化功率（空载无功功率损耗），kvar；

ΔQ_k——额定负载时绕组漏抗无功功率损耗，kvar；

S——实际视在功率，kVA；

S_N——变压器额定容量，kVA；

$I_0\%$——变压器空载电流百分数；

$U_k\%$——变压器短路阻抗电压百分数。

（2）三绕组变压器无功功率损耗计算公式为

$$\Delta Q = \Delta Q_0 + \Delta Q_{k1} + \Delta Q_{k2} + \Delta Q_{k3} \quad (3\text{-}10)$$

其中

$$\Delta Q_0 = \frac{I_o\% \times S_N}{100} \quad (\text{kvar})$$

$$\Delta Q_{k1} = \frac{U_{k1}\% \times S_N}{100} \times \left(\frac{S_1}{S_{N1}}\right)^2 \quad (\text{kvar})$$

$$\Delta Q_{k2} = \frac{U_{k2}\% \times S_N}{100} \times \left(\frac{S_2}{S_{N2}}\right)^2 \quad (\text{kvar})$$

$$\Delta Q_{k3} = \frac{U_{k3}\% \times S_N}{100} \times \left(\frac{S_3}{S_{N3}}\right)^2 \quad (\text{kvar})$$

$$U_{k1}\% = \frac{1}{2}(U_{k1\text{-}2}\% + U_{k1\text{-}3}\% - U_{k2\text{-}3}\%)$$

$$U_{k2}\% = \frac{1}{2}(U_{k1\text{-}2}\% + U_{k2\text{-}3}\% - U_{k1\text{-}3}\%)$$

$$U_{k3}\% = \frac{1}{2}(U_{k2\text{-}3}\% + U_{k1\text{-}3}\% - U_{k1\text{-}2}\%)$$

式中 ΔQ——无功功率损耗，kvar；

ΔQ_0——磁化功率（空载无功功率损耗），kvar；

ΔQ_{k1}、ΔQ_{k2}、ΔQ_{k3}——变压器三个绕组的实际无功损耗，kvar；

$U_{k1}\%$、$U_{k2}\%$、$U_{k3}\%$——变压器三个绕组的额定阻抗电压百分比；

S_1、S_2、S_3——变压器三个绕组的实际视在功率，kVA；

S_{N1}、S_{N2}、S_{N3}——变压器三个绕组的额定视在功率，kVA；

$U_{k1\text{-}2}\%$、$U_{k1\text{-}3}\%$、$U_{k2\text{-}3}\%$——变压器每两相绕组的额定阻抗电压百分比。

十一、线路中的无功损耗计算

线路电感电抗中消耗的无功功率计算式为

$$Q_{XL} = \frac{P^2 + Q^2}{U^2} X \times 10^{-3} = \frac{P^2}{U^2 \cos^2\varphi} X \times 10^{-3} \quad (3\text{-}11)$$

式中 Q_{XL}——线路电感电抗中消耗的无功功率，kvar；

P——线路输送的有功功率，kW；

Q——线路输送的无功功率，kvar；

U——运行电压；

X——线路的电感电抗值，Ω；

$\cos\varphi$——功率因数。

十二、无功补偿的原则

无功补偿设备的配置应按照全面规划、合理布局、分层分区和就地平衡的原则进行。具体可分为：

(1) 总体平衡与局部平衡相结合。

(2) 降低线损与调压相结合。

(3) 集中补偿与分散补偿相结合。

(4) 供电部门补偿与用电客户补偿相结合。

十三、无功补偿的方法

无功补偿应采用“集中补偿与分散补偿相结合，以分散补偿为主；高压补偿与低压补偿相结合，以低压补偿为主；调压与降损相结合，以降损为主”的补偿方法。

十四、确定无功补偿容量及方式

无功补偿容量是指供电部门及电力客户无功补偿设备的全部容性无功和感性无功容量。

无功补偿容量按以下方式确定。

(1) 330kV 及以上电压等级变电站容性无功补偿容量可按照主变压器容量的 10%～20%配置，应能基本补偿线路的充电无功及主变压器无功损耗。

(2) 220kV 变电站的容性无功补偿装置以补偿主变压器无功损耗为主，可按照主变压器容量的 10%～25%配置，并满足大负荷时，高压侧功率因数不低于 0.95。

(3) 35～110kV 变电站的无功补偿设备以补偿主变压器损耗为主，兼顾负荷侧无功补偿，可按照主变压器容量的 10%～30%配置，并满足大负荷时，高压侧功率因数不低于 0.95。

(4) 配电网的无功补偿设备容量可按变压器最大负载率 75%，负荷自然功率因数 0.85 考虑，补偿到变压器最大负荷时其高压侧功率因数不低于 0.95，或按照变压器容量的 20%～40%配置。

十五、500 (330) kV 网络无功设备补偿

对 500(330)kV 网络，由于线路输送功率均小于自然功率，线路呈现容性，因此在 500kV 网络中，除变压器能消耗一部分容性无功外，整体上无功过剩，除发电机提高功率因数必要时进相运行外，电网应配置感性无功补偿设备，如高、低压并联电抗器，以补偿超高压线路的充电功率。一般情况下，高、低压并联电抗器的总容量不宜低于线路充电功

率的90%。

十六、220kV网络无功设备补偿

对以架空线为主的220kV网络，由于线路输送功率均接近或等于，有时甚至大于自然功率，线路随输送负荷的不同而呈现容性或感性，加上变压器为感性元件，因此对网架不强的220kV网络，一般大部分时间均呈感性，电网应以容性补偿为主。而对网架较强且峰谷差较大的220kV网络，则电网在高峰负荷时由于线路输送负荷和变压器通过潮流较大，线路和变压器消耗无功都比较多，网络呈现感性，此时应以容性无功补偿（如电容器）为主，尤其在远离电源点的变电站；而在低谷负荷时，则由于线路输送负荷和变压器通过潮流较小，此时网络呈现容性，但由于电力负荷一般均为感性，只要调整发电机功率因数，将220kV电压提高，变电站的电容器退出，必要时控制220kV下网功率因数不高于0.9，一般均可解决；而对冲击性负荷较大的电网，如轧钢负荷、电气化铁路等为减小冲击负荷使电网电压造成过大的波动，在冲击负荷附近应配置静止补偿器。

对于220kV及以下电网无功电源，其安装总容量应大于电网最大自然无功负荷，一般可按最大自然无功负荷的1.15倍计算。

十七、110kV及以下网络无功设备补偿

对110kV及以下电网，由于线路输送负荷一般均大于自然功率，呈现感性，再加上变压器和用电负荷的感性特点，无论从调压还是降损考虑，均应以容性无功补偿为主，尤其远离电源点的变电站和大用户，应在变电站集中装设容量较大的电容器进行集中补偿。无功补偿设备容量可按主变压器容量的10%～30%确定。

十八、6～10kV配电线路无功设备补偿

为了提高6～10kV配电线路的功率因数，应在配电线路上安装高压并联电容器，或者在配电变压器低压侧配置并联电容器。电容器安装容量不宜过大，一般约为线路配电变压器总容量的10%～30%，并且在线路最小负荷时，不应向变电站倒送无功。如配置容量过大，则必须装设自动投切装置。

十九、并联电容器的接线方式

并联电容器的接线方式通常分为三角形接线和星形接线两种。采用何种方式，可根据并联电容器的电压等级、容量大小和保护方式的不同来选定。当并联电容器的额定电压等于电网的额定电压时，应接成三角形接线；当电容器额定电压与电网的相电压相等时，则应接成星形或经过串并联后再接成星形接线。

二十、并联电容器组的无功补偿方式

并联电容器组的无功补偿方式一般分为个别补偿、分组补偿和集中补偿等。

（1）个别补偿又称分散补偿，就是按照个别用电设备对无功的需要量，将单台或多台并联电容器分散地装设在用电设备的附近，使电容器与用电设备共用一组开关，同时投入或退出运行。

（2）分组补偿是将并联电容器装设在总降压变电站的低压母线上或车间变电站的低压

母线上。这种补偿方式能够补偿总降压变电站的低压母线或车间变电站的低压母线以上高压线路或变压器的无功功率，但低压线路的功率因数得不到补偿。

（3）集中补偿是将并联电容器集中装设在电网变电站或企业的总降压变电站的高压母线上。这种补偿方式只能补偿电容器安装母线以上所有线路和变压器的无功功率，而对安装后的线路或变压器不能起到补偿作用。

二十一、无功补偿设备容量的计算

1. 根据平均负荷法计算无功补偿容量

安装电容器改善功率因数，可以降低线损，但是，如果安装电容器过多、容量过大，存在过补偿情况时，会引起电压升高，带来不良影响。因此，应适当选择电容器的安装容量。通常电容器的补偿容量可按式（3-12）进行确定，即

$$Q_C = P \times (\tan\varphi_1 - \tan\varphi_2) \tag{3-12}$$

式中 Q_C——所需电容器补偿容量，kvar；

P——有功计算负荷，kW；

$\tan\varphi_1$、$\tan\varphi_2$——补偿前、后平均功率因数角的正切。

在电容器技术数据中，电容器的额定容量是指在额定电压下的无功容量，当电容器实际运行电压不等于额定电压时，其实际容量应根据式（3-13）计算修正。

$$Q_C' = Q_N\left(\frac{U}{U_N}\right)^2 \tag{3-13}$$

式中 Q_C'——电容器在实际电压运行时的容量，kvar；

Q_N——电容器的额定容量，kvar；

U——电容器的实际运行电压，kV；

U_N——电容器的额定电压，kV。

2. 根据加权平均功率因数法计算无功补偿容量

计算公式为

$$Q_C = \frac{A_P}{t} \times (\tan\varphi_1 - \tan\varphi_2) \tag{3-14}$$

式中 A_P——最大负荷月的有功电度数，kWh；

t——最大负荷月的工作时间，h。

二十二、无功经济当量

无功经济当量是指输送的无功负荷每减少 1kvar 时所降低的有功损耗，或者说每装设 1kvar 的无功补偿设备容量所能降低的有功损耗，单位为 kW/kvar。无功经济当量 K 的计算公式为

$$\Delta P_1 = \frac{P^2 + Q^2}{U^2} R \times 10^{-3} \quad \text{(kW)}$$

$$\Delta P_2 = \frac{P^2 + (Q - Q_C)^2}{U^2} R \times 10^{-3} \quad \text{(kW)}$$

$$K=\frac{\Delta P_1-\Delta P_2}{Q_C}=\frac{2Q-Q_C}{U^2}R\times 10^{-3}\quad (\text{kW/kvar}) \tag{3-15}$$

式中 P——电网输送的有功功率，kW；

Q——电网输送的无功功率，kvar；

R——线路的电阻，Ω；

U——电网运行电压，kV；

Q_C——无功补偿容量，kvar。

二十三、按无功经济当量计算无功补偿容量

根据无功经济当量 K 计算经济无功负荷 Q_{JJ}，计算公式为

$$Q_{JJ}=\frac{(\alpha\% M+\Delta P' tG)U^2}{2Gt(R+KX)}\times 10^3\quad (\text{kvar}) \tag{3-16}$$

式中 $\alpha\%$——综合折旧维修率；

M——无功补偿设备的综合价格，元/kvar；

$\Delta P'$——每千乏无功补偿设备的有功损耗，kW/kvar；

t——年运行时间，h；

G——电价，元/kWh；

R、X——配电线路的电阻和电抗，Ω；

K——无功经济当量，kW/kvar。

由经济无功负荷 Q_{JJ}，可以计算出所需要的无功补偿设备容量 Q_C 为

$$Q_C=Q-Q_{JJ}\quad (\text{kvar})$$

由经济无功负荷 Q_{JJ}，计算配电系统的经济功率因数为

$$\cos\varphi_j=\frac{1}{\sqrt{1+\left(\frac{Q_{JJ}}{P}\right)^2}}$$

式中 Q_{JJ}——经济无功负荷，kvar；

P——有功功率，kW。

二十四、确定个别补偿设备的补偿容量

个别无功补偿通常是用来提高异步电动机的功率因数，计算补偿容量的方法为

$$Q_C=\sqrt{3}UI_0\quad (\text{kvar}) \tag{3-17}$$

式中 U——异步电动机的运行电压，kV；

I_0——异步电动机的空载电流，A。

二十五、在 10kV 配电线路中确定无功补偿容量

10kV 配电线路在传输电能的过程中，造成有功功率损耗 ΔP，其大小受多种因素影响，即使在同一传输负荷情况下，负荷分配的形状不同，其损失也不同。如果用电负荷集中在线路的末端，配电线路产生的功率损耗为

$$\Delta P=\frac{P^2+Q^2}{U^2}\cdot R\times 10^{-3}$$
$$=\frac{P^2}{U^2}\cdot R\times 10^{-3}+\frac{Q^2}{U^2}\cdot R\times 10^{-3}$$
$$=\Delta P_{\mathrm{P}}+\Delta P_{\mathrm{Q}}$$

式中　P、Q——配电线路所传输的有功功率和无功功率，kW 和 kvar；

R——配电线路的电阻，Ω；

U——配电线路的运行电压，kV；

ΔP_{P}——配电线路输送有功负荷产生的损耗，kW；

ΔP_{Q}——配电线路输送无功负荷产生的损耗，kvar。

如果用电负荷集中在线路末端，为了减小配电线路因传输无功功率而造成的线路有功损耗，补偿设备应装设在线路末端，且分组装于降压变压器低压侧，从而使负荷所需的无功功率由补偿设备就地供给；对于三相平衡的动力用户，可采用三相自动投切的无功补偿装置；对于混合负荷应采用分相自动投切的无功补偿装置。自投装置可按功率因数或线路传输的无功功率控制，电容器则可按 5、10kvar 或 20kvar 分组，总补偿容量 Q_{b}计算方法为

$$Q_{\mathrm{b}}=B\left(\sum Q_{\mathrm{L}}-\sum Q_{\mathrm{C}}\right) \tag{3-18}$$

式中　B——不同用户的设备运行同时系数，按不同情况一般取 0.5～0.9；

Q_{L}——所有用户的无功负荷总和，kvar；

Q_{C}——就地补偿的补偿容量总和，kvar。

二十六、35kV 及以上变电站补偿容量的计算

根据补偿目的的不同，其补偿容量 Q_{b}的计算也可分为三种情况。

1. 按补偿变压器本身所吸收的无功功率计算

对双绕组变压器，则

$$Q_{\mathrm{b}}=\left(\frac{I_0\%}{100}+\frac{U_{\mathrm{d}}\%\beta^2}{100}\right)S_{\mathrm{N}} \tag{3-19}$$

式中　Q_{b}——变压器消耗的无功功率，kvar；

$I_0\%$——变压器空载电流百分值；

$U_{\mathrm{d}}\%$——变压器短路电压百分值；

β——变压器运行时的负载系数，$\beta=S/S_{\mathrm{N}}$。

对三绕组变压器，则

$$Q_{\mathrm{b}}=\left(\frac{I_0\%}{100}+\frac{U_{\mathrm{d1\text{-}3}}\%\beta_1^2}{100}+\frac{U_{\mathrm{d1\text{-}2}}\%\beta_2^2}{100}\right)S_{\mathrm{N}} \tag{3-20}$$

式中　$U_{\mathrm{d1\text{-}3}}\%$——变压器高、低压侧短路电压百分值；

$U_{\mathrm{d1\text{-}2}}\%$——变压器高、中压侧短路电压百分值；

β_1——变压器运行时的低压负载系数；

β_2——变压器运行时的中压负载系数。

2. 按调压要求计算

$$Q_b = S_d \Delta U / U_{2N} \tag{3-21}$$

式中 S_d——变压器二次侧母线的短路容量，MVA；

ΔU——要求的调压幅度，V；

U_{2N}——变压器二次侧母线额定电压，kV。

3. 按兼补短线路的无功负荷计算

此时补偿容量 Q_b 为变压器本身所吸收的无功功率和短线路所带负荷的无功功率之和。

二十七、电力电容器补偿方法

电力电容器作为补偿装置按接线方式分串联补偿和并联补偿两种方法。

(1) 串联补偿又称纵补偿，它是把电容器直接串联到高压输配电线路上，以改善输配电线路参数，降低电压损失，提高其输送能力和动、静态稳定性，降低线路损失。这种补偿方法的电容器称作串联电容器，多应用于高压远距离输电线路上，用电单位很少采用。

(2) 并联补偿又称横补偿，它是把电容器直接与被补偿设备并联到同一电路上，以提高功率因数。这种补偿方法所用的电容器称作并联电容器，供用电部门和电力用户一般都是采用这种补偿方法。按补偿方式可分为集中补偿、分组补偿、个别补偿三种。

二十八、并联电容器无功补偿的工作原理

并联电容器补偿接线图如图 3-2 (a) 所示，由于电网中的负荷大部分是电感性的，假设系统中用电负荷的总电流为 $\dot{I}$，如图 3-2 (b) 所示，总电流又分为有功电流 $\dot{I}_P$ 和无功电流 $\dot{I}_Q$，以端电压 U 为基准，有功电流 $\dot{I}_P$ 与电压 $\dot{U}$ 的向量方向一致，无功电流 $\dot{I}_Q$ 落后于电压 $\dot{U}$ 90°。当电容器接入时，流入电容器的容性电流 $\dot{I}_C$ 将超前电压 $\dot{U}$ 90°，容性电流 $\dot{I}_C$ 与感性电流 $\dot{I}_Q$ 方向相反，可抵消一部分感性电流，使电感性的无功电流由 $\dot{I}_Q$ 减少到 $\dot{I}'_Q$，即 $\dot{I}'_Q = \dot{I}_Q - \dot{I}_C$，总电流由 $\dot{I}$ 降低到 $\dot{I}'$，总电流减小，功率因数角由 φ 变为 φ' 变小了，从而使功率因数提高，起到补偿的作用。

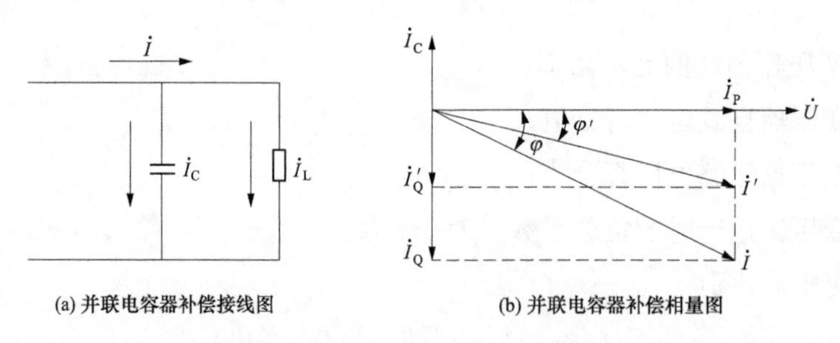

图 3-2 并联电容器补偿接线图及相量图

二十九、串联电容器无功补偿的工作原理

根据电力网的电压损失公式 $\Delta U = \dfrac{PR + QX}{U}$ 可以看出，影响电力网电压损耗的是有功

功率 P、无功功率 Q、电阻 R 和电抗 X（包括感性电抗 X_L 和容性电抗 X_C）等参数，串联电容器就是从补偿电抗的角度来改善系统电压。由于系统电抗呈电感性，而串联电容器的容抗可以补偿一部分系统电抗，补偿后的电压损耗可按式（3-22）进行计算，即

$$\Delta U = \frac{PR + Q(X_L - X_C)}{U} \tag{3-22}$$

在 220kV 及以上超高压输电网中，由于输电线路的电抗 X 远大于电阻 R，因此输电线的电压损耗减小的程度随电容器电抗 X_C 的补偿，即 $X_L - X_C$ 的减小而减小。此时，由于电网电压水平的提高，也相应减少了电网的有功功率损失。

第三节　无功电压的管理

一、电压中枢点

电力系统中监视、控制和调整电压的母线称为电压中枢点，通常选择下列母线作为电压中枢点。

（1）区域性大型发电厂和枢纽变电站高压母线。

（2）枢纽变电站的 6～10kV 电压母线。

（3）带地方负荷的发电厂 6～10kV 发电机电压母线。

二、电压中枢点的调压方式

电压中枢点的调压方式有三种，即逆调压、恒调压和顺调压。

（1）逆调压。在高峰负荷时升高电压、低谷负荷时降低电压的中枢点电压调整方式称为逆调压。采用逆调压时，在高峰负荷时可将中枢点电压升高为额定电压值的 105%，低谷负荷时将其下降为额定电压。逆调压适合于供电线路较长、负荷变动较大的电压中枢点。

（2）恒调压。将电压中枢点的电压调整为一个基本不变的数值，一般是将中枢点的电压调整为额定电压的 105%，这种调压方式称为恒调压。恒调压适合于各供电负荷在一天内的变化范围不大、电力网的电压损耗较小的电压中枢点。

（3）顺调压。所谓顺调压是指在高峰负荷时允许中枢点电压略低、低谷负荷时允许中枢点电压略高的中枢点调压方式。采用顺调压时，高峰负荷时中枢点电压一般不低于额定值的 102.5%，低谷时中枢点电压不高于额定值的 107.5%。顺调压适用于线路电压损耗较小、负荷变动不大或用电单位允许电压偏移较大的电压中枢点。

三、影响电压质量的主要因素

（1）发电厂发电能力不足，缺无功功率。

（2）电网和用户无功补偿容量不足，用户功率因数过低。

（3）供电距离超过合理的供电半径。

（4）线路导线截面选择不当，导线截面细，造成电压降较大。

（5）冲击性负荷、不平衡负荷的影响。

四、造成电网电压低的原因

（1）由于用电无功功率超过了发电机的无功负载能力，造成发电与用电不平衡。

（2）主、配电变压器的分头位置选择不当。

（3）输、配电线路导线截面细、线路供电半径大、用电负荷大、功率因数低造成电压降增大。

（4）对低压动力与照明混用的三相四线制线路，由于三相负荷不平衡产生的电压降等。

五、低电压运行的主要危害

（1）降低发电、供电设备的出力。

（2）增加线损。

（3）危及电网安全，严重时引起电压崩溃，使电网瓦解。

（4）电动机启动困难，甚至不能启动。

（5）降低用电设备出力，使电动机过电流发热，甚至烧坏。

（6）影响部分企业的产品质量，严重时引起低电压保护动作而断电。

（7）日光灯不能起动，各种照明设备发光效率降低。

（8）影响通信、广播、电视等质量。

六、电力网电压降的计算方法

对架空线路电压降的计算公式为

$$\Delta U=\frac{PR+QX}{U} \tag{3-23}$$

式中 ΔU——线路的电压损失，kV；

P——线路的有功负荷，kW；

R——线路的电阻，Ω；

Q——线路的无功负荷，kvar；

X——线路的感抗，Ω；

U——线路运行电压，kV。

七、电压偏差值的计算

$$电压正偏差=\frac{超过额定电压运行的最高电压-额定电压}{额定电压}\times 100\%$$

$$电压负偏差=\frac{额定电压-不足额定电压运行的最低电压}{额定电压}\times 100\%$$

（1）330kV及以上母线正常运行时，最高电压不得超过系统标称电压的+10%；最低电压不应影响电力系统同步稳定、电压稳定、厂用电的正常使用及下一级电压的调整。

（2）220kV母线正常运行方式下允许偏差为系统标称电压的0～+10%；非正常运行方式时为系统标称电压的−5%～+10%。

（3）35～110kV母线正常运行方式下允许偏差为系统标称电压的－3%～＋7%；非正常运行方式时为系统标称电压的±10%。

八、调整电网电压的方法

（1）改变发电机励磁电流调压。

（2）利用变压器分接头调压。

（3）利用有载调压器调压。

（4）通过改变电力网无功功率分布进行调压。

（5）用改变电力网的参数进行调压。

（6）利用无功补偿设备进行调压。

1）串联电容器调压。

2）并联电容器调压。

3）调相机调压。

4）并联电抗器调压。

九、改变电力网参数进行调压的方法

根据电力网电压损耗公式 $\Delta U=\dfrac{PR+QX}{U}$ 可以看出，在输出功率不变的情况下，电网的电压损失 ΔU 与输电线路的电阻 R 和电抗 X 有关，如果改变线路的电阻 R 和电抗 X 可达到减少电压损耗，提高运行电压的目的。具体的方法如下。

（1）改变电力网的电阻值。由电阻计算公式 $R=\rho\dfrac{L}{S}$ 可知，导线的电阻与导线的长度成正比，与导线的截面成反比，在输出功率不变的情况下，适当地减少线路长度、增大导线的截面，可有效降低线路中的电阻，减少电压的损失，从而起到调压的目的。

（2）改变变压器的并联台数。

（3）利用串联电容器补偿进行调压。串联电容补偿就是在感抗大的线路上串联电容器，补偿线路的部分感抗，从而降低电压损耗，达到提高线路末端电压的目的。

十、用电客户受电端供电电压允许偏差值

（1）35kV及以上用电客户供电电压正负偏差绝对值之和不超过额定电压的10%。

（2）10kV及以下三相供电电压允许偏差为额定电压的±7%。

（3）220V单相供电电压允许偏差为额定电压的＋7%～－10%。

十一、对局部电网电压下降或升高时应采取的措施

当局部电网电压下降或升高时，可采取改变有功与无功电力潮流的重新分配、改变运行方式、调整主变压器变比或改变电网参数、投切电容器等措施进行解决。

十二、供电企业与电力客户应做好无功电压管理工作

（1）各级供用电管理部门应加强电网及电力客户无功补偿设备的管理，认真执行上级主管部门、调度等部门的有关规定、指示和调度命令。

（2）凡列入运行的无功补偿设备，应随时保持完好状态，按期进行巡视检查。

（3）无功补偿设备应定期维护，发生故障时，应及时处理修复，保持电容器的可投率在95%以上。调相机每年因检修与故障停机时间不应超过45天。

（4）无功补偿装置应根据调度下达的无功、电压曲线及时投入或切除，并逐步实现自动控制方式。

（5）用电检查部门应对电力客户无功补偿装置设备的安全、投入时间、电压偏差值等状况进行检查指导，预防电力客户在低谷时向电网返送无功。

（6）变电站、建设单位，应按有关规定同步配置并投运相应的无功补偿装置。

十三、电网的电压监测点

一般把监测电网电压值和考核电压质量的节点称为电网的电压监测点。

十四、电网电压监测点的设置原则

电网电压监测点的设置应着眼于电网的经济运行和用户的供电电压，并能较全面地反映电网的电压面貌。其设置原则如下。

（1）与220kV及以上电压电网直接相连的发电厂高压母线电压。

（2）各级调度“界面”处的220kV及以上变电站的一次母线电压和二次母线电压，其中220kV指具有调压变压器的一、二次母线，否则只能取一次母线或二次母线电压。

（3）所有变电站（含供城市或城镇电网的A类母线）和带地区供电负荷发电厂的10(6)kV母线是中压配电网的电压监测点。

（4）供电公司选定一批具有代表性的用户作为电压质量考核点。其中包括：

1）110kV及以上供电的和35(63)kV专线供电的用户（B类电压监测点）。

2）其他35(63)kV用户和10(6)kV用户的每1万kW负荷至少设一个母线电压监测点，且应包括对电压有较高要求的重要用户和每个变电站10(6)kV母线所带有代表性线路的末端用户（C类电压监测点）。

3）低压（380/220）用户至少每100台配电变压器设置一个电压监测点，且应考虑有代表性的首末端和重要用户（D类电压监测点）。

4）供电公司还应对所辖电网的10kV用户和公用配电变压器、小区配电室以及有代表性的低压配电网中线路首末端用户的电压进行巡回监测。监测周期不应少于每年一次，每次连续检测时间不应少于24h。

十五、设置电力客户电压监测点的要求和意义

用户电压监测点应设置在有代表性的线路、配电网或部分重要负荷处，并应装设记录或（统计式）仪表进行统计。

设置用户电压监测点的意义：通过检测电力客户的运行电压，提供电能质量，对保证电力客户安全生产、提高产品质量以及保证电气设备的安全运行和使用寿命有着重要的影响，同时加强用户电压测量管理、设置电压监测点也是提高供电部门服务质量的重要组成部分。

十六、电网电压监测点的电压异常及电压事故

电网电压监测点的电压异常是指监测点电压超出调度规定的电压曲线数值的±5%，当延续时间超过1h时为电网一类障碍；或超出规定数值的±10%，且延续时间超过30min时也为电网一类障碍。

电网电压监测点的电压事故是指监测点电压超出调度规定的电压曲线数值的±5%，并且延续时间超过2h，或超出规定数值的±10%，且延续时间超过1h。

十七、保证供电电压监测点电压不低于规定值的措施

（1）切除并联电抗器。

（2）在条件允许时，迅速增加发电机的无功出力。

（3）安装无功补偿电容器。

（4）改变电力网无功潮流分布。

（5）启动电网备用机组调压。

（6）无调压能力时，可采用拉闸限电的方法来提高电压监测点电压，以保证重要用户的供电质量。

十八、电压合格率

电压合格率是指实际运行电压在允许电压偏差范围内累计运行时间与对应的总运行统计时间之比的百分值。

1. 各电压监测点电压合格率的计算公式

$$\text{电压合格率}(\%)=\frac{\text{统计期内累计电压合格时间}(\text{min})}{\text{统计期运行总时间}(\text{min})}\times 100\% \tag{3-24}$$

2. 供电企业电压合格率的计算公式

$$\text{电压合格率}(\%)=0.5A+0.5\left(\frac{B+C+D}{N}\right) \tag{3-25}$$

式中　A——变电站母线电压合格率；

B——35kV及以上专线用户电压合格率；

C——35kV非专线及6～10kV用户电压合格率；

D——低压用户电压合格率。

部颁供电企业升级标准，一律采用DJ型电压监测器进行统计计算电压合格率。特级为98%；一级为93%；二级为90%。

第四节　无功优化管理

一、无功优化实现的手段

目前，无功优化采用自动电压控制技术（AVC）实现。AVC的基本原则是无功的“分层分区，就地平衡”，基于采集的电网实时运行数据，在确保安全稳定运行的前提下，

对发电机无功、有载调压变压器分接头（OLTC）、可投切无功补偿装置、静止无功发生器（SVC）等无功电压设备进行在线优化闭环控制，保证电网电压质量合格，实现无功分层分区平衡，降低网损。

二、无功优化的目的

无功优化在满足电网运行和安全约束的前提下，以整个电网的网损最小化为优化目标，给出各分区中枢母线电压和关键联络线无功的优化设定值。

（1）优化目标为全网有功损耗最小。

（2）可以自由选择参与优化的设备，包括发电机无功、调相机无功、OLTC、电容/电抗器投切、SVC无功等。

（3）可考虑以下约束条件：全网母线电压约束，各发电机无功出力约束，各调相机和SVC无功出力约束，各分区无功储备和关口功率因数约束，OLTC、电容器组和电抗器组的调节范围等。

三、AVC实现无功优化控制模式

采用无功电压三级协调控制模式，如图3-3所示，各级控制功能如下：

第一级电压控制即厂站控制，由AVC子站来实现，通过协调控制本厂站内的无功电压设备，满足第二级电压控制给出的厂站控制指令。

第二级电压控制具备分区控制决策功能，通过协调控制本分区内的无功电压设备，给出各厂站的控制指令。其目标是将中枢母线电压和重要联络线无功控制在设定值上，保证分区内母线电压合格和足够的无功储备。

第三级电压控制具备全网在线无功优化功能，通过优化给出各分区中枢母线电压和重要联络线无功的设定值，输出给第二级电压控制使用。其目标是在安全前提下降低全网网损。

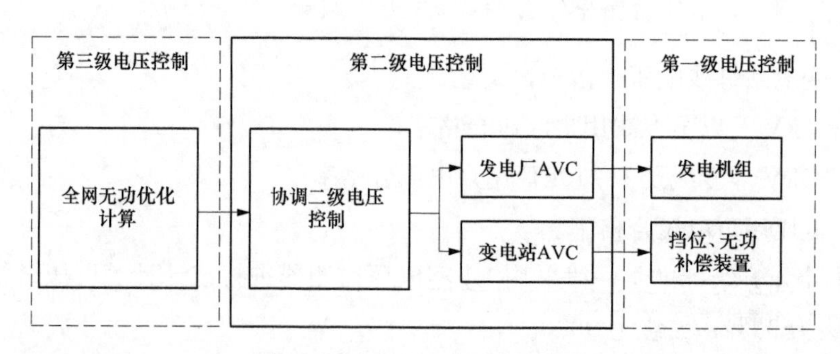

图3-3　无功电压三级协调控制

第四章　技　术　降　损

在电力网中由于存在大量的电气元件，如变压器、电力线路等，这些电气元件在施加一定电压或有电流通过时，就会产生电能损耗，而且这些损耗每时每刻都在发生，具有实时性；同时，由于电气元件分布在电网的各个方面，它们处处都在消耗着电能，为此，它具有广泛性和普遍性。电气元件在电网中消耗电能是固有的、客观存在的，但有一部分损耗是人为原因造成的，是管理不善引起的，如迂回供电、线路“卡脖子”、变压器容量选择不合理等，都有可能造成电能损耗的增加。因此，“技术降损”也就是通过先进的技术和管理手段，控制和减少各电气元件的电能损耗。技术降损措施可分为建设措施和运行措施两部分。所谓建设措施主要是指需要一定的投资，对供电系统的某些部分进行技术改造。采取建设措施的目的是提高供电系统的输送能力或改善电压质量。而运行措施是指不需要投资或少投资，通过加强管理，合理规划，确定最经济合理的运行方式，以达到降低线损的目的。

（1）技术降损措施管理示意图如图 4-1 所示。

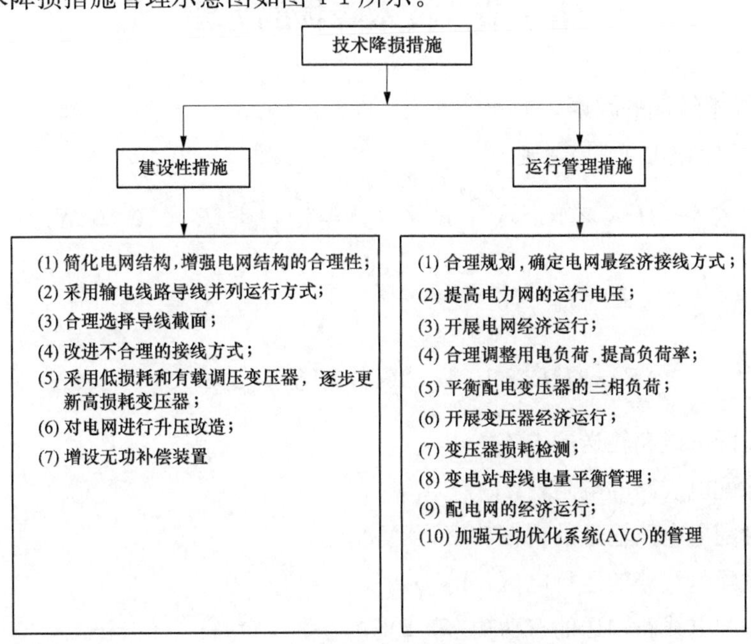

图 4-1　技术降损措施管理示意图

（2）与技术线损相关的各项参数及降损措施示意图如图 4-2 所示。

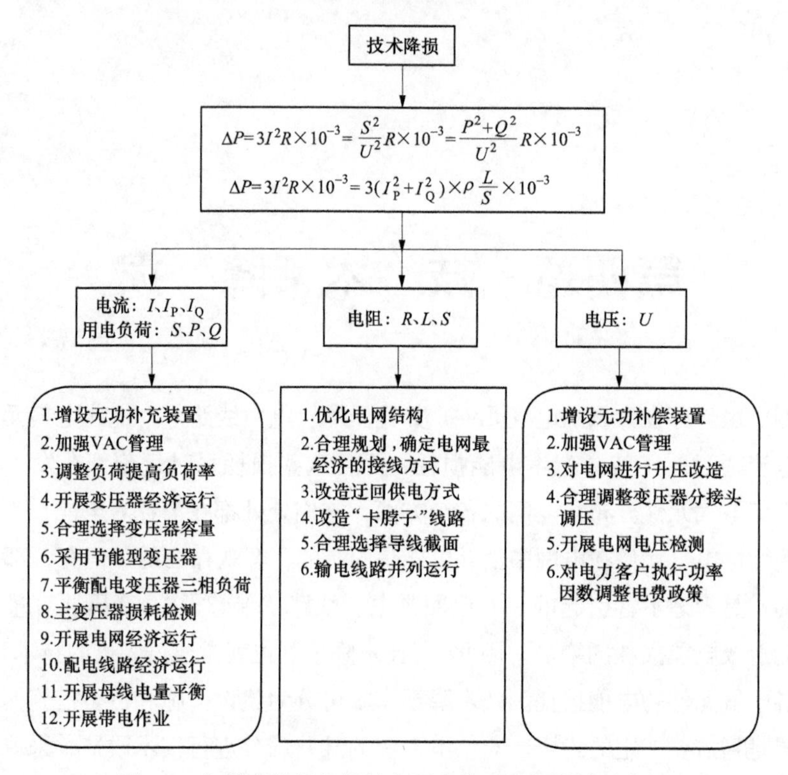

图 4-2　与技术线损相关的各项参数及降损措施示意图

第一节　技术降损的方法

一、影响技术线损的因素

根据线损的计算式（4-1），则

$$\Delta P=3I^2R\times10^{-3}=\frac{S^2}{U^2}R\times10^{-3}=\frac{P^2+Q^2}{U^2}R\times10^{-3}\,(\text{kW}) \tag{4-1}$$

由于　$R=\rho\frac{L}{S}$　　$I^2=I_P^2+I_Q^2$

故

$$\Delta P=3I^2R\times10^{-3}=3(I_P^2+I_Q^2)\times\rho\frac{L}{S}\times10^{-3} \tag{4-2}$$

式中　I——输配电线路输送的电流，A；

R——输配电线路的电阻，Ω；

S——输配电电路输送的视在功率，kVA；

U——输配电线路的运行电压，kV；

P——输配电线路输送的有功功率，kW；

Q——输配电线路输送的无功功率，kvar；

ρ——输配电线路导线的电阻率，Ω·m；

L——输配电线路的导线长度，m；

S——输配电线路导线的截面，mm²；

I_P——输配电线路输送的有功电流，A；

I_Q——输配电线路输送的无功电流，A。

由式（4-2）可知，与技术线损有关的因素包括：

（1）电流（I）、有功电流（I_P）、无功电流（I_Q）。

（2）电阻（R）、导线长度（L）、导线截面积（S）。

（3）视在功率（S）、有功功率（P）、无功功率（Q）。

（4）运行电压（U）。

二、各项技术线损的因素分析

欲使线损 ΔP 降低，首先应了解与线损有关的各项因素，然后通过对各项因素的分析，有针对性改变影响线损的有关参数，方可达到降损的目的，根据式（4-1）、式（4-2）可知：

（1）线损 ΔP 与电流 I 的平方成正比，而电流 I 又由有功电流 I_P 和无功电流 I_Q 组成，因此，要使线损 ΔP 降低，必须减少元件中的总电流 I 或有功电流 I_P、无功电流 I_Q。

（2）线损 ΔP 与电阻 R 成正比，电阻 R 又与导线长度 L 和导线截面 S 有关，并且与导线长度 L 成正比，与导线截面 S 成反比，因此，降低电阻 R，必须减少导线的长度 L 或增大导线的截面 S。

（3）线损 ΔP 与线路输送的视在功率 S 成正比，而用电负荷 S 又由有功功率 P 和无功功率 Q 组成，因此，降低线损 ΔP，必须减少线路输送的有功功率 P、无功功率 Q。

（4）线损 ΔP 与运行电压 U 成反比，要使线损 ΔP 降低，需提高运行电压 U。

影响技术线损各因素的变化趋势如表 4-1 所示。

表 4-1　影响技术线损各因素的变化趋势

线损	主要影响因素	影响因素组成	
$\Delta P\downarrow$	电流 $I\downarrow$	有功电流 $I_P\downarrow$	无功电流 $I_Q\downarrow$
	电阻 $R\downarrow$	导线长度 $L\downarrow$	导线截面 $S\uparrow$
	用电负荷 $S\downarrow$	有功功率 $P\downarrow$	无功功率 $Q\downarrow$
	运行电压 $U\uparrow$		

三、降低线损的技术措施

技术降损措施是指对电网的某些环节、部分电气元件经过技术改造或技术改进，合理调整电网布局，优化电网结构，改善电网运行方式等手段来减少电能损耗的方法。

根据对影响线损的各种因素分析，要想降低技术线损（电气设备或电气元件损耗），一方面需要一定的投资和资金支持，在电网规划和建设初期，从节能和降低线损角度考虑进行设计和建设，同时对现有的不合理的供电状况、结构或电气元件进行技术改造；另一方面在现有的供电条件下，通过加强人员和设备的管理，使电网的运行方式、各个电气元件在经济、高效、安全的环境下运行，从而达到降低电气元件电能损耗的目的。为此，技术降损措施可分为建设性措施和运行管理措施两部分。

四、降低线损的建设性措施

（1）简化电网结构，增强电网结构的合理性。

（2）采用输电线路导线并列运行方式。

（3）合理选择导线截面。

（4）改进不合理的接线方式。

（5）采用低损耗和有载调压变压器，逐步更新高损耗变压器。

（6）对电网进行升压改造。

（7）增设无功补偿装置。

其中：(1)～(5) 措施的目的是降低电阻；（1）（6）（7）措施的目的是提高运行电压；（1）（5）（7）措施的目的是减少输送的电流等。

五、简化电网结构，增强电网结构的合理性

逐步取消 35kV 供电网络，用 110kV 供电代替 35kV 供电。

110kV 供电网络与 35kV 供电网络相比，具有供电电压高、供电半径大、供电能力强、可靠性高、电能损耗小等特点，110kV 供电网络被大量的普及与应用，广泛地引用于城市配电网络中。根据目前电网发展前景来看，在电网结构中完全可以用 110kV 网络代替 35kV 网络供电，逐步取消 35kV 网络，减少 35kV 网损，从而达到降低线损的目的。

六、采用输配电线路导线并列运行方式

输配电线路功率损耗公式为

$$\Delta P = 3I^2R \times 10^{-3} \tag{4-3}$$

如果线路采用每相 2 根导线并联运行方式，线路的总电阻将变为

$$\frac{1}{R} = \frac{1}{R_1} + \frac{1}{R_2}$$

$$R = \frac{R_1R_2}{R_1 + R_2}$$

假设原输配电线路每相总电阻为 $1R$，线路采用每相 2 根导线并列方式，并列后的总电阻为

$$R = \frac{R_1R_2}{R_1 + R_2} = \frac{1R \cdot 1R}{1R + 1R} = \frac{1R^2}{2R} = \frac{1}{2}R$$

由上式可知，输配电线路在并列运行时总电阻减少，只有原电阻的一半，根据式（4-3）所示，线路损耗也将减少 50%。因此，在条件允许的情况下，采用线路并列运行方式可有效降低线路损耗。

七、合理选择导线截面

输配电线路功率损耗公式为

$$\Delta P = 3I^2R \times 10^{-3} = 3I^2 \frac{\rho L}{S} \times 10^{-3} \tag{4-4}$$

式中　I——输配电线路输送的电流，A；

R——输配电线路的电阻，Ω；

ρ——输配电线路导线的电阻率，Ω·m；

L——输配电线路的导线长度，m；

S——输配电线路导线的截面，mm^2。

根据计算式（4-4）可知，线路的功率损耗与导线的电阻成正比，而线路的电阻又与导线的截面成反比，由此推出线路的功率损耗与导线的截面成反比例关系，因此，采用增大导线的截面措施，可降低输配电线路的线损。

1. 正确、合理选择输配电线路导线截面的基本原则

（1）选择导线截面的计算负荷，应按线路建成后5～10年的线路长期出现的最大负荷进行考虑。

（2）对负荷小、供电距离长、最大负荷利用小时低、无调压措施的35kV输电线路以及10kV线路，按允许电压损耗选择导线截面，用机械强度和发热条件进行校验。

（3）对35～110kV架空线路的导线截面，一般按经济电流密度选择，用允许电压损耗、发热条件、电晕和机械强度进行校验。

（4）当计算所得导线截面在两个相邻标称截面之间时，一般选取高一个等级的标称截面。

（5）在确定导线截面时，应考虑用电负荷的发展余地和过渡的可能性。

2. 按允许电压损耗选择导线截面

在没有特殊调压设备的电网中，对农村10(6)kV线路，一般都是按电压损耗的允许值来选择导线截面，计算公式为

$$S = \frac{P\rho L}{U_N \Delta U_r} \tag{4-5}$$

式中　P——线路输送的有功功率，kW；

ρ——导线的电阻率；

L——线路导线长度，km；

U_N——线路额定电压，kV；

ΔU_r——线路允许的电压损耗，V。

3. 按经济电流密度选择导线截面

根据经济电流密度选择导线截面时，首先必须确定电力网的输送负荷量（功率和电流），以及相应的最大负荷利用时间，然后确定导线截面。

（1）最大输送负荷电流的计算式为

$$I_{zd}=\frac{P}{\sqrt{3}U_N\cos\varphi}\quad (A) \tag{4-6}$$

式中　P——计算输送功率，kW；

U_N——线路额定电压，kV；

$\cos\varphi$——线路负荷功率因数。

（2）确定输电线路的最大负荷利用小时数为

$$T_{zd}=\frac{A}{P_{zd}} \tag{4-7}$$

式中　A——输电线路年输送的电量，kWh；

P_{zd}——输电线路输送的最大有功负荷，kW。

（3）确定导线截面为

$$S=\frac{I_{zd}}{j}\quad (mm^2) \tag{4-8}$$

式中　I_{zd}——线路的最大负荷电流，A；

j——经济电流密度，（A/mm^2）。

八、改进不合理的接线方式

由于受地理条件的限制，一部分线路或变压器在工程建设或运行当中，一是电源点不能安装在负荷中心，造成线路迂回供电，增加了线路的长度；二是部分输配电线路，随着社会的发展，电力客户的增长，输配电线路不断地增加，供电半径过大；三是由于电力负荷的增加，受投入资金的影响，线路首端导线截面细、末端导线截面大（俗称“卡脖子”）等现象仍然存在，最终影响到线损的增大。

应采取的措施如下：

（1）在设计和施工阶段，电源点尽量放置在负荷中心。

（2）对迂回供电严重的线路或台区，应制定规划，积极改造。

（3）输配电线路供电半径大于规定值时，应合理规划，调整用电负荷，布置电源。

（4）对首端导线截面细、末端导线截面大等线路，积极安排改造资金进行改造。

九、线路的供电半径

供电半径是指输配电线路或台区低压线路首端至末端的最远距离。

（1）35kV及以上线路的供电半径一般应不超过下列要求：35kV线路为40km；66kV线路为80km；110kV线路为150km等。

（2）10kV及以下网络供电半径应根据电压损失允许值、负荷密度、供电可靠性并留有一定裕度的原则进行确定，一般情况下，10kV供电线路输送电能的距离为15km。

10kV线路供电半径应不超过表4-2中的数值。

表 4-2 10kV 线路供电半径推荐表

负荷密度（kW/km²）	<5	5～10	10～20	20～30	30～40	>40
供电半径（km）	20	20～16	16～12	12～10	10～8	<8

（3）对低压 0.38kV 和 0.22kV 线路供电半径宜按电压允许偏差值确定，但最大允许供电半径不宜超过 0.5km。

十、输配电线路供电半径的计算

（1）10kV 配电线路经济供电半径为

$$L_{j} \approx 10\sqrt{\frac{K_{jl}}{P_{jm}}} \quad (km) \tag{4-9}$$

式中 K_{jl}——10kV 配电线路经济供电半径计算系数；

P_{jm}——供电范围内的平均负荷密度。

（2）35kV 供电线路允许供电半径为

$$L_{y} \approx \frac{122.5}{2.17\cos\varphi + 0.4P_{zd}\tan\varphi} \tag{4-10}$$

式中 $\cos\varphi$——35kV 输电线路负荷功率因数；

P_{zd}——35kV 输电线路最大供电负荷，MW；

$\tan\varphi$——35kV 输电线路功率因数角的正切值。

十一、选用低损耗和有载调压变压器，逐步更新高损耗变压器

（1）JB500-64 标准的配电变压器，其型号为 SJL、SJL1、SJ、SJ1、SJ2、SJ3、SJ4、TM 等，为淘汰型变压器，停止使用。

（2）JB300-73 组Ⅱ（热轧硅钢片）标准的配电变压器以及 JB1300-73 组Ⅰ（冷轧硅钢片）标准的配电变压器，具体型号有 SL、SL1、SL2、SL3、SL4 等，为淘汰型变压器，停止使用。

（3）1998 年 12 月底停止生产、安装使用 SL7 和 S7 系列变压器。

（4）S9 系统变压器，生产厂家已停止生产，在用变压器限制使用，设计部门禁止选用。

（5）S11、S13、S15、S16 系列变压器为节能型变压器，与 S7 变压器相比，空载损耗有较大的降低。同时，采用非晶合金单片制成的变压器比原来的硅钢片制造的变压器具有良好的导磁性，为此，推行低损耗节能型变压器应用，可有效降低电网的损耗。

十二、对电网进行升压改造

为简化系统的电压等级、淘汰非标准电压，提高供电能力，减少电网的供电环节和变电容量，降低线损，应尽量采用高电压供电方式，改造低电压的供电设施。

（1）具体措施。

1）逐步淘汰 6kV 供电电压，改用为 10kV 供电电压。

2）对 35kV 变电站进行升压改造，改造为 110kV 或 220kV 变电站。

3）对负荷集中的区域或城市要引入110kV电源供电。

4）推广应用220kV、110kV电压直接变为10kV电压供电方式，减少35kV供电方式等。

（2）电力网进行升压改造对线损的影响。由于输配电线路和变压器都是电网中的主要元件，其损耗功率为

$$\Delta P = 3I^2R \times 10^{-3} = \frac{S^2}{U^2}R \times 10^{-3} = \frac{P^2 + Q^2}{U^2}R \times 10^{-3} \tag{4-11}$$

式中 I——输配电线路输送的电流，A；

R——输配电线路的电阻，Ω；

S——输配电线路输送的视在功率，kVA；

U——输配电线路的运行电压，kV；

P——输配电线路输送的有功功率，kW；

Q——输配电线路输送的无功功率，kvar。

从式（4-11）可以看出，在负荷功率不变的情况下，将电网的电压提高，则通过电网元件的电流相应减少，功率损耗也相应地随之降低。因此，升高电压是降低线损的有效措施。

（3）电网升压改造的技术条件表达式为

$$\frac{\text{原电网可变损耗}}{\text{原电网固定损耗}} \geqslant \left[\left(\frac{\text{新电网额定电压}}{\text{原电网额定电压}}\right)^2 - 1\right] \Big/ \left[1 - \left(\frac{\text{原电网额定电压}}{\text{新电网额定电压}}\right)^2\right]$$

十三、电网升压改造与提高供电能力的关系

假设电网在升压前、后线路上流经的负荷电流不变，当电网的电压等级由原来的U_1升为U_2时，则输送的功率分别为

$$P_1 = \sqrt{3}U_1 I\cos\varphi$$

$$P_2 = \sqrt{3}U_2 I\cos\varphi$$

由于U_2高于U_1，因此P_2大于P_1，电网输送能力提高的百分数为

$$P\% = \frac{P_2 - P_1}{P_1} \times 100\% = \frac{\sqrt{3}U_2 I\cos\varphi - \sqrt{3}U_1 I\cos\varphi}{\sqrt{3}U_1 I\cos\varphi} \times 100\%$$

$$= \frac{U_2 - U_1}{U_1} \times 100\%$$

十四、增设无功补偿装置

流经供电线路的电流I中包括有功分量I_P和无功分量I_Q两部分，总电流$I = \sqrt{I_P^2 + I_Q^2}$，线路功率损耗为

$$\Delta P = 3I^2R = 3 \times (I_P^2 + I_Q^2)R = 3I_P^2R + 3I_Q^2R = \Delta P_P + \Delta P_Q \tag{4-12}$$

根据式（4-12）可知，线路中的功率损耗由有功损耗与无功损耗两部分组成，当电网增加无功补偿装置后，由于电网中的部分无功功率由无功补偿装置提供，电网输送的无功

电流减少，无功损耗降低，线路的功率损耗减少。

十五、降低技术线损的运行管理措施

（1）合理规划，确定电网最经济接线方式。

（2）提高电力网的运行电压。

（3）开展电网经济运行。

（4）合理调整用电负荷，提高负荷率。

（5）平衡配电变压器的三相负荷。

（6）开展变压器经济运行。

（7）强化变电站站用电管理。

（8）变电站母线电量平衡管理。

（9）配电网的经济运行。

（10）加强无功优化系统（AVC）的管理。

（11）合理安排设备检修，开展带电作业。

十六、合理规划，确定电网最经济的接线方式

电网规划是电网发展的重要环节，在编制电网规划时，除考虑经济发展前景、配备合理的容量，以及安全性外，还应重点从电网运行的经济性考虑，尽量使变电站位于负荷中心，变电站的座数、出线回路数、主变压器台数、容量应基本合理；供电半径符合规定；输电、变电、配电设备应考虑中长期的负荷发展需要等。

（1）电网合理规划应坚持的原则：小容量、多布点，在确保系统安全和最经济的条件下，尽量缩短供电半径等。

（2）变电站的布点应遵循：

1）简化电压等级，尽量采用 110kV 变电站，减少 35kV 变电站。

2）将变电站引入负荷中心，减少供电半径。

十七、对变电站进行合理的布点

变电站的布点对电网结构是否合理关系较大，变电站的设置、布点的多少，主要取决于供电范围内的电力负荷的密度和供电半径。

（1）根据该地区的综合需用系数，预测今后 5～10 年的最大负荷，进而根据用电面积计算出单位面积的负荷密度。

（2）计算出相应负荷密度下的 10kV 线路或 35kV 线路经济供电半径，以及相应变电站的主变压器容量。

（3）根据所需输送用电负荷计算增设变电站的供电半径，并校对初选的变电站布点是否合理。

十八、电力线路的输送功率和输送距离

各级电压电力线路合理的输送功率和输送距离见表 4-3。

表 4-3　　各级电压电力线路合理的输送功率和输送距离

额定电压（kV）	线路结构	输送功率（kW）	输送距离（km）
0.22	架空线路	小于 50	小于 0.15
0.22	电缆	小于 100	小于 0.20
0.38	架空线路	小于 100	小于 0.25
0.38	电缆	小于 175	小于 0.35
6	架空线路	小于 2000	5～10
6	电缆	小于 3000	小于 8
10	架空线路	小于 3000	8～10
10	电缆	小于 5000	小于 10
35	架空线路	2000～10 000	10～50
110	架空线路	10 000～50 000	50～150
220	架空线路	100 000～500 000	100～300

十九、合理调整电网的运行电压

根据计算公式 $\Delta P=\frac{S^2}{U^2}R\times10^{-3}$ 可知，电力网输、配电设备的有功损耗与运行电压的平方成反比关系，因此，合理地调整运行电压可以达到降低线损的目的。

（1）合理调整运行电压的方法是通过调整发电机端电压和变压器分接头，在母线上投切电容器及调相机调压等手段来调整运行电压。

1）改变发电机端电压进行调压。

2）利用发电机的 P-Q 曲线调压。

3）利用发电机进相运行调压。

4）利用变压器分接头进行调压。

5）利用无功补偿（串、并联电容器）进行调压。

6）利用调相机调压。

7）利用并联电抗器调压。

（2）判断调整电压的条件。

1）当电网的负载损耗与空载损耗的比值 C 大于表 4-4 中数值时，提高运行电压可达到降损的效果。

表 4-4　　提高运行电压降损判别

提高电压百分率 α(%)	1	2	3	4	5
C	1.02	1.04	1.061	1.082	1.10

2）当电网的负载损耗与空载损耗的比值小于表 4-5 中数值时，降低运行电压可达到降损效果。

表 4-5　　降低运行电压降损判别

提高电压百分率 α（%）	−1	−2	−3	−4	−5
C	0.98	0.96	0.941	0.922	0.903

（3）提高电压百分率 α(%) 按式（4-13）进行计算，即

$$\alpha\% = \frac{U' - U}{U} \times 100\% \tag{4-13}$$

式中　U'——调压后的母线电压，kV；

U——调压前的母线电压，kV。

二十、输配电线路电压损失过大的主要原因

（1）供电线路太长，超出了合理的供电半径。

（2）供电线路功率因数较低，电压损失大。

（3）供电线路导线线径较小，损耗较大。

（4）供电端电压偏低。

（5）其他方面的原因，如冲击性负荷、三相不平衡负荷等因素影响。

二十一、开展电网经济运行

对于环形电网，为了降低线损，首先应该确定环形电网的运行方式，即合环运行还是开环运行。在一般情况下，从增强供电可靠性的角度考虑，应采用合环运行方式；如果从降低线损的角度考虑，对均一配电网，即导线截面相等、材料相同、线间几何均距相等的配电网，以采用合环运行比较经济，对于非均一配电网，以采用开环运行比较经济；对城市电网，应选择出最优解列点，采用开环运行比较经济。

二十二、合理调整用电负荷，提高负荷率

供电系统的用电负荷如波动较大，不但影响供电设备的运行效率，而且使线路功率损耗增加，因此，合理调整用电负荷，努力提高用电负荷率，可有效降低线路的电能损耗。在用电量相同的条件下，以用电时间 24h 为例进行说明。

一是假设日负荷曲线平稳，如图 4-3（a）所示，24h 内负荷电流保持为 I，每根导线的电阻为 R，则线路日损耗电量为

$$\Delta W_1 = 3I^2R \times 24 \times 10^{-3}$$

二是如果日负荷曲线不平稳，如图 4-3（b）所示，前 12h 负荷电流为 $I+\Delta I$，后 12h 负荷电流为 $I-\Delta I$，则线路日损耗电量为

$$\begin{aligned}\Delta W_2 &= 3\left[\frac{(I+\Delta I)^2 + (I-\Delta I)^2}{2}\right]^2 R \times 24 \times 10^{-3} \\ &= 3[I^2 + \Delta I^2]R \times 24 \times 10^{-3} \\ &= 3I^2R \times 24 \times 10^{-3} + 3\Delta I^2R \times 24 \times 10^{-3}\end{aligned}$$

由上式计算可以看出，当负荷曲线不平稳时，日损耗电量增大量为

$$\Delta W = \Delta W_2 - \Delta W_1 = 3\Delta I^2R \times 24 \times 10^{-3} \tag{4-14}$$

日负荷电流曲线如图 4-3 所示。

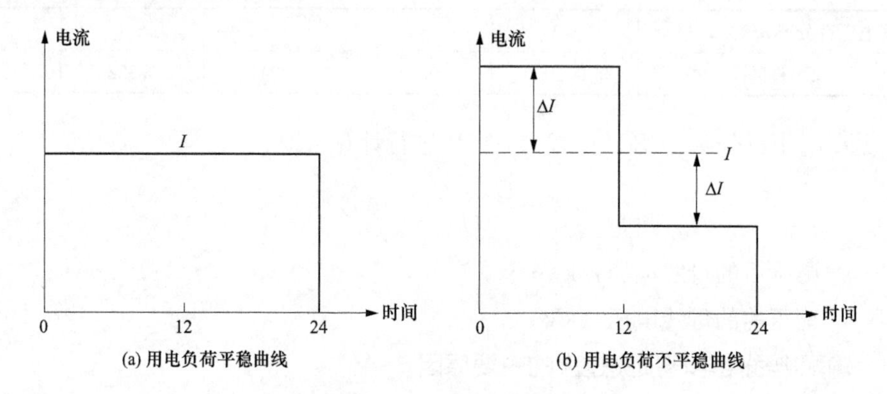

图 4-3　日负荷电流曲线

由式（4-14）可以看出，负荷电流波动幅度越大，线损增加越多。当线路在一段时间内负荷较大，而在另一段时间内负荷较小，甚至没有负荷时，线损将成倍地增加。因此，加强负荷管理，提高用电负荷率，实现均衡用电，是降低线损的有效措施。

二十三、配电变压器三相负荷平衡

在低压配电网中，假设配电变压器输出的三相负荷不平衡，三相电流分别为 I_A、I_B、I_C，中性线电流为 I_N。由于中性线的导线截面小于相线，在导线材料、线路长度相同的条件下，中性线的电阻与相线相比会增大，假设相线的电阻为 R，中性线的电阻为 $2R$，则这条线路的有功功率损耗为

$$\Delta P_1=(I_A^2R+I_B^2R+I_C^2R+2I_N^2R)\times 10^{-3}$$

当三相负荷平衡时，由于每相电流相等，每相电流为（$I_A+I_B+I_C$)/3，中性线的电流为零，此时线路的有功损耗为

$$\Delta P_2=3\left(\frac{I_A+I_B+I_C}{3}\right)^2 R\times 10^{-3}$$

三相负荷不平衡时增加的损耗为

$$\Delta P=\Delta P_1-\Delta P_2=\frac{2}{3}(I_A^2+I_B^2+I_C^2-I_AI_B-I_BI_C-I_CI_A+3I_N^2)R\times 10^{-3}$$

同样，三相负荷不平衡对变压器也可造成损耗的增加。因此，三相不平衡负荷越大，损耗增加越大。

二十四、变电站母线电量平衡管理

定期开展对变电站母线电量平衡的检测与管理，不仅可以有效地监督母线上各计量装置的运行情况，同时可以监督专线供电的电力客户用电情况，预防电量丢失。

变电站母线输入与输出电量之差称为不平衡电量，不平衡电量与输入电量比率为母线电能不平衡率。该指标反映了电能平衡情况。

$$母线电量不平衡率=(输入电量-输出电量)/输入电量\times 100\%$$

母线电能平衡异常：220kV及以上母线电能不平衡率大于±0.5%，10～110kV母线电能不平衡率大于±1.0%。

二十五、配电网的经济运行

所谓配电网的经济运行是指在现有的电网结构和布局下，充分、合理地利用“调荷”和“调压”措施，使线路的负荷电流达到经济负荷电流，变压器的综合平均负载率达到经济负载率，电网处于经济合理的运行状态等。

实现配电网经济运行的具体措施如下。

(1) 调整用户的用电负荷，努力实现线路的负荷达经济负荷值。

(2) 对轻负荷线路，采取轮流定时供电方式。

(3) 对重负荷线路，一是安排用户实行避峰、错峰用电，努力实现均衡用电；二是将部分用户调整到其他或轻负荷线路进行供电。

(4) 合理调整变电站主变压器电压分接头，使配电线路的运行电压达规定值。

(5) 通过投切变电站内、配电线路或用户的补偿电容器容量进行调压，降低电压损失。

(6) 采用调荷与调压相结合的方法，实现配电网的经济运行。

二十六、配电线路的经济负荷电流

配电线路的经济运行条件是可变损耗等于固定损耗，根据这一条件，得出配电网线路经济负荷电流为

$$I_{jj}=\sqrt{\frac{\sum_{i=1}^{m}\Delta P_{oi}}{3K^{2}R_{d\Sigma}}} \tag{4-15}$$

式中 ΔP_{oi}——线路上每台变压器的空载损耗；

K——线路负荷曲线形状系数；

$R_{d\Sigma}$——线路总等值电阻。

二十七、配电线路最佳线损率

配电网处于经济运行时其最佳线损率为

$$\Delta A_{zj}\%=\frac{2K\times10^{-3}}{U_{N}\cos\varphi}\sqrt{R_{d\Sigma}\sum_{i=1}^{m}\Delta P_{oi}}\times100\%$$

或

$$\Delta A_{zj}\%=\frac{2K\times10^{-3}}{U_{N}A_{pg}}\sqrt{R_{d\Sigma}(A_{pg}^{2}+A_{qg}^{2})\sum_{i=1}^{m}\Delta P_{oi}}\times100\%$$

式中 A_{pg}——线路的有功电量；

A_{qg}——线路的无功电量。

二十八、合理安排设备检修，实行带电检修

电网正常运行时的接线方式，一般是比较安全和经济的接线方式，如果遇到设备的检

修或其他事件，会改变原来的运行方式，这样不但会降低运行的可靠性，还会造成电网的损耗增加，因此，遇到设备检修时，应尽量安排设备的带电检修，保持原来的经济运行方式不变。

二十九、三相四线制供电方式

由于三相四线制（即 Y_0接线法）可以同时获得线电压和相电压，在低压电网中既可以带动力负荷，也可以带单相照明负荷，因此在低压电网中普遍采用三相四线制供电方式。

（1）对 0.38kV 三相四线制供电线路，三相负荷均匀分配，使中性线电流不宜超过首端相线电流的 15%。

（2）单相用电设备应均匀地接在三相网络上，降低三相负荷电流不平衡度，要求变压器出线端的负荷电流不平衡度应小于 15%。

三相负荷电流不平衡度的计算公式为

$$K=\frac{I_0}{\frac{I_A+I_B+I_C}{3}}\times 100\% \tag{4-16}$$

式中 I_0——表示中性线电流，A；

I_A、I_B、I_C——表示 A、B、C 三相电流，A。

（3）在三相四线制电网中，要求中性线连接可靠，不能装设熔断器，避免由于中性线发生接触不良或断线，引起用电设备高电压而烧坏。同时要求相线与中性线要正确接线，不能接错线，预防对有接零保护的设备外壳带电，危及人身安全或造成相线对地短路事故。

（4）配电变压器三相负荷不平衡电流不得超过变压器额定电流的 10%。

（5）在三相四线供电线路中，中性线截面应不小于相线截面的 1/2 倍。

第二节　技术降损的效益分析

一、电网升压改造后降损效果的计算

电网升压改造是指在用电负荷增长，造成线路输电容量不足或线损大幅度升高时，为了简化电压等级，淘汰非标准电压所采取的技术措施。

电网升压改造后降低负载的百分率为

$$\Delta P\%=\left(\frac{U_{N2}^2}{U_{N1}^2}-1\right)\times 100\% \tag{4-17}$$

电网升压改造后降损效果即节电量为

$$\Delta A'=\Delta A\left(\frac{U_{N2}^2}{U_{N1}^2}-1\right) \tag{4-18}$$

式中 $\Delta A'$——电网升压改造后的节电量，kWh；

ΔA——电网升压前的线路损失电量，kWh；

U_{N1}——电网升压前的额定电压，kV；

U_{N2}——电网升压后的额定电压，kV。

二、调整电压后的降损效果计算

调整电压后的降损节电量计算公式为

$$\Delta(\Delta A)=\Delta A\left[1-\frac{1}{(1+\alpha)^2}\right]-\Delta A_0\alpha(2+\alpha) \tag{4-19}$$

式中　$\Delta(\Delta A)$——调整电压后的节电量，kWh；

ΔA——调压前被调电网的负载损耗电量，kWh；

α——提高电压的百分率，%；

ΔA_0——调压前被调电网的空载损耗电量，kWh。

三、更换导线截面的降损效果计算

在输送负荷不变的情况下，增大导线的截面，可减少线路中导线的电阻，从而达到降损的目的。

更换导线前的功率损耗为

$$\Delta P_1=3I^2R_1\times10^{-3}$$

更换导线后的功率损耗为

$$\Delta P_2=3I^2R_2\times10^{-3}$$

式中　R_1——更换导线前的电阻，Ω；

R_2——更换导线后的电阻，Ω。

更换导线截面后降低损耗的百分率为

$$\begin{aligned}\Delta P\%&=\frac{\Delta P_1-\Delta P_2}{\Delta P_1}\times100\%\\&=\frac{3I^2(R_1-R_2)\times10^{-3}}{3I^2R_1\times10^{-3}}\times100\%\\&=\frac{R_1-R_2}{R_1}\times100\%\\&=\left(1-\frac{R_2}{R_1}\right)\times100\%\end{aligned} \tag{4-20}$$

四、导线经济电流运行时的降损效果计算

导线按经济电流运行后损耗降低的百分率为

$$\Delta P\%=\left(1-\frac{I_2^2}{I_1^2}\right)\times100\%$$

式中　I_1——持续允许电流，A；

I_2——导线的经济电流，A。

五、增加等截面、等距离线路并列运行后的降损效果计算

增加并列线路是指由同一电源至同一受电点增加一条或几条线路并列运行。

增加等截面、等距离线路并列运行后的节电量为

$$\Delta(\Delta A)=\Delta A\left(1-\frac{1}{N}\right) \tag{4-21}$$

式中 ΔA——一回线路运行时的损耗电量，kWh；

N——并列运行线路的回路数。

六、增加不同截面导线并列运行后的降损效果计算

在原导线上增加一条不等截面导线后的降损节电量为

$$\Delta(\Delta A)=\Delta A\left(1-\frac{R_2}{R_1+R_2}\right) \tag{4-22}$$

式中 ΔA——原来线路运行时的损耗电量，kWh；

R_1——原线路导线电阻，Ω；

R_2——增加线路后导线电阻，Ω。

七、增大导线截面或改变迂回供电的降损效果计算

增大导线截面或改变迂回供电的降损节电量为

$$\Delta(\Delta A)=\Delta A\left(1-\frac{R_2}{R_1}\right) \tag{4-23}$$

式中 ΔA——改造前线路的损耗电量，kWh；

R_1——改造前线路的导线电阻，Ω；

R_2——改造后线路的导线电阻，Ω。

对有分支线路的应以等值电阻代替。

八、环网开环运行后的降损效果计算

环网开环运行后的降损节电量为

$$\Delta(\Delta A)=\frac{Ft}{U_{ar}^2}\sum_{i=1}^{m}(S_{Li}^2-S_{Liq}^2)R_{Li}\times 10^{-3} \tag{4-24}$$

式中 F——损失因数；

t——运行时间，h；

U_{ar}——环网送端母线的平均电压，kV；

S_{Li}——合环运行各线段的负荷，kVA；

S_{Liq}——开环运行各线段的负荷，kVA；

R_{Li}——各线段的电阻，Ω。

九、对变压器倒换分接头提高电压的节电量计算

对变压器倒换分接头提高电压的节约电量，按运行时间内改善电压的实际效果计算，节约电量由三部分组成。

1. 变压器减少铜损电量

$$\Delta A_{BT}=\Delta P_{d}\left(\frac{I_{m}}{I_{N}}\right)^{2}\tau T\left[1-\frac{1}{(1+\alpha)^{2}}\right]\times 10^{-3} \tag{4-25}$$

式中 ΔP_{d}——变压器额定短路损失，kW；

I_{m}——倒分接头前实测最大电流，A；

I_{N}——变压器额定电流，A；

τ——损失率，%；

T——倒分接头后运行小时数，h；

α——倒分接头后提高电压百分数。

2. 变压器增加铁损电量

$$\Delta A_{BG}\approx 2\alpha\Delta P_{o}\cdot T$$

式中 ΔP_{o}——变压器额定空载损失，kW。

3. 低压网减少铜损电量

$$\Delta A_{BY}=3(I_{m1}^{2}-I_{m2}^{2})r\tau T\times 10^{-3} \tag{4-26}$$

式中 I_{m1}——倒分接头前实测最大负荷，A；

I_{m2}——倒分接头后实测最大负荷，A；

r——线路一相电阻，Ω。

节约电量为

$$\Delta A=\Delta A_{BT}-\Delta A_{BG}+\Delta A_{BY}$$

十、对新装电容器后的节电量计算

对新装、移装电容器（调相机）后，节约电量可按经济当量及实际运行小时数（按月统计一年）计算。

经济当量的计算为

$$C_{jj}=\sum\frac{2Q-Q_{K}}{U^{2}}R\times 10^{-3} \tag{4-27}$$

式中 C_{jj}——经济当量，kW/kvar；

Q——安装前月平均无功负荷，kvar；

Q_{K}——电容器运行容量，kvar；

U——线路平均电压，kV；

R——由电容器安装处（或由电能表安装处）至系统变电站（或发电厂）的网络总电阻，Ω。

节约线损电量为

$$\Delta A=C_{jj}Q_{K}\cdot T \tag{4-28}$$

式中 T——电容器组运行小时数，h。

十一、用户提高功率因数后节电量的计算

用户提高功率因数后的节电量，按统计期为一年计算，当电压和有功功率不变时，其

节约电量为

$$\Delta A = \frac{P^2 R}{U^2}\left(\frac{1}{\cos^2\varphi_1} - \frac{1}{\cos^2\varphi_2}\right) T \times 10^{-3} \tag{4-29}$$

式中 P——平均有功功率，kW；

R——用户电能表至变电站（发电厂）的电阻，Ω；

U——线电压，kV；

$\cos\varphi_1$、$\cos\varphi_2$——提高前后的功率因数；

T——提高功率因数后运行小时，h。

十二、双回路线路减少停运或带电作业节电量的计算

双回路线路减少停运或带电作业等所节约的电量可按式（4-30）进行计算，即

$$\Delta A = 3[(2I_{jf})^2 - 2I_{jf}^2]RT \times 10^{-3} = 6I_{jf}^2 RT \times 10^{-3} \tag{4-30}$$

式中 I_{jf}——线路的均方根电流，A；

R——双回路每相导线电阻，Ω；

T——减少停运或带电作业时间，h。

十三、缩短接户线长度节电量的计算

缩短接户线长度，可按实际负荷和实际缩短导线的电阻进行计算，按月统计一年。

$$\Delta A = \frac{P^2}{U^2 \cos^2\varphi} RT \times 10^{-3} \tag{4-31}$$

式中 P——实际负荷，kW；

U——线路电压，kV；

$\cos\varphi$——负荷功率因数，电灯取 1；

R——缩短线路的电阻，Ω；

T——每月实际用电时间，h。

如果计算有困难时，可按每缩短 100m，每月节电 0.5kWh 计算。

十四、对整修破旧接户线节电量的计算

整修破旧接户线，降低线损按每整修 100m 节电 6kWh 计算。

十五、清扫输配电设备节电量的计算

清扫输配电设备节电量可参照以下数据进行。

（1）220kV 线路每清扫 10 基节电 100kWh。

（2）110kV 线路每清扫 10 基节电 20kWh。

（3）35kV 线路每清扫 10 基节电 5kWh。

（4）6～10kV 线路每清扫 10 基节电 2kWh。

（5）220kV 主变压器每清扫一台节电 5kWh。

（6）110kV 主变压器每清扫一台节电 2kWh。

（7）35kV 主变压器每清扫一台节电 1kWh。

（8）6～10kV 配电变压器每清扫一台节电 0.5kWh。

（9）220kV 配电装置每清扫一次节电 $10\times n$kWh。

（10）110kV 配电装置每清扫一次节电 $2\times n$kWh。

（11）35kV 配电装置每清扫一次节电 $1\times n$kWh。

（12）6～10kV 配电装置每清扫一次节电 $0.5\times n$kWh。

注：n—配电装置间隔数。节电量的统计期为一个月。

十六、调整改造线路后节电效果计算

调整改造线路的方法是将供电半径较长的线路缩短到经济合理范围。

（1）降损节电量为

$$\begin{aligned}\Delta A &= 3I_{\mathrm{jf}}^2\times(R_1-R_2)\times t\times 10^{-3}\\ &= 3I_{\mathrm{jf}}^2\times\Delta R\times t\times 10^{-3}\end{aligned}\tag{4-32}$$

式中　I_{jf}——线路均方根电流，A；

R_1——改造前线路的电阻，Ω；

R_2——改造后线路的电阻，Ω；

ΔR——线路改造前后电阻的变化量，Ω；

t——线路运行时间，h。

（2）线路线损的降低率（节电率）为

$$\Delta A_{\mathrm{j}}\% = \frac{R_1-R_2}{R_1}\times 100\% = \frac{\Delta R}{R_1}\times 100\%\tag{4-33}$$

第三节　降低变压器损耗的技术措施

一、变压器的基本原理

变压器是一种按电磁感应原理工作的电气设备，它的一次和二次绕组均绕制在同一闭合的铁芯上。其工作原理为当一次绕组施加电压时，在一次绕组中产生电流，该电流在铁芯中产生磁通，该磁通穿过二次绕组在铁芯中闭合，因而在二次侧绕组中产生感应电动势，当变压器带上负荷后即可输送功率。

二、变压器的基本参数

（1）额定容量：变压器在厂家铭牌规定的额定电压、额定电流连续运行时，所能输送的容量，即变压器的视在功率，单位为 VA、kVA、MVA 等。

（2）额定电压：变压器长时间运行所能承受的工作电压，单位为 V、kV 等。

（3）额定电流：变压器在额定容量下，允许长期通过的工作电流，单位为 A、kA 等。

（4）空载电流：当变压器二次侧开路，一次侧加额定电压时所流过的电流称为变压器的空载电流。

（5）空载损耗（铁损）：变压器二次开路，一次侧加额定电压时变压器所产生的损耗

称为变压器的空载损耗，简称铁损。

（6）短路损耗（铜损）：将变压器的二次绕组短路，流经一次绕组的电流为额定电流时，变压器绕组导体所消耗的有功功率称为变压器的短路损耗，简称铜损。

（7）短路电压百分数（阻抗电压）：将变压器的二次绕组短路，一次绕组电压慢慢加大，当二次绕组的短路电流达到额定电流时，一次绕组所施加的电压（短路电压）与额定电压的比值百分数称为短路电压百分数，简称阻抗电压。

三、变压器空载损耗和额定铁损的区别

铁损是指变压器的铁芯在交变磁通作用下发生的磁滞和涡流损耗，这一损耗和磁通变化的频率密度有关（即绕组电压大小有关）。额定铁损是指在额定电压、额定频率时，铁芯的有功损失。而空载损耗是额定电压下的损耗，它包括了额定铁损和空载电流流经绕组时，在绕组电阻上焦耳热损耗。严格来说，空载损耗大于额定铁损，但由于空载电流很小，焦耳热损很小，故工程中将空载损失看成是额定铁损。

四、变压器短路损耗和额定铜损的区别

额定铜损是绕组中通过额定电流时，在绕组电阻中发生的焦耳热损失，而短路损耗是短路电流等于额定电流时，在变压器中发生的总损失，它包括额定铜损和对应于短路电压时的铁损，故短路损耗大于额定铜损，由于短路电压很小，变压器铁芯中磁通密度很低，这时铁损很小。所以工程上常常将短路损耗看成变压器的额定铜损。

五、降低变压器损耗的技术措施

（1）淘汰高能耗变压器。

（2）停用空载或轻载变压器。

（3）加装无功补偿装置。

（4）加强变压器的运行管理，达到经济运行。

（5）合理地配置变压器容量。

（6）采用变容量变压器。

六、降低变压器空载损耗的技术措施

（1）更换铁芯立柱，即将原铁芯立柱 D_{42}-0.35 热轧劣质硅钢片更换为国产 Q_{10}-0.35 和日本产 Z_{10}-0.35 冷轧优质硅钢片，并采用直接缝的叠片方式叠成新立柱。

（2）增加立柱级数，即比典型设计增加 2～3 级，以便使立柱面积在相同直径下增加 2.5%～4.0%。

（3）将旧芯柱以原宽用于铁轭，以使铁轭宽度和面积比原来的铁轭有相应增加。

（4）重新绕制高压绕组（低压绕组利用原来的），并适当增加匝数，以降低铁芯中的磁通密度，芯柱磁通密度取 1.4T，铁轭磁通密度取 1.0T。

七、降低变压器负载损耗的技术措施

（1）适当增大高压绕组导线的线径。

（2）配合变压器阻抗要求，适当提高铁芯窗高，减少绕组层数。

（3）高压绕组层间绝缘采用分级绝缘的垫法。

八、合理选择变压器的容量

电力变压器空载运行时，需要较大的无功功率，这些无功功率要有供电系统供给。变压器的容量若选择过大，不但增加了投资，而且变压器长期处于空载或轻载运行，造成空载损耗比重增大，功率因数降低，网络损耗增加，这样运行既不经济又不合理。如果变压器的容量选择过小，会使变压器长期过负荷运行，易造成设备损坏。因此，必须合理地选用变压器的额定容量。选择变压器容量应考虑以下几点：

（1）变压器的额定容量应能满足全部用电负荷的需要。

（2）变压器容量不宜过大或过小。对于具有两台及以上变压器的变电站、配电站，应考虑其中一台变压器故障时，其余变压器的容量应能满足一、二类全部负荷的需要。

（3）选用的变压器容量种类应尽量少，以达到运行灵活、维修方便及减少备用变压器台数的目的。

（4）变压器的经常负荷应大于变压器额定容量的60%为宜。

九、停用轻载和空载变压器

由于电网或用户的变压器在一年中负荷不是平衡的，随着季节的不同，用电负荷有所不同，在用电负荷较小时，变压器的利用率较低，空载损耗大。为降低变压器的损耗，可采用以下措施。

（1）采用变容量变压器。

（2）采用“子母变压器”措施。

（3）对变压器进行经济运行计算，确定变压器的运行台数。

十、加装无功补偿装置

变压器的损耗计算公式为

$$\Delta P=\Delta P_{o}+\left(\frac{S}{S_{N}}\right)^{2}\Delta P_{k}=\Delta P_{o}+\left(\frac{P^{2}+Q^{2}}{S_{N}^{2}}\right)\Delta P_{k} \tag{4-34}$$

式中 ΔP_{o}——变压器的空载损耗，kW；

S——变压器所带负荷的视在功率，kVA；

S_{N}——变压器的额定容量，kVA；

ΔP_{k}——变压器的短路损耗，kW；

P——变压器所带的有功功率，kW；

Q——变压器所带的无功负荷，kvar。

根据式（4-34）可看出，变压器的损耗与所带负荷无功功率的平方成正比，输出的无功越大，变压器的损耗就越大，因此，在变压器的低压侧加装无功补偿装置，可减少变压器的输出无功功率，致使变压器的损耗减少。

十一、加强变压器的运行管理

加强变压器的运行管理，及时掌握和了解变压器的运行资料，如日负荷曲线、功率因数、运行电压、用电量等，合理调整变压器的用电负荷，使其在经济运行范围内，从而降低变压器的损耗。

十二、变压器的负载率

变压器的负载率是指变压器的实际负荷值与额定负荷值之比，通常以β表示。

$$\beta=\frac{I}{I_N}=\frac{S}{S_N}=\frac{P}{P_N} \tag{4-35}$$

式中　I——变压器的负荷电流，A；

I_N——变压器的额定电流，A；

S——变压器所带负荷的视在功率，kVA；

S_N——变压器的额定容量，kVA；

P——变压器所带负荷的有功功率，kW；

P_N——变压器所带负荷的额定功率，kW。

当$\beta=0$时，变压器处于空载状态；当$\beta=1$时，变压器处于满载状态；当$\beta>1$时，变压器处于超载状态；当$0<\beta<1$时，变压器处于正常运行状态。

十三、变压器的效率

变压器的输出功率与输入功率的比值称为变压器的效率。通常用$\eta\%$表示。

计算公式为

$$\eta\%=\frac{P_2}{P_1}\times100\%=\frac{P_1-\Delta P}{P_1}\times100\%=\left(1-\frac{\Delta P}{P_1}\right)\times100\% \tag{4-36}$$

或

$$\eta\%=\frac{P_2}{\Delta P+P_2}\times100\%$$

$$=\frac{\beta S_N\cos\varphi_2}{\Delta P_o+\beta^2\Delta P_k+\beta S_N\cos\varphi_2}\times100\% \tag{4-37}$$

式中　P_1——变压器的输入功率，kW；

P_2——变压器的输出功率，kW；

S_N——变压器的额定容量，kVA；

ΔP_o——变压器的空载损耗，kW；

ΔP_k——变压器的短路损耗，kW；

β——变压器的负载率。

十四、单台变压器的经济负载率、经济负载、最小功耗率和最高效率

根据变压器经济运行条件，空载损耗与短路损耗相等的原理，可计算以下各参数。

（1）变压器的经济负载率为

$$\beta_j=\sqrt{\frac{\Delta P_o}{\Delta P_k}}\qquad 或\qquad \beta_j=\sqrt{\frac{\Delta P_o+K_Q\Delta Q_O}{\Delta P_k+K_Q\Delta Q_k}} \tag{4-38}$$

式中　ΔP_o、ΔP_k——变压器空载有功损耗、短路有功损耗；

ΔQ_O、ΔQ_k——变压器空载无功损耗、短路无功损耗；

K_Q——变压器负荷无功经济当量，kW/kvar，一般主变压器取 0.06～0.10；配电变压器取 0.08～0.13。

(2) 变压器经济负载为

$$P_j = \beta_j P_N = S_N \cos\varphi \sqrt{\frac{\Delta P_o}{\Delta P_k}} \tag{4-39}$$

式中 β_j——变压器的经济负载率；

P_N——变压器的额定功率，kW；

S_N——变压器的额定容量，kVA；

ΔP_o——变压器的空载损耗，kW；

ΔP_k——变压器的短路损耗，kW。

(3) 变压器经济运行时的最小功耗率为

$$\Delta P_j\% = \frac{\Delta P_o + \beta_j^2 \Delta P_k}{\beta_j P_N + \Delta P_o + \beta_j^2 \Delta P_k} \times 100\%$$

$$= \frac{2\Delta P_o}{\beta_j S_N \cos\varphi_2 + 2\Delta P_o} \times 100\% \tag{4-40}$$

(4) 变压器的最高效率为

$$\eta\% = \left(1 - \frac{2\Delta P_o}{\beta_j S_N \cos\varphi_2 + 2\Delta P_o}\right) \times 100\% \tag{4-41}$$

十五、变压器的最大经济负载和最小经济负载

变压器在额定负载运行时，功耗率有所增加，但变化不大，变压器的运行仍比较经济，此时，将变压器的额定负载称为最大经济负载 P_{jd}。

计算公式为

$$P_{jd} = P_N = S_N \cos\varphi_2 \tag{4-42}$$

所谓最小经济负载是指变压器功耗率或效率与最大经济负载相等时，所对应的最小负载 P_{jx}。

计算公式为

$$P_{jx} = \frac{\Delta P_o}{\Delta P_k} P_N = \frac{\Delta P_o}{\Delta P_k} S_N \cos\varphi_2 \tag{4-43}$$

十六、变压器最小经济负载率

变压器的最小经济负载率计算公式为

$$\beta_{jx}\% = \frac{P_{jx}}{P_N} \times 100\% = \frac{\Delta P_o}{\Delta P_k} \times 100\% \tag{4-44}$$

十七、变压器的经济运行

所谓变压器的经济运行是指变压器在运行中，它所带的负荷在通过调整之后达到某一合理值；此时，变压器的负载率达到合理值，而变压器的电功率损耗率达到最低值，效率达到最高值，变压器的这一运行状态称为变压器的经济运行状态。

十八、单台变压器经济运行的条件

根据单台变压器功耗率曲线、效率曲线、铜损率曲线和铁损率曲线，在变压器的铜损与铁损相等时，变压器的功耗最小，效率最高，此时，变压器运行最为经济，因此，变压器经济运行的条件是变压器的铜损等于铁损。

十九、变压器的经济运行

变压器最小经济负载是变压器由轻载区进入经济区的最小负载。变压器的经济运行区负载从$\frac{\Delta P_o}{\Delta P_k}P_N$到$P_N$，其中最理想的经济负载为$P_N\sqrt{\frac{\Delta P_o}{\Delta P_k}}$；负载率从$\frac{\Delta P_o}{\Delta P_k}$到1，其中最理想的经济负载率为$\sqrt{\frac{\Delta P_o}{\Delta P_k}}$；因此，为降低变压器损耗，节约电能，供用电单位应按此负载或负载率，组织和调整负荷，使变压器在经济运行区内运行，最好使变压器在经济负载点上运行。

二十、两台同型号、同容量变压器的经济运行

1. 变压器在运行中的功率损耗

一台变压器运行时的功率损耗为

$$\Delta P_1=\Delta P_o+\left(\frac{S}{S_N}\right)^2\Delta P_k \tag{4-45}$$

两台变压器并列运行时的功率损耗为

$$\Delta P_2=2\Delta P_o+\left(\frac{S}{2S_N}\right)^2\times 2\Delta P_k=2\Delta P_o+\frac{1}{2}\left(\frac{S}{S_N}\right)^2\Delta P_k \tag{4-46}$$

2. 确定变压器经济运行的临界负荷S_{LJ}

根据临界负荷$\Delta P_1=\Delta P_2$条件可得

$$S=S_{LJ}=S_N\sqrt{\frac{2\Delta P_o}{\Delta P_k}}$$

或

$$S=S_{LJ}=S_N\sqrt{\frac{2(\Delta P_o+K_Q\Delta Q_O)}{\Delta P_k+K_Q\Delta Q_k}} \tag{4-47}$$

式中 S——变压器所带负荷的视在功率，kVA；

S_N——变压器的额定容量，kVA；

ΔP_o——变压器的空载损耗，kW；

ΔP_k——变压器的短路损耗，kW；

K_Q——变压器负荷无功经济当量，kW/kvar，一般主变压器取0.06～0.10；配电变压器取0.08～0.13；

ΔQ_O——变压器的空载无功损耗，kvar；

ΔQ_k——变压器的短路无功损耗，kvar。

3. 变压器的经济运行

当用电负荷小于“临界负荷”时（$S<S_{LJ}$），投一台变压器运行，功率损耗最小，最

经济；当用电负荷大于“临界负荷”时（$S>S_{LJ}$），将两台变压器全部运行，功率损耗最小，运行最经济。

二十一、两台不同容量变压器的经济运行

两台不同容量变压器（简称母子变压器）的运行方式有三种：一是小负荷用电投小容量的变压器（简称子变压器）；二是中负荷用电投大容量的变压器（简称母变压器）；三是大负荷用电时两台变压器同时投入运行。

1. 变压器在三种不同方式下的功率损耗

（1）子变压器运行时的损耗为

$$\Delta P_Z = \Delta P_{OZ} + \left(\frac{S}{S_{NZ}}\right)^2 \Delta P_{KZ}$$

式中 ΔP_{OZ}——子变压器运行时的空载损耗，kW；

S——子变压器所带负荷的视在功率，kVA；

S_{NZ}——子变压器的额定容量，kVA；

ΔP_{KZ}——子变压器运行时的短路损耗，kW。

（2）母变压器运行时的损耗为

$$\Delta P_M = \Delta P_{OM} + \left(\frac{S}{S_{NM}}\right)^2 \Delta P_{KM}$$

式中 ΔP_{OM}——母变压器运行时的空载损耗，kW；

S——母变压器所带负荷的视在功率，kVA；

S_{NM}——母变压器的额定容量，kVA；

ΔP_{KM}——母变压器运行时的短路损耗，kW。

（3）母子变压器全部运行时的损耗为

$$\Delta P_{MZ} = \Delta P_{OM} + \Delta P_{OZ} + \left[\frac{SS_{NZ}}{(S_{NM}+S_{NZ})^2}\right]^2 \Delta P_{KZ} + \left[\frac{SS_{NM}}{(S_{NM}+S_{NZ})^2}\right]^2 \Delta P_{KM}$$

2. 确定变压器经济运行的临界负荷

第一个临界负荷的确定依据是等式 $\Delta P_Z = \Delta P_M$，其临界负荷为

$$S_{LJ1} = S_{NM} S_{NZ} \sqrt{\frac{\Delta P_{OM} - \Delta P_{OZ}}{S_{NM}^2 \Delta P_{KZ} - S_{NZ}^2 \Delta P_{KM}}} \quad (\text{kVA}) \tag{4-48}$$

第二个临界负荷的确定依据是等式 $\Delta P_M = \Delta P_{MZ}$，其临界负荷为

$$S_{LJ2} = S_{NM} \sqrt{\frac{\Delta P_{OZ}}{\Delta P_{KM} - \dfrac{S_{EM}^4 \Delta P_{KM}}{(S_{NM}+S_{NZ})^4} - S_{NM}^2 S_{NZ}^2}} \quad (\text{kVA}) \tag{4-49}$$

3. 变压器的经济运行

当用电负荷小于第一个“临界负荷”时（$S<S_{LJ1}$），将小容量的子变压器投入运行，功率损耗最小，最经济；当用电负荷大于第一个临界负荷而小于第二个临界负荷时（$S_{LJ1}<S<S_{LJ2}$），将大容量的母变压器投入运行，功率损耗最小，最经济；当用电负荷大

于第二个“临界负荷”时（$S>S_{LJ2}$），将两台变压器全部投入运行，功率损耗最小，运行最经济。

二十二、多台变压器的经济运行

多台变压器是指同型号、同容量的3台或3台以上变压器的经济运行，这种供电方式适用于对供电连续性较高，负荷随季节性变化较大的用电设备，其经济运行区域为

$$S_N\sqrt{\frac{\Delta P_o}{\Delta P_k}n(n-1)}<S<S_N\sqrt{\frac{\Delta P_o}{\Delta P_k}n(n+1)} \tag{4-50}$$

式中 S——变电站或配电变压器用电负荷的视在功率，kVA；

S_N——每台变压器的额定容量，kVA；

n——变电站或配电变压器的台数。

当变电站或配电变压器的总负荷S增大，且达到$S>S_N\sqrt{\frac{\Delta P_o}{\Delta P_k}n(n+1)}$(kVA)时应增加投运一台变压器，即投用（$n+1$）台变压器较经济合理。

当变电站或配电变压器的总负荷S降低，且达到$S<S_N\sqrt{\frac{\Delta P_o}{\Delta P_k}n(n-1)}$(kVA)时应停运一台变压器，即投用（$n-1$）台变压器较经济合理。

第五章　管　理　降　损

线损率是电力企业的一项综合性的指标，其高低直接反映了本企业电网的规划设计、生产技术和运营管理水平。在“两网”改造后，由于电网的结构趋于合理，电网各元件的损耗接近于经济、合理的程度，因此，降低线损的主要工作就是抓好管理降损，进一步规范营业标准，严格线损考核，加强计量管理，积极开展用电普查和反窃电工作，堵漏增收，使管理线损最小化。

为了全面加强线损管理，强化管理降损，规范工作标准，认真落实各项降损措施，根据国网（发展/3）476—2014《国家电网公司线损管理办法》的有关规定，编制了本章相关内容。

管理线损组成项目体系图如图 5-1 所示。

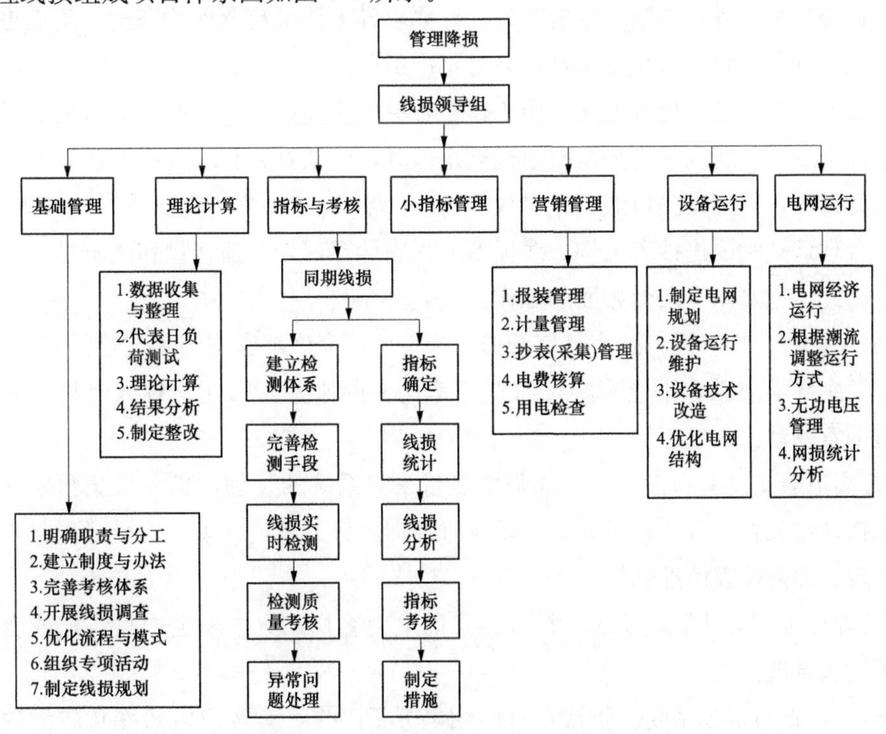

图 5-1　管理线损组成项目体系图

第一节　线损管理的组织措施

一、加强线损管理的具体措施

（1）建立线损管理体系，制定线损管理制度。由于线损管理工作是一项较大的系统工程，它涉及面广，牵扯的部门较多。因此，必须建立全局性的线损管理体系，制定线损管理制度，明确各部门的分工和职责，制定工作标准，共同搞好线损管理工作。

（2）加强基础管理，建立健全各项基础资料。通过经常性地开展线损调查工作，可进一步掌握和了解线损管理中存在的具体问题，从而制定切实可行的降损措施。

（3）开展线损理论计算工作。通过开展线损理论计算，全面掌握各供电环节的线损状况以及存在的问题，为进一步加强线损管理提供准确可靠的理论依据。

（4）制定线损计划，严格线损考核。各单位应建立健全线损管理与考核体系，定期编制并下达综合线损、网损、各条输配电线路、低压台区的线损率计划，并认真考核兑现，努力提高线损管理人员的工作积极性。

（5）开展线损小指标活动。根据《国家电网有限公司电力网电能损耗管理规定》中规定的线损小指标内容，分解落实到有关部门，并认真考核，做到人人都关心线损工作。

（6）建立各级电网的负荷测录制度。根据测录的负荷资料，可用于理论计算、计量表计的异常处理和电网分析，确保电网安全经济运行。

（7）加强计量管理，提高计量的准确性。要求各级计量装置配置齐全，定期进行抽检和轮换，减少计量差错，防止由于计量装置不准引起线损波动。

（8）定期开展变电站母线电量平衡工作。各单位应确定专人定期开展母线电量平衡工作，对统计中发现母线电量不平衡率超过规定值时，应认真分析，查找原因，及时通知有关部门进行处理，特别是关口点所在母线和10kV母线，其合格率应达到100%的标准。

（9）合理计量和改进抄表工作。线损率的正确计算，与合理计量和改进抄表方法有密切关系，因此应做好以下几个方面的工作：

1）固定抄表日期。因为抄表日期的提前和推后，会严重影响当月电量的减少或增加，使线损率发生异常波动，不能真实反映线损率的实际水平，因此，对抄表日期应予以固定，不得随意变动。

2）提高电表实抄率和正确率。加强电能量采集系统的管理，扩大采集覆盖率，对采集系统包括计量装置出现的各类异常，要及时处理，努力做到采集成功率达98%以上，减少人工抄表，提高抄表的准确性。

3）合理计量。对计量点不在产权分界点的电力客户，应按规定加收线损或变压器损耗，做到计量合理。

4）建立专责与审核制度。坚持每月的用电分析工作，对客户电量变化较大的，特别是大电力客户，要分析原因，防止表计异常或客户窃电现象发生。

(10) 组织用电普查，堵塞营业漏洞。进行用电普查，以营业普查为重点，查偷漏、查卡账、查互感器变比，查电能表接线和准确性，以及私自增加变压器容量等，预防电量丢失。

(11) 开展电网经济运行工作。根据电网的潮流分布情况，合理调度，及时停用轻载或空载变压器，利用AVC无功电压管理系统投切电力电容器，努力提高电网的运行电压，降低网损。

二、建立线损管理的组织体系

由于线损工作涉及的部门较多，为使各部门之间能够相互协调，互相配合，积极工作，根据国网（发展/3）476—2014《国家电网公司线损管理办法》《国家电网有限公司电力网电能损耗管理规定》的有关内容，坚持统一领导、分级管理、分工负责、协同合作的原则，实现对线损的全过程管理。各级单位要建立健全由分管领导牵头，发展、运检、营销、调控中心、技术支撑单位等有关部门（单位）组成的线损组织管理体系（如图5-2所示），加强线损管理的组织协调。线损归口管理部门要设立线损管理岗位，配备专职人员，其他部门应有专职或兼职人员负责线损管理有关工作。

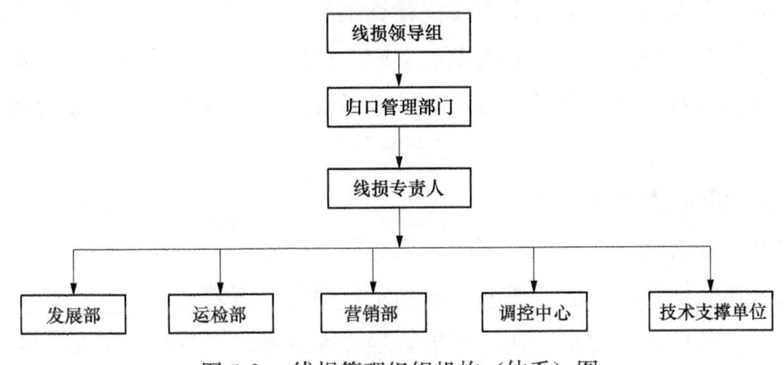

图5-2 线损管理组织机构（体系）图

三、线损领导组职责

(1) 组织、协调各单位、各部门之间的工作关系，明确工作职责与管理权限。

(2) 定期组织召开线损领导组会议，定期开展线损分析会，安排部署重点线损管理工作。

(3) 组织审核中长期线损管理规划、各项管理制度或办法、线损各项指标与考核、技术降损措施等。

四、国网发展部职责

国网发展部是公司线损归口管理部门，履行以下职责。

(1) 负责制定公司线损管理办法、考核办法，建立健全公司线损管理组织体系与指标管理体系。

(2) 组织编制公司降损规划，开展线损影响因素等专题研究工作。

(3) 负责公司线损率计划管理，包括编制、下达、调整、统计、执行、分析、考核等工作，监督检查各级单位线损管理工作开展情况。

（4）负责开展全网负荷实测及理论线损计算工作，编制理论线损计算分析报告。

（5）负责公司总（分）部直调电网发电上网、跨国跨区跨省输电以及内部考核关口电能计量点的设置和变更工作，负责审核并批准追退电量，参与关口电能计量系统的设计审查、竣工验收、故障差错调查处理等工作。

（6）组织开展线损管理工作培训与经验交流，协调解决线损管理中的问题。

五、国网运检部职责

国网运检部是公司技术线损管理部门，履行以下职责。

（1）参与公司线损管理办法、考核办法制定以及降损规划编制工作。

（2）负责组织开展技术降损工作，提出技术降损方案并督导实施。负责研究并推广节能新技术、新工艺、新材料与新设备。组织开展技术降损工作检查。

（3）组织开展10(20/6)kV线损管理，协助国调中心开展直调网损管理。

（4）负责无功补偿与调压设备管理。负责变电站（含开关站、换流站、串补站等）站用电管理。

（5）协助开展全网负荷实测及理论线损计算工作。

（6）参与公司总（分）部直调电网发电上网、跨国跨区跨省输电以及内部考核关口电能计量点的设置和变更工作，参与关口电能计量系统的设计审查、竣工验收和故障差错处理工作。

六、国网营销部职责

国网营销部是公司管理线损管理部门，履行以下职责。

（1）参与公司线损管理办法、考核办法制定以及降损规划编制工作。

（2）负责组织开展管理降损工作，提出管理降损方案并督导实施，组织开展管理降损工作检查。

（3）负责公司营业抄核收管理、营业普查与反窃电管理、电能计量管理、用户无功管理、办公用电统计等工作，组织开展0.4kV与专线用户线损管理。

（4）协助开展负荷实测及理论线损计算工作。

（5）负责公司总（分）部直调电网发电上网、跨国跨区跨省输电以及内部考核关口电能计量方案确定、关口电能计量装置验收和故障差错调查处理等工作，参与关口电能计量点的设置和变更工作。

七、国调中心职责

国调中心是公司网损管理部门，履行以下职责。

（1）参与公司线损管理办法、考核办法制定以及降损规划编制。配合开展线损管理检查工作。

（2）负责直调电网网损及分元件线损统计、分析与管理，监督指导下级单位网损管理。

（3）负责直调电网经济调度、中枢点电压监测和质量管理，开展直调电网变电站及变电站母线、主变压器平衡的统计分析管理工作。

（4）配合开展负荷实测及理论线损计算工作，开展直调电网理论线损计算工作，编制理论线损计算分析报告。

（5）参与公司总（分）部直调电网发电上网、跨国跨区跨省输电以及内部考核关口电能计量点的设置和变更工作，参与关口电能计量系统的设计审查、竣工验收和故障差错调查处理等工作，组织开展电能量远方终端故障处理。

（6）负责组织网损统计与分析所涉及的电网运行基础资料维护。

八、公司分部职责

公司分部是跨省网损管理部门，履行以下职责。

（1）负责跨省网损降损规划编制。

（2）负责跨省网损统计、分析与管理；负责分部直调电网经济调度、中枢点电压监测和质量管理；开展分部直调电网变电站及变电站母线、主变压器平衡的统计分析管理工作。

（3）开展跨省网损计划编制和调整、上报、执行、统计、分析等工作。

（4）组织开展跨省网损理论计算工作，编制理论线损计算分析报告。

（5）提出发电上网、跨省输电关口电能计量点设置方案，参与相应工程关口电能计量系统的设计审查、竣工验收和故障差错调查处理工作。负责分部直调厂站电能量主站系统建设、运行维护和管理以及电能量远方终端运行管理。

（6）负责组织网损统计与分析所涉及的电网运行基础资料维护。

九、中国电力科学研究院、国网经济技术研究院

中国电力科学研究院、国网经济技术研究院是公司线损管理的技术支撑单位，履行以下职责。

（1）协助编制公司、总（分）部降损规划和年度降损计划，开展线损相关专题研究。

（2）协助开展公司、总（分）部负荷实测及理论线损计算工作，协助编制公司理论线损计算报告。

（3）负责总（分）部发电上网、跨国跨区跨省输电以及内部考核关口电能计量点台账管理，参与关口电能计量系统的设计审查、竣工验收和故障差错调查处理工作。

（4）负责线损管理信息系统运行维护。

（5）协助开展线损管理技术交流与业务培训。

十、省公司发展部职责

省公司发展部是本单位线损归口管理部门，履行以下职责。

（1）组织编制本单位降损规划并督导落实，开展线损管理专题研究。

（2）负责本单位线损率指标计划管理，包括计划编制和调整、上报、分解、下达、执行、分析、考核。

(3) 组织开展线损统计、分析工作，定期召开线损管理例会，监督检查所属单位线损管理工作开展情况，协调推进降损措施落实。

(4) 负责开展本单位负荷实测和理论线损计算工作，编制理论线损计算分析报告。

(5) 负责本单位发电上网、省级供电、内部考核关口电能计量点的设置和变更工作。负责审核并批准追退电量。参与关口电能计量系统的设计审查、竣工验收和故障差错调查处理等工作。

(6) 组织开展线损管理工作培训与经验交流，协调解决线损管理中的问题。

十一、省公司运检部职责

省公司运检部是本单位技术线损管理部门，履行以下职责。

(1) 参与本单位降损规划编制。

(2) 负责组织开展本单位技术降损工作，提出技术降损方案。负责推广并应用节能新技术、新工艺、新材料、新设备。组织开展技术降损工作检查。

(3) 负责本单位无功补偿、调压设备管理。负责变电站（含开关站、换流站、串补站等）站用电管理。

(4) 组织开展本单位 10(20/6)kV 线损管理。协助营销部开展 0.4kV 线损管理，协助调控中心开展网损管理。

(5) 协助开展本单位负荷实测和理论线损计算工作。

(6) 负责配合专业管理部门开展相关设备现场验收、更换、改造和维护工作。参与本单位发电上网、省级供电、内部考核关口电能计量点的设置和变更、关口电能计量系统的设计审查、竣工验收和故障差错调查处理等工作。

(7) 负责线损管理相关的电网设备基础台账建设与维护。

十二、省公司营销部职责

省公司营销部是本单位管理线损管理部门，履行以下职责。

(1) 参与本单位降损规划编制。

(2) 负责组织开展本单位管理降损工作，提出管理降损方案，纳入营销项目年度计划并督导实施。组织开展管理降损工作检查。

(3) 负责本单位营业区域抄核收管理、营业普查与反窃电管理、电能计量管理、用户无功管理、办公用电统计等工作。

(4) 组织开展本单位 0.4kV 与专线用户线损管理。协助运检部开展 10(20/6)kV 线损管理，协助调控中心开展网损管理。

(5) 协助开展负荷实测及理论线损计算工作。

(6) 负责本单位发电上网、省级供电、内部考核关口电能计量方案确定、关口电能计量装置验收和故障差错调查处理等工作。参与本单位关口电能计量点的设置和变更工作。

(7) 负责线损管理相关的计量与用户基础台账建设与维护。

十三、省公司调控中心职责

省公司调控中心是本单位网损管理部门，履行以下职责。

（1）参与本单位降损规划编制，配合开展线损工作检查。

（2）负责本单位220kV及以上电网网损管理，组织开展网损及分元件线损统计、分析等工作。

（3）负责本单位220kV及以上电网经济调度、中枢点电压监测和质量管理，开展220kV及以上变电站及变电站母线、主变压器平衡的统计分析管理工作。

（4）协助开展负荷实测及理论线损计算工作；组织开展本单位220kV及以上电网理论线损计算工作，编制理论计算报告。

（5）参与本单位发电上网、省级供电、内部考核关口电能计量点的设置和变更工作。参与关口电能计量系统的设计审查、竣工验收和故障差错调查处理等工作。组织开展电能量远方终端故障处理。

（6）负责组织网损统计与分析所涉及的电网运行基础资料维护。

十四、省电力科学研究院、电力经济技术研究院

省电力科学研究院、电力经济技术研究院是线损管理的技术支撑单位，履行以下职责。

（1）协助编制本单位降损规划、降损计划；

（2）协助开展本单位电网负荷实测及理论线损计算工作，协助编制理论线损计算报告。

（3）开展线损相关专题研究。

（4）负责线损管理信息系统的运行维护。

（5）协助开展线损管理技术交流与业务培训。

（6）负责发电上网、省级供电关口电能计量点台账管理，参与关口电能计量系统的设计审查、竣工验收和故障差错调查处理工作。

十五、地市供电公司发展部职责

地市供电公司发展部是本单位线损归口管理部门，履行以下职责。

（1）组织编制并实施本单位降损规划，开展线损管理专题研究。

（2）负责本单位线损率指标计划管理，包括计划编制和调整、上报、分解、下达、执行、考核。

（3）开展线损统计、分析工作，定期召开线损管理例会，监督检查所属部门及单位线损工作开展情况，协调推进降损措施落实。

（4）组织开展负荷实测及理论线损计算工作，编制理论线损计算分析报告。

（5）负责本单位发电上网、地市供电、内部考核关口电能计量点的设置和变更工作。负责审核并批准追退电量。参与关口电能计量系统设计审查、竣工验收和故障差错调查处理等工作。

（6）组织开展线损管理工作培训与经验交流。协调解决线损管理中的问题。

十六、地市供电公司运检部职责

地市供电公司运检部是本单位技术线损管理部门，履行以下职责。

（1）参与本单位降损规划编制。

（2）负责组织开展本单位技术降损工作，提出技术降损方案。负责应用节能新技术、新工艺、新材料、新设备。开展技术降损工作检查。

（3）负责本单位无功补偿设备及电能质量管理。负责变电站（含开关站、换流站、串补站等）站用电管理。

（4）组织开展本单位10(20/6)kV线损管理。承担本单位城（郊）区10(20/6)kV线损计划指标，负责指标监控、统计与分析，制定并落实降损措施。协助营销部开展0.4kV线损管理，配合查找线损异常原因。协助调控中心开展网损管理。

（5）协助开展负荷实测及理论线损计算工作。开展城（郊）区10(20/6)kV理论线损计算工作，编制理论线损计算分析报告。

（6）参与本单位发电上网、地市供电、内部考核关口电能计量点的设置和变更工作，参与关口电能计量系统的设计审查、竣工验收和故障差错调查处理等工作。负责配合专业管理部门开展相关设备现场验收、更换、改造和维护。

（7）负责线损管理相关的电网设备基础台账建设与维护。

十七、地市供电公司营销部职责

地市供电公司营销部是本单位管理线损管理部门，履行以下职责。

（1）参与本单位降损规划编制。开展管理降损工作检查。

（2）负责组织开展本单位管理降损工作，提出管理降损方案，纳入营销项目年度计划并督导实施。组织开展管理降损工作检查。

（3）负责本单位营业区域抄核收管理、营业普查与反窃电管理、电能计量管理、用户无功管理、办公用电统计等工作。

（4）组织开展本单位0.4kV与专线用户线损管理。承担本单位城（郊）区0.4kV台区线损指标，负责指标监控、统计与分析，制定并落实降损措施。统计并分析专线用户时差电量对线损影响。

（5）协助运检部开展10(20/6)kV线损管理，协助调控中心开展网损管理，配合查找线损异常原因，提供专用变压器、公用变压器电量采集实时数据，以及实时采集不成功数据。

（6）协助开展负荷实测及理论线损计算工作。开展城（郊）区0.4kV负荷实测和理论线损计算工作，编制理论线损计算分析报告。

（7）负责本单位发电上网、地市供电、内部考核关口电能计量方案确定以及关口电能计量装置验收，组织开展关口电能计量装置故障差错调查处理等工作。负责关口电能计量点台账管理，参与本单位关口电能计量点的设置和变更工作。

（8）负责与线损管理相关的计量与用户基础台账的建设与维护。

十八、地市供电公司调控中心职责

地市供电公司调控中心是本单位网损管理部门，履行以下职责。

（1）参与本单位降损规划编制，配合开展线损工作检查。

（2）负责本单位35kV及以上网损管理，组织开展网损及分元件线损统计、分析等工作。协助运检部开展10(20/6)kV线损管理。

（3）负责本单位35kV及以上电网经济调度、中枢点电压监测和质量管理，开展35kV及以上变电站及变电站母线、主变压器平衡的统计分析管理工作。

（4）协助开展负荷实测及理论线损计算工作。开展本单位35kV及以上电网理论线损计算工作，编制理论计算报告。

（5）参与本单位发电上网、地市供电、内部考核关口电能计量点的设置和变更工作。参与关口电能计量系统的设计审查、竣工验收和故障差错调查处理等工作。组织开展电能量远方终端故障处理。

（6）负责组织网损统计与分析所涉及的电网运行基础资料维护。

十九、地市供电公司电力经济技术研究所职责

地市供电公司电力经济技术研究所是地市供电企业线损管理的技术支撑单位，履行以下职责。

（1）协助编制本单位降损规划、降损计划。

（2）协助开展电网负荷实测及理论线损计算工作，协助编制理论线损计算报告。

（3）开展线损相关专题研究。

（4）负责线损管理信息系统的运行维护。

（5）协助开展线损管理技术交流与业务培训。

二十、县供电公司发策部职责

县供电公司发策部是本单位线损归口管理部门，履行以下职责。

（1）组织编制本单位降损规划。组织开展线损管理有关专题研究。

（2）负责本单位线损率指标计划管理，包括计划编制和调整、上报、分解、下达、执行、考核。

（3）负责组织开展线损统计、分析工作，定期召开线损管理例会，监督检查所属部门（机构）线损工作开展情况，协调推进降损措施落实。

（4）负责本单位负荷实测及理论线损计算工作，编写理论线损计算分析报告。

（5）负责本单位内部考核关口电能计量点的设置和变更工作，负责审核并批准追退电量。参与关口电能计量系统的设计审查、竣工验收和故障差错调查处理等工作。

（6）组织本单位线损管理工作培训与经验交流。

二十一、县供电公司运检部职责

县供电公司运检部是本单位技术线损管理部门，履行以下职责。

(1) 参与本单位降损规划编制、线损检查等工作。

(2) 负责开展本单位技术降损工作，提出技术降损措施。负责应用节能新技术、新工艺、新材料、新设备。开展技术降损工作检查。

(3) 组织开展本单位10(20/6)kV线损管理，开展指标监控、统计与分析，制定并落实降损措施。协助营销部开展0.4kV线损管理，配合查找线损异常原因。协助调控中心开展网损管理。

(4) 负责本单位无功补偿设备及电能质量管理。负责变电站（含开关站、换流站、串补站等）站用电管理。

(5) 协助开展本单位负荷实测及理论线损计算工作。开展10(20/6)kV理论线损计算工作，编写理论线损计算分析报告。

(6) 参与本单位内部考核关口电能计量点的设置和变更、关口电能计量系统的设计审查、竣工验收和故障差错调查处理等工作。

(7) 负责线损管理相关的电网设备基础台账建设与维护。

二十二、县供电公司营销部(客户服务中心)职责

县供电公司营销部（客户服务中心）是本单位管理线损管理部门，履行以下职责。

(1) 参与本单位降损规划编制、线损检查等工作。

(2) 负责组织开展本单位管理降损工作，提出管理降损方案，纳入营销项目年度计划并督导实施。组织开展管理降损工作检查。

(3) 负责本单位营业区域抄核收管理、营业普查与反窃电管理、电能计量管理、用户无功管理、办公用电统计等工作。

(4) 组织开展本单位0.4kV与专线用户线损管理，开展指标监控、统计与分析，制定并落实降损措施。

(5) 协助运检部开展10(20/6)kV线损管理，协助调控中心开展网损管理，配合查找线损异常原因，提供专用变压器、公用变压器电量采集实时数据，以及实时采集不成功数据。

(6) 协助开展负荷实测及理论线损计算工作，开展本单位0.4kV台区理论线损计算工作，编制理论线损计算分析报告。

(7) 负责本单位内部考核关口电能计量方案确定、关口电能计量装置验收，组织关口电能计量装置故障差错调查处理等工作。负责关口电能计量点台账管理，参与本单位关口电能计量点的设置和变更工作。

(8) 负责线损管理相关的计量与用户基础台账的建设与维护。

二十三、县供电公司调控中心职责

县供电公司调控中心是本单位网损管理部门，履行以下职责。

(1) 参与本单位降损规划编制、线损检查等工作。

(2) 负责本单位35kV网损管理，组织开展网损及分元件线损统计、分析等工作。协助运检部开展10(20/6)kV线损管理，配合查找线损异常原因。

（3）负责本单位所辖电网中枢点电压监测和质量管理，开展35kV变电站及变电站母线、主变压器平衡的统计分析工作。

（4）协助开展负荷实测及理论线损计算工作，开展本单位35kV电网理论线损计算工作，编制理论计算报告。

（5）参与本单位内部考核关口电能计量点的设置和变更、关口电能计量系统的设计审查、竣工验收和故障差错调查处理等工作。组织开展电能量远方终端故障处理。

（6）负责组织网损统计与分析所涉及的电网运行基础资料维护。

第二节　线损指标的管理

一、线损率考核的意义

线损率是供电企业的一项综合性的指标，线损率的高低直接反映了本企业的供电状况和管理水平，因此，加强对线损率指标的管理与考核，可进一步促进供电企业完善各项制度和办法，优化电网结构，合理调度，提高电气设备的效率，调动线损管理人员的工作积极性，堵漏增收，降低线损。

二、编制线损率计划方法

线损归口管理部门根据上级下达的综合线损率计划，参照本单位各电压等级的理论线损计算结果和前三年的实际完成值，以及一流企业的标准和同业对标的结果，考虑影响线损率升降的各种因素，编制本单位各类线损（如综合线损、主网线损、各电压等级的网损、10kV有损、单条10kV线路、各公用台区低压线损率）计划指标，经本单位线损领导组讨论后，下达各单位执行，并严格考核。

（1）编制线损率计划的基本思路。

1）以损失电量为主线、各类售电量为依据，测算各类线损率预算计划。

2）考虑影响线损的各种因素，对各类线损率的预算计划进行修正，最终确定各类线损率计划指标。

（2）线损率计划测算方法。

1）计算本期总损失电量：根据上级单位下达的售电量计划指标、综合线损率计划指标，计算本单位的总损失电量。

$$\text{损失电量}=\text{供电量}-\text{售电量}=\frac{\text{售电量}}{1-\text{线损率}}-\text{售电量}=\frac{\text{售电量}\times\text{线损率计划}}{1-\text{线损率计划}} \tag{5-1}$$

2）计算各类线损损失电量。

方法一：分别计算前3年各类线损的损失电量占前3年总损失电量的比例，按此比例分摊本期的总损失电量，同时考虑各类技术措施与管理措施的实施，所减少的损失电量，最后使各类线损的损失电量之和与总损失电量一致。

方法二：根据式（5-2）计算本期的各类线损损失电量，即

$$\begin{aligned}\text{本期损耗电量} =& (\text{本期售电量} / \text{上期售电量})^2 \times \text{上期可变损耗电量} \\ &+ \text{上期固定损耗电量} + \text{上期不明损耗电量} - \text{本期降损节电量} \\ &+ \text{其他网络结构和运行方式变动因素影响的损耗电量}\end{aligned} \quad (5\text{-}2)$$

其中：上期可变损耗电量、上期固定损耗电量由理论线损计算所得。

3）根据上级单位下达的售电量计划，考虑电量的增长与变化因素，分解下达各类线损的售电量计划。

4）根据式（5-3）计算本期的线损率预算计划，即

$$\text{本期线损率预算计划} = \frac{\text{本期损耗电量}}{\text{本期损耗电量} + \text{本期售电量}} \times 100\% \quad (5\text{-}3)$$

5）综合考虑影响线损的各种因素，对本期计算的各类线损率的预算计划进行修正。

（3）依据下列影响线损变化的因素，对线损计划进行修正。

1）电网结构和运行方式的变化情况。如新设备投运、潮流变化增加或减少的损失电量、客户计量装置位置的变更对线损的影响。

2）用电结构的变化情况，如大客户、无损电量的增加或减少对线损的影响。

3）其他损失电量的变化，如用户抄表例日的变化、供售电量表计误差的变化、退补电量情况等。

4）技术降损措施的落实对线损计划的影响。

5）参考各类线损的理论线损值、同行业的先进水平等进行修正。

通过对预算线损率计划的修正，最终确定各类线损的本期线损率计划指标。

三、线损考核的方式

为加强基层单位的线损管理，提高线损管理人员的工作积极性和责任心，对线损管理人员的考核是必不可少的。但是，由于各单位线损管理的体制不同，线损考核的方式也不同，在此所介绍的线损考核方式各单位仅作参考使用。

线损考核的方式可分为经济考核、责任考核、线损抵押金考核和业绩考核等。

（一）经济考核方式

经济考核方式是将线损率与线损管理人员的工资收入挂钩，采用月考核、季兑现考核方式。经济考核方式又分为以下 4 种。

（1）以变电站出口供电量或低压台区总表为基数，减去按线损率计划计算的损失电量，剩余部分作为被考核单位的售电量，再将售电量与售电均价计划相乘，即得出被考核单位应上交的电费。如果被考核单位放松了管理，造成电量的亏损，亏损部分全部由被考核单位从个人工资中支付。

计算公式为

$$\text{应上交的电费} = \text{供电量} \times (1 - \text{线损率计划}) \times \text{售电均价计划} \quad (5\text{-}4)$$

（2）以变电站出口供电量或低压台区总表作为供电量，与线损率计划计算售电量，将计算的售电量与实际售电量比较，多损（或少损）电量部分按实际电价构成比例计算补交（或退还）电费，全额兑现。

计算公式为

$$
\begin{aligned}
&\text{计算售电量}=\text{供电量}\times(1-\text{线损率计划})\\
&\text{多损电量}=\text{计算售电量}-\text{实际售电量}\\
&\text{补交电费}=\text{多损电量}\times\text{实际电价构成比例}
\end{aligned}
\tag{5-5}
$$

（3）以线损率计划作为基数进行考核。就是将实际完成线损率与计划相比较，用多损（或少损）电量与售电均价计划计算考核金额，多损部分全部由被考核单位或个人负担，少损部分按40%进行奖励。计算公式为

$$
\text{多损(或少损)电量}=\text{供电量}\times(\text{实际线损率}-\text{线损率计划})\tag{5-6}
$$

$$
\text{扣发工资金额}=\text{多损电量}\times\text{售电均价计划}
$$

$$
\text{奖励工资金额}=\text{少损电量}\times\text{售电均价计划}\times 40\%
$$

（4）线损考核按实际线损率与计划相比，每超过或降低1个百分点扣奖被考核单位或个人多少工资的方法进行。

（二）责任考核方式

责任考核就是将线损率考核与个人的岗位挂钩，即规定如果被考核人连续三个月完不成线损率计划时通报批评，连续六个月完不成线损率计划时将责令下岗，调离工作岗位。

（三）线损抵押金考核

线损抵押金考核就是在每年初对线损管理人员抵押部分资金，然后将实际线损与计划比较进行考核，年底如果完成线损率计划将双倍给予奖励，否则抵押金全部扣除。

（四）业绩考核

业绩考核就是将线损管理的内容分为两部分，即线损率指标（包括综合线损率、主网线损、220kV网损、110kV网损、35kV网损、10kV有损、单条10kV线路、各公用台区低压线损率计划指标）和工作质量进行考核，采用100分制形式，将考核分数与管理人员的工资和绩效挂钩，实行月考核、月预兑现，季度总兑现方式，考核时以100分为基本分，每降低1分可扣减相应的工资或奖金，只罚不奖。

四、实行分压、分线、分元件、分台区管理与考核

为进一步加强对线损的过程管理，实现集团化运作、集约化发展、精细化管理的目标，在线损管理方面，实行分压、分线、分台区管理与考核，可有效、准确、及时地发现线损管理过程中存在的问题，以便及时采取针对性的措施，将问题消灭在萌芽状态，努力提高线损管理的工作效率和工作质量，真正地从根本上改变以往的粗放型管理，实现细化管理。

（1）加强组织领导。各单位应成立由行政一把手或生产经理为组长的线损领导组，建立健全全局性的线损管理体系和考核体系，制定和完善线损管理办法和考核办法，明确各部门的职责和工作标准，定期召开线损领导组会议，处理线损管理过程中出现的重大问题，制定降损措施，并监督实施。

（2）强化基础管理。各单位应重点抓好以下工作。

1）完善各变电站主变压器高中低三侧、母线进出线、公用配电变压器低压侧计量装置。

2）开展线损调查和用电普查工作，摸清各电气设备和输配电设备的技术参数，建立健全电气设备台账，查清每条配电线路所连接的配电变压器的台数，分清公用变压器与专用变压器。

3）加强变电站站用变压器的管理，完善计量装置，理顺生产用电与生活用电及其他用电的关系。

4）强化变电站母线电量平衡工作，有条件的单位可实施母线电量平衡的在线计算，监督检查计量表计的运行准确性。

5）弄清和理顺分压、分线、分台区管理与考核的关系，不能存在电量跨压、跨线、跨台区现象。

6）查清每台公用配电变压器所连接的用户数。

7）按线路、配电变压器建立系统档案。

8）固定各级关口、变电站的各表计、专用变压器用户、配电变压器总表与低压用户抄表时间。

9）分电压等级、输配电线路、每台配电变压器要分别制定线损率考核计划。

10）按电压等级、输配电线路、配电变压器分别统计供电量、售电量、线损电量和线损率。

11）制定线损分压、分线、分台区管理的奖惩办法。

（3）认真做好线损分压、分线、分台区管理。

1）制定并下达分压、分线、分台区线损率计划，确定管理目标。

2）层层签定线损分压、分线、分台区管理责任书，做到人员到位、责任到位、考核到位。

3）抓住典型，全面推动线损分压、分线、分台区管理。

4）选准突破口，把“分”作为首先要抓住并且必须要解决的主要矛盾，主要“分”才能定人定岗，才能严格考核，才能将线损管理落到实处。

5）加强电网的规划建设，客户的报装管理，保证线路与变压器、变压器与电力客户时时相对应。

6）固定变电站、配电变压器总表和客户的抄表时间，定期检查抄表情况，不得发生估抄、漏抄和错抄现象。

7）认真做好线损的统计工作，要真实反映线损率的实际完成情况，为管理提供准确、可靠的依据。

8）每月召开线损分析例会，公布线损分压、分线、分台区线损的实际情况。并按照奖惩办法的有关规定考核兑现。

五、专线非专用线路线损考核

对专线非专用线路，由于线路的产权属于客户所有，计量点应安装在线路的产权分界点，即变电站的出口端，线路的线损应由客户按用电量的比例进行分摊，如果某一客户计量装置出现故障或客户窃电，势必造成本线路的线损增大，而增加的线损由其他客户承担，这样容易造成其他客户的不满情绪，易形成多户窃电的状况，因此，加强对专线非专用线路的线损考核，落实管理人员，对预防客户窃电，提高供电企业的服务水平有着重大意义。

第三节　线损小指标的管理与要求

为进一步加强线损管理，强化过程管控，遵循“纵到底、横到边”的工作原则，在“精、细、实”方面下功夫，根据《国家电网有限公司电力网电能损耗管理规定》和国网（发展/3）476—2014《国家电网公司线损管理办法》的要求，积极开展对辅助线损指标的管理，努力提升总体线损管理水平。

一、线损小指标内容

线损小指标包括变电站母线电量不平衡率、各变电站站用电率、电容器高峰投运率、功率因数、配电变压器三相负荷不平衡率、办公用电率、电压合格率、计量故障差错率、电量差错率、电能采集覆盖率、电能采集成功率、电能采集核算应用率等指标。

二、线损小指标的计算与标准

（一）变电站母线电能不平衡率

变电站母线输入与输出电量之差称为不平衡电量，不平衡电量与输入电量比率为母线电能不平衡率。该指标反映的是母线电能平衡情况。

（1）变电站母线电能不平衡率计算公式为

$$母线电能不平衡率=(输入电量-输出电量)/输入电量\times 100\% \tag{5-7}$$

（2）指标要求。

1）220kV及以上母线电能不平衡率小于±0.5％。

2）10～110kV母线电能不平衡率小于±1.0％。

(二) 变电站站用电率

变电站站用电是指变电站内部各用电设备所消耗的电能。主要是指维持变电站正常生产运行所需的电力电量，具体包括主变压器冷却系统用电，蓄电池充电机用电，保护、通信、自动装置等二次设备用电，监控系统及其附属设备用电，深井泵和消防水泵用电，生产区照明及冷却、通风等动力用电，断路器、隔离开关操动机构用电，设备检修用电等。

(1) 变电站站用电率计算公式为

$$变电站站用电率=\frac{站用变压器月用电量}{变电站一次供电量}\times 100\% \tag{5-8}$$

站用电率由各变电站统计并上报有关单位。

(2) 指标要求。完成公司下达的计划。

(三) 电容器高峰投运率

(1) 电容器高峰投运率计算公式为

$$电容器高峰投运率(\%)=\frac{实投电容器容量\times 高峰时投入的天数}{电容器总容量\times 月日历天数}\times 100\% \tag{5-9}$$

(2) 指标要求。电容器高峰投运率大于96%。

(四) 功率因数

1. 功率因数计算

功率因数统计范围包括分区、分压、分变电站、分线路、分变压器等分区块进行计算。

功率因数的计算公式为

$$\cos\varphi=\frac{P}{S}=\frac{1}{\sqrt{1+\left(\frac{W_P}{W_Q}\right)^2}} \tag{5-10}$$

式中 $\cos\varphi$——各区块的功率因数；

P——各区块一次侧有功功率，kW；

S——各区块一次侧视在功率，kVA；

W_P——各区块一次侧有功电量，kWh；

W_Q——各区块一次侧无功电量，kvarh。

2. 指标要求

(1) 35kV及以上年平均功率因数大于或等于0.95；

(2) 变电站主变压器低压侧功率因数大于或等于0.90；

(3) 变电站10(6)kV出线功率因数大于或等于0.9；

(4) 100kVA及以上的用户功率因数大于或等于规定值；

(5) 公用配电变压器低压侧功率因数大于或等于0.85。

（五）配电变压器三相负荷不平衡率

反映某配电变压器所带三相负荷的均衡度情况，通常采用三相电流进行衡量。

（1）配电变压器三相负荷不平衡率计算公式为

$$K=\frac{I_0}{\frac{I_A+I_B+I_C}{3}}\times 100\% \tag{5-11}$$

式中 I_0——表示中性线电流，A；

I_A、I_B、I_C——表示A、B、C三相电流，A。

（2）指标要求：三相电流不平衡率不应超过15%。

（六）办公用电率

办公用电是指供电企业在生产经营过程中，为完成输电、变电、配电、售电等生产经营行为而必须发生的电能消耗，电能所有权并未发生转移，包括供电企业所属机关办公楼、调度大楼、供电（营业）所、检修公司、信息机房、集控站等办公用电，不包括供电企业租赁场所用电（非供电单位申请用电的）、供电企业出租场所用电、多经企业用电和集体企业用电、基建技改工程施工用电等。

（1）办公用电率计算公式为

$$办公用电率=\frac{分区办公用电量}{分区总售电量}\times 100\% \tag{5-12}$$

办公用电率由营销部门进行统计、管理。

（2）指标要求：完成公司下达的计划。

（七）各监测点电压合格率

电压监测点分系统电压监视点（中枢点）和供电电压监视点。

1. 各电压监视点电压合格率的计算

各电压监测点电压合格率的计算公式为

$$对一个监测点电压合格率(\%)=\frac{电压合格时间}{运行时间}\times 100\% \tag{5-13}$$

$$电压合格时间=运行时间-电压不合格时间$$

日、月、季、年电压合格率分别对应日、月、季、年监测点的运行时间和监测点电压合格时间计算。

系统电压监测点、供电电压监测点电压合格率是同级电压监测点电压合格率的算术平均值，即

$$A级电压监测点电压合格率(\%)$$

$$=\frac{A_1电压监测点合格率(\%)+A_2电压监测点合格率(\%)+\cdots+A_n电压监测点合格率}{n}$$

2. 指标要求

（1）用户受电端供电电压允许偏差值。

1）35kV 及以上用户供电电压正负偏差绝对值之和不超过额定电压的 10%。

2）10kV 及以下三相供电电压允许偏差为额定电压的±7%。

3）220V 单相供电电压允许偏差为额定电压的+7%、−10%。

（2）系统供电综合电压合格率大于或等于 96%。

（八）计量故障差错率

（1）计量故障差错率计算公式为

$$计量故障差错率=\frac{实际发生故障差错次数}{运行电能表、互感器总数}\times 100\% \tag{5-14}$$

（2）指标要求：计量故障差错率应不大于 1%

（九）电量差错率

（1）电量差错率计算公式为

$$电量差错率=\frac{差错电量}{总售电量}\times 100\% \tag{5-15}$$

（2）指标要求：电量差错率小于或等于 0.05%。

（十）电能量采集覆盖率

（1）电能量采集覆盖率计算公式为

$$电能量采集覆盖率=\frac{安装采集的户数}{总用电户数}\times 100\% \tag{5-16}$$

（2）指标要求：电能采集覆盖率为 100%。

（十一）电能量采集成功率

（1）电能量采集成功率计算公式为

$$电能量采集成功率=\frac{采集成功户数}{总用电户数}\times 100\% \tag{5-17}$$

（2）指标要求：电能量采集成功率大于 98%。

（十二）电能量采集核算应用率

（1）电能量采集核算应用率计算公式为

$$电能量采集核算应用率=\frac{采集数据核算应用户数}{总用电户数}\times 100\% \tag{5-18}$$

（2）指标要求：电能量采集核算应用率为 100%。

三、辅助线损指标的管理要求

（1）数据应来源于国家电网有限公司线损基础数据应用系统，实现各指标数据的自动导入、自动检测、自动计算。

（2）各项基础数据不得人为干预或调整，由于数据不全需要补录时，需经过领导批准，办理相关手续后，由专职人员统一补录。

（3）对计算结果进行实时监测，发现有异常情况，以书面形式通知相关部门进行调查、处理。

第四节 线损率的统计与计算

为进一步加强线损精细化管理，实现分区、分压、分线、分台区“四分”管理，规范线损统计人员的工作行为和工作标准，充分利用现有的网络资源，开展对线损的实时自动统计与分析，准确反映线损的实际完成情况，以及存在的问题，给领导提供正确的决策，参照国网（发展/3）476—2014《国家电网公司线损管理办法》《国家电网有限公司线损基础数据管理规定》的要求，进行线损率的统计与计算工作。

一、线损率统计的范围

综合线损率、综合网损率、35kV及以上各电压等级分压网损率、10kV综合线损率、10kV有损线损率、10kV单条线路的高压线损率、低压台区线损率、分元件线损率、线损各项小指标等。

二、线损基础数据应用系统平台

线损基础数据来源于源端系统，源端系统包括营销业务应用系统、电网调度SCADA/EMS系统、设备（资产）运维精益管理系统（PMS）、变电站电能量计量系统、用电信息采集系统、地理信息管理（GIS）平台、配电自动化系统等。其中：

（1）营销业务应用系统提供用电档案信息、营销电量信息、换表记录信息、关口计量点档案信息、关口表计信息等数据。

（2）电网调度SCADA/EMS系统提供电网结构数据、典型负荷日相关遥信遥测等数据。

（3）设备（资产）运维精益管理系统（PMS）提供输电、变电、配电设备信息等数据。

（4）电能量计量系统提供电厂（一般为上网关口）、35kV及以上变电站内所有计量点档案、日冻结数据、负荷曲线数据。无电能量计量系统或部分电厂和变电站在现有电能量计量系统未实现采集的单位，由采集此数据信息采集的源端系统提供。

（5）用电信息采集系统提供日冻结数据、负荷曲线数据、部分10kV联络点关口电量、非统调电厂电量等数据。

（6）地理信息管理（GIS）平台提供配网拓扑关系信息等数据。

（7）配电自动化系统提供配电终端采集的10kV关口电量、典型负荷日相关遥信遥测等数据。

三、线损率指标的统计分工与管理

按照“指标专业管控、问题源头治理、开展四分管理”的原则，为及时准确地掌握和了解电网各区域、各元件的线损实际情况，及时分析和处理各类异常情况，强化线损管理与考核，需对以下线损率指标按月、日、实时、供售电量同期进行统计与分析，各类线损率指标的管理分工如下。

（1）发展部负责全网综合线损率、全网线损的分压统计、分析与管理。

（2）调控中心负责主网线损率、500kV 网络线损率、220kV 网络线损率、110kV 网络线损率、35kV 网络线损率、220kV 各条供电线路线损率、110kV 各条供电线路线损率、35kV 各条供电线路线损率、35kV 及以上联络线线损率、各变电站主变压器损耗率、各变电站母线电量不平衡率等的统计、分析与管理。

（3）运检部负责分区 10kV 综合线损率、分区 10kV 有损线损率、10kV 单条线路综合线损率、10kV 单条线路高压线损率、各变电站站用电率、电容器可用率、配电线路功率因数等数据的统计、分析与管理。

（4）营销部负责 0.4kV 台区（分台）线损率的统计、分析与管理；用户专线线损率的统计、分析与管理；配电变压器三相不平衡率的统计、分析与管理；办公用电统计；负责计量故障差错率、电量差错率、电能采集覆盖率、电能采集成功率、电能采集核算应用率等指标的统计、分析与管理。

四、线损率计算

1. 线损率

线损率＝线损电量／供电量×100%＝[（供电量－售电量）／供电量]×100%　(5-19)

其中：

供电量＝电厂（或分布式电源）上网电量＋电网输入电量－电网输出电量。

分布式电源包括太阳能、天然气、生物质能、风能、地热能、潮汐能、资源综合利用发电（如煤矿瓦斯发电、余气余热发电等）。

售电量＝销售给终端用户的电量，包括销售给本省用户（含趸售用户）和不经过邻省电网而直接销售给邻省终端用户的电量。

2. 综合线损率

综合线损率＝（分区供电量－分区售电量）／分区供电量×100%　(5-20)

其中：

分区供电量＝输入本地区的电量－本地区的输出电量；

分区售电量＝本地区用户售电量。

3. 综合网损率

综合网损率＝（35kV 及以上电网输入电量－35kV 及以上电网输出电量）／35kV 及以上电网输入量×100%　(5-21)

其中：

35kV 及以上电网输入电量＝电厂 35kV 及以上线路的输入电量＋电网向本地区输入的 35kV 及以上线路输入电量

35kV 及以上电网输出电量＝本地区 10kV 供电量＋本地区 35kV 及以上电网毗邻电网的输出电量＋35kV 及以上用户售电量

4. 35kV 及以上各电压等级分压网损率

分压网损率＝(各电压等级输入电量－各电压等级输出电量)/各电压等级输入电量×100%　　(5-22)

其中：

各电压等级输入电量＝输入本电压等级的发电厂上网电量＋各电压等级向本电压等级电网输入电量；

各电压等级输出电量＝本电压等级售电量＋本电压等级向其他电压等级输出电量＋本电压等级向毗邻电网输出电量。

5. 10kV 综合线损率

10kV 综合线损率＝[(10kV 输入电量－10kV 输出电量)/10kV 输入电量]×100%　　(5-23)

其中：

10kV 输入电量＝系统内各变电站 10kV 总表电量＋10kV 及以下电厂的上网电量；

10kV 输出电量＝10kV 及以下终端用户的售电量＋10kV 向上一级电网的输出电量(10kV 总表的反向电量)＋10kV 及以下向毗邻电网的输出电量。

6. 10kV 有损线损率

$$10\text{kV 有损线损率}=\frac{10\text{kV 输入电量}-10\text{kV 输出电量}}{10\text{kV 输入电量}-10\text{kV 无损电量}}\times 100\% \quad (5\text{-}24)$$

其中：

10kV 输入电量＝系统内各变电站 10kV 总表电量＋10kV 及以下电厂的上网电量；

10kV 输出电量＝10kV 及以下终端用户的售电量＋10kV 向上一级电网的输出电量(10kV 总表的反向电量)＋10kV 及以下向毗邻电网的输出电量；

10kV 无损电量：10kV 专线用户的售电量。

7. 10kV 单条线路高压线损率

10kV 单条线路高压线损率＝线损电量 / 输入电量(供电量)×100%
＝[输入电量(供电量)－输出电量(售电量)/输入电量(供电量)]×100%　　(5-25)

其中：

输入电量(供电量)＝变电站输入本线路总表电量＋小电厂及分布式电源 10kV 的上网电量＋低压台区总表的反向电量；

输出电量(售电量)＝本线路专用变压器用户电量＋本线路公用变压器总表下网电量＋

本线路变电站总表的上网电量（总表的反向电量）。

8. 台区线损率

台区线损率＝（台区输入电量－台区输出电量）/ 台区输入电量×100%　　(5-26)

其中：

台区输入电量＝台区总表的下网电量＋小电厂（光伏发电）0.4kV 的上网电量；

台区输出电量＝本台区低压用户的售电量＋台区总表的反向电量。

说明：两台及以上变压器低压侧并联或低压联络开关并联运行的，可将所有并联运行变压器视为一个台区单元统计线损率。

9. 元件线损率

元件线损率＝（元件输入电量－元件输出电量）/ 元件输入电量×100%　　(5-27)

其中：

元件输入电量：各元件输入电量之和；

元件输出电量：各元件输出电量之和。

五、线损统计及要求

线损率统计数据准确与否，直接影响线损分析的质量和线损管理的方向，以及线损考核的结果，为使统计线损率能够真实反映线损的实际情况，为管理、分析、考核提供准确、可靠的基础数据，特提出以下要求。

（1）线损基础数据应用系统平台中的基础档案、运行信息和拓扑关系，根据职责分工，及时做好系统的运行维护、数据传送等工作，努力实现各项基础数据实时更新。

（2）线损统计的各项电量数据，应来源于电能量计量系统、用电信息采集系统和配电自动化系统、营销电量数据、遥测遥信等数据信息，实现自动导入，不得进行人工干预。

（3）系统管理人员按日做好线损基础数据应用系统平台的数据监测，对出现系统档案错误、数据缺项等现象，应填写系统异常报告单，转相关部门进行处理。

（4）由于系统平台、通信通道、采集设备故障、停限电等原因引起的数据无法自动获取，需要人工现场抄录、系统补录时，需书面批准后，方可进行数据的维护。

（5）线损率统计建议分为高压线损与低压线损分别进行统计和计算。

1）高压线损统计以站为单位，按表计的设置，主变压器、线路分布情况，分别统计各元件、线路、变电站、全局综合和分电压等级本期和累计的一次电量（供电量）、二次电量（售电量）、损失电量、线损率、母线电量不平衡率等进行统计。

2）低压台区线损统计，以供电所为单位，按线路分别统计各台区的本期和累计供电量、售电量、损失电量、线损率等进行统计。

（6）随着营销电能量采集系统、变电站电能量计量系统，以及国家电网有限公司同期线损系统的推广应用，线损报表的数据应逐步过渡到同期线损的数据，避免因供售电量抄表时间不一致，存在不同期电量，影响线损率的真实性。

（7）各级线损管理人员按时生成各类线损报表，并对报表数据进行审核，审核无误后报相关单位及部门。

(8) 严禁弄虚作假，严禁对线损数据进行人为修改，造成线损失真。

第五节　线损指标的异常分析

线损指标的管理是线损管理的基础，通过对线损完成情况的有效分析，可及时发现在线损管理过程中存在的不足，以及存在问题的环节与元件，为进一步加强管理，制定降损措施，提供准确的依据。

一、建立定期线损分析机制

以月度、季度及年度为周期开展线损分析。月度针对异常情况进行分析，每季度进行一次全面分析、半年进行一次小结、全年进行一次总结，跟踪分析线损率变化情况，及时解决线损率计划执行过程中的问题，确保线损率计划完成。

二、线损分析的原则

相关部门根据职责分工，开展线损相关指标的分析工作。线损分析应遵循“定量与定性分析相结合，以定量分析为主；同比、环比以及与理论线损对比分析；线损四分指标与辅助指标分析并重”等原则进行。

三、线损分析内容

(1) 指标完成情况（包括线损“四分指标”与辅助指标）、线损构成、统计线损与计划和理论线损的比较分析。

(2) 分别对线损异常的网损、单条10kV配电线路、各电气元件、台区线损以及各类异常的辅助指标进行定量分析，说明异常波动原因。

(3) 线损管理存在的问题和拟采取的降损措施。

四、线损月度异常认定原则

(1) 母线电能平衡异常：220kV及以上母线电能不平衡率大于±0.5%，10～110kV母线电能不平衡率大于±1.0%。

(2) 分压线损异常：35kV及以上分压线损率超过同期值的±20%；10(20、6)kV及以下分压线损超过同期值的±30%（线路出口抄表例日为月末日24点，专用变压器、公用变压器抄表例日应与售电量抄表例日相对应）。

(3) 分区线损异常：市、县级供电企业月度线损率为负值或波动幅度超过同期值（或理论值）的±20%。

(4) 分元件线损异常：35kV及以上线路、变压器损失率为负值或超过1.0%；市中心区、市区、城镇、农村10kV线损率（含变压器损耗）为负值或分别大于2%、2%、3%、4%，或其线损率波动幅度超过同期值或计划指标的20%。

(5) 分台区线损异常：台区线损率出现负线损率；市中心区、市区、城镇、农村低压台区线损率分别大于4%、6%、7%、9%，或波动幅度超过同期值或计划指标的20%。

（6）高损线路或台区是指在某一统计期内输配电线路或台区线损率超过管理单位设定指标要求的异常线路或台区。主要包括长期高损和突发性高损两种情况。

五、线损分析的方法及相关因素影响

1. 线损分析的主要项目

（1）综合线损分析应从网损和10kV综合线损开始，从高到低进行分析。

（2）对网损分析应分别按输电、变电设备进行分压、分线、分主变压器进行分析，将实际线损值与上月值和上年同期值比较，找出线损升高或降低原因，明确主攻方向。

（3）对配电线损应按分线、分台区进行，将实际线损值与上月值、计划值和上年同期值比较，考虑供电量、售电量不同期因素，查找线损波动原因，制定降损措施。

（4）分析在公用配电线路上大电力客户电量变化对有损线损率的影响。

（5）无损电量的变化对线损率的影响。

（6）供、售电量抄表时间不同期对线损波动的影响。

（7）本年度完成的技术降损项目对线损率的影响。

（8）开展用电普查，堵漏增收对线损率的影响。

（9）母线电量不平衡情况对线损率的影响。

（10）由于抄表不到位、计量装置异常、业扩报装、电费核算差错或退补电量对线损率的影响。

（11）由于改变抄表例日对线损率的影响。

（12）电网结构（变电站增减、变电站改造、更换主变压器、线路改造、安装无功补偿装置等）的变化对线损率的影响。

（13）供电状况（如电压、电流、输送有无功功率、功率因数等）的变化对线损的影响。

（14）线损小指标对线损的影响。

通过以上各项分析，查找在管理和技术上存在的问题，并提出切实可行的降损措施。

2. 线损分析原则

从上到下，从左到右，分电压等级，分层分块逐项分析。

六、综合线损率（分区线损率）异常分析

综合线损异常分为长期线损率超计划、突发线损率超计划、突发线损率为负值等。

（1）综合线损异常分析流程方框图如图5-3所示。

（2）具体方法。

1）对综合线损进行分析，检查有无异常（包括未完成计划、比上年同期升高、比上月升高或出现负值等）。

2）如综合线损出现异常，首先检查网损是否异常，如网损正常，应检查10kV综合线损是否存在异常。

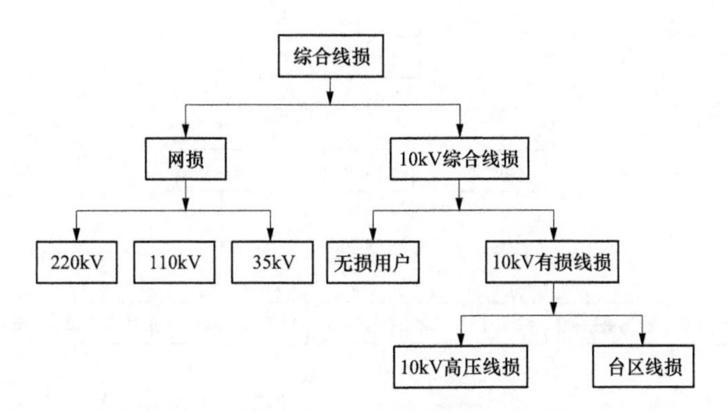

图 5-3 综合线损异常分析流程方框图

3）如网损发生异常，应检查是哪个电压等级的网损出现异常，出现在哪个环节。

4）如 10kV 综合线损发生异常，应检查是无损用户电量出现异常，还是 10kV 有损线损发生异常。

5）如果是 10kV 有损线损发生异常，应检查是哪条 10kV 有损线路出现异常。

6）当 10kV 有损线路线损发生异常时，应检查是高压线损出现异常，还是公用配电变压器的低压线损出现异常。

7）当低压线损出现异常时，应检查是哪个台区或哪些台区发生异常，应检查线损异常的原因等。

七、综合网损线损率异常分析

综合网损线损率异常分为长期线损率超计划、突发线损率超计划、长期线损率为负值、突发线损率为负值等。

1. 方框图及流程

综合网损异常分析流程方框图如图 5-4 所示。

2. 分析方法

当网损出现异常时，按电压等级分别查找网损中异常点，当发现某一电压等级网损出现异常时，应按下列方法进行分析。

（1）检查该电压等级的所有母线电量平衡情况，如发现某一母线电量平衡超过标准值，应查找是哪块表计出现异常，并进行电量更正。

（2）检查变电站主变压器三侧平衡情况，计算变电站主变压器损耗，分析是否损耗升高，如出现异常，应分析原因，检查是由于表计异常引起的，还是由于变压器运行不合理（包括电流、电压变化、功率因数降低、变压器故障、运行方式改变等）引起的。

（3）检查输配电线路线损是否异常，如出现异常情况，应分别对线路的运行参数（电流、电压、有功功率、无功功率、功率因数）、供电参数（线路长度、导线截面）是否发生变化，以及用户专线电量有无异常进行分析，查找原因。

（4）检查统计月份变电站运行方式是否发生变化，变电站有无出现停电检修情况，变

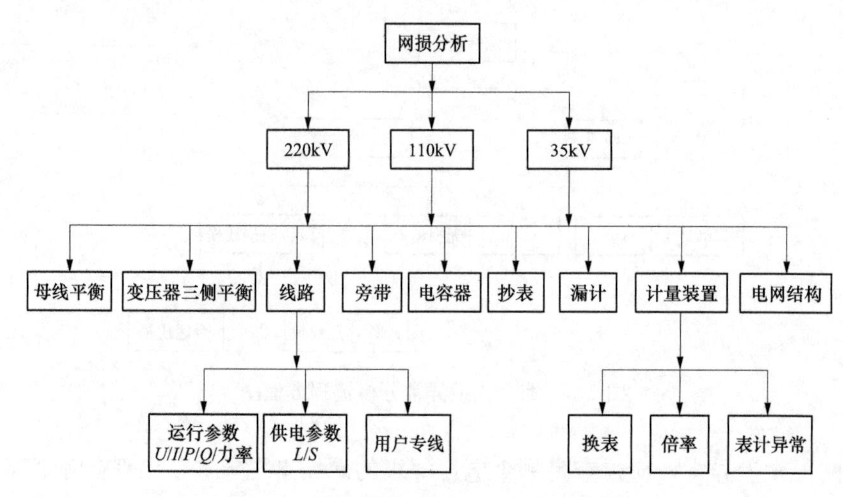

图 5-4　综合网损异常分析流程方框图

电站母线是否存在旁带现象，检查有无电量丢失。

（5）检查无功补偿装置运行是否正常，是否存在电容器故障、自动投切装置异常，无法按规定投切电容器现象。

（6）检查变电站抄表系统抄表是否齐全、准确，有无错抄、漏抄的表计。

（7）检查统计期内，由于变电站内设备或线路检修，倒接供电方式，检查有无漏计的电量。

（8）检查计量装置有无异常，本月有无更换表计或互感器、倍率是否发生改变、表计是否存在异常、追退补电量是否及时、准确到位。

（9）检查电网结构有无发生变化，包括是否有新投运的变电站、对变电站进行升压改造、新增加线路，以及电网的运行方式是否发生改变等。

（10）如果长期存在网损率为负值，经上述检查未发现异常时，应检查网损率的电量组成、统计计算是否存在错误现象。

通过对以上各环节的分析，找出网损异常原因，并针对性地制定管理措施，认真落实。

八、10kV 综合线损率异常分析

10kV 综合线损率异常分为长期线损率超计划、突发线损率超计划、长期线损率为负值、突发线损率为负值等。

1. 方框图及流程

10kV 综合线损异常分析流程方框图如图 5-5 所示。

2. 分析方法

当 10kV 综合线损发生异常时，应重点对无损线路的电量有无异常或 10kV 有损线损有无异常进行分析，分析的项目如下。

（1）当无损线路的电量发生异常时，首先检查抄表是否到位，有无少抄、漏抄、错

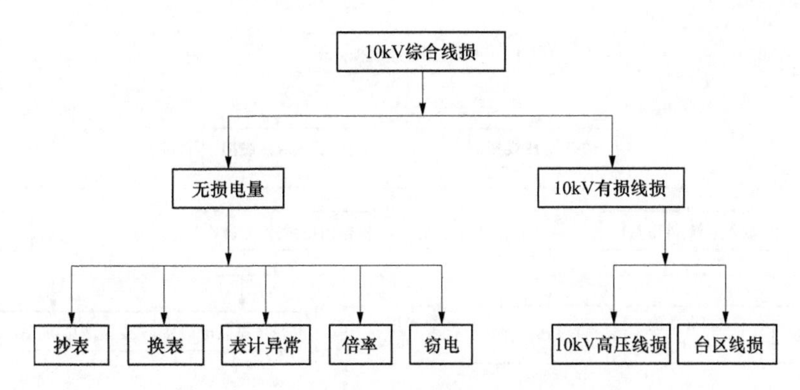

图 5-5 10kV 综合线损异常分析流程方框图

抄、表计存有电量等现象。

(2) 检查该线路或用户本月是否存在换表情况，换表后拆回表计、装出表计底码是否与核算一致。

(3) 检查表计是否存在异常情况，有无存在少计电量现象，异常换表后是否按规定进行了电量电费的追补，追补流程、结果是否符合相关要求。

(4) 检查本月是否更换互感器，计量倍率是否与核算一致。

(5) 检查用户有无违章或窃电行为，表计运行是否准确。

(6) 如果长期存在 10kV 综合线损率为负值，经上述检查未发现异常时，应检查 10kV 综合线损率的电量组成、统计计算是否存在错误现象。

(7) 当 10kV 有损线损发生异常时，应对 10kV 高压线损和台区低压线损进行分析，查找问题等。

九、10kV 线路高压线损异常分析

10kV 线路高压线损率异常分为长期线损率超计划、突发线损率超计划、长期线损率为负值、突发线损率为负值等。

(一) 方框图及流程

10kV 线路高压线损异常分析流程方框图如图 5-6 所示。

(二) 分析方法

根据图 5-6 可知，10kV 有损线路的线损由 10kV 高压线损和低压台区线损两部分组成，当 10kV 有损线路线损发生异常时，应分别对 10kV 线路高压线损或低压台区线损进行分析，查找线损异常点，并采取相应的措施。

10kV 线路高压线损的异常分析应参照以下方法进行。

1. 输入电量（供电量）异常分析

(1) 检查本线路变电站总表所在的母线是否平衡，查母线电量不平衡率是否在合格范围内（不平衡率不超过±1%），如超过规定值，应重点对本表计抄表是否准确、是否更换

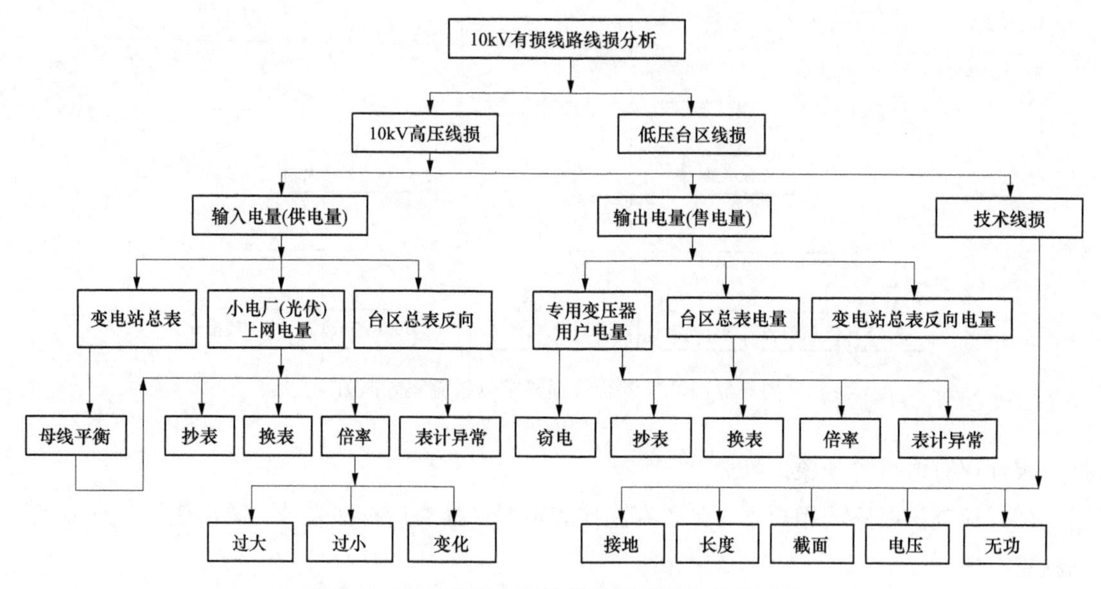

图 5-6　10kV 线路高压线损异常分析流程方框图

表计、表计运行是否正常、倍率是否正确等内容进行核实与分析。

1）在抄表方面重点检查本月抄表采用的指示数是采集数据或人工数据，如是人工现场抄表，检查是否抄录的示数是抄表例日当天的表计冻结数据，有无多抄或抄错示数现象。

2）检查本月变电站总表有无出现异常、是否存在换表情况，检查追补电量计算是否正确，有无多计电量现象。

3）检查变电站总表倍率是否正确，是否存在计算倍率与档案不一致情况。

（2）如果本线路有小电厂或光伏发电接入时，应重点对小电厂或光伏发电接入的表计，抄表是否到位、是否更换表计、表计运行是否正常、倍率是否正确等内容进行核实与分析；在进行倍率检查时，应重点检查电流互感器的配置是否合理，是否存在配置过大或过小，以及变更等情况。

（3）如果本线路在公共低压台区内存在光伏发电设备，而且台区总表存在反向电量时，检查台区总表的反向电量是否计入本线路的输入电量（供电量）当中。

2. 输出电量（售电量）异常分析

（1）检查本线路上所带专用变压器用户的电量有无异常，重点对用户是否有违约窃电行为、抄表是否准确、是否更换表计、倍率是否正确、表计运行是否正常、追退补电量是否计入本月售电量等内容进行检查与分析。

1）在档案管理方面，重点检查营销系统与采集系统的档案是否同步，有无系统档案滞后与现场表计变更情况，如新装、暂停、减容、倍率变化等；有无存在表计安装位置不在产权分界点，应加线损、变损而未加情况。

2）检查用户有无窃电现象。

3）在抄表方面重点检查本月抄表方式是“人工抄表方式”的用户，检查是否抄录的示数是抄表例日当天的表计冻结数据，有无多抄或抄错示数现象。

4）检查本线路用户有无表计异常、是否有更换表计情况，检查有无追补电量、追补电量是否合理等。

5）检查专用变压器用户是否有更换互感器情况，检查互感器的配置是否合理，是否存在互感器配置过大或过小情况，检查互感器本月是否发生变化，是否存在现场互感器倍率与系统倍率不一致导致少计电量现象。

（2）检查公用变压器总表电量是否异常，重点检查变压器台区总表抄表是否准确、是否更换表计、表计运行是否正常、倍率是否正确、追补电量是否计入本月售电量等；在进行倍率检查时，应重点检查电流互感器的配置是否合理，是否存在配置过大或过小、电流互感器的一次匝数是否正确，以及是否变更等情况。

（3）检查本线路变电站总表的反向电量是否计入输出电量（售电量）当中。

3. 长期存在高损的线路异常分析

对长期存在高损的线路，应重点从管理与技术线损进行异常分析，内容包括：

（1）检查线路是否存在间断性接地，如树木触碰线路、线路绝缘性降低放电等现象。

（2）检查配电线路的供电半径是否大于规定值，一般要求10kV线路的供电半径不大于15km，配电线路是否存在迂回供电现象等。

（3）根据配电线路的用电量，以及目前的导线截面，分析判断是否存在由于导线截面细，影响线损升高的情况，同时，分析本线路是否存在线路前端导线截面小、后端导线截面大，以及主要负荷（大负荷）在线路末端等情况；根据Q/GDW 741—2012《配电网技术改造设备造型和配置原则》规定：市区10kV架空线路主干线导线截面不宜小于150～240mm^2，分支线截面积不宜小于70mm^2，乡村10kV架空线路主干线导线截面不宜小于95mm^2。

（4）检查本线路末端电压是否超出规定标准值，一般要求10kV线路供电电压合格范围在9.3～10.7kV之间，如线路末端电压小于9.3kV，应调整变压器分接头或加装电容器无功补偿装置给予解决。

（5）检查本线路功率因数是否在规定范围，一般要求配电线路的功率因数不得低于0.95，如果功率因数低于规定值，应在本线路中加装电力电容器无功补偿装置；同时检查专用变压器用户是否安装电力电容器，采用自动投切装置；公用变压器配置的电力电容器是否完好，是否按规定进行投运等。

（6）检查用户侧电能表是否存在接线错误、电流互感器倍率配置错误，以及互感器一次匝数与铭牌规定不符等现象。

（7）用户是否存在长期窃电等现象。通过对以上各因素的分析，查找线损异常的原因，采取有效措施，提高管理水平。

十、低压台区线损率异常分析

低压台区线损异常分为高损（长期线损率超计划或突发线损率超计划）、负线损（长期线损率为负值或突发线损率为负值）等。

（一）低压台区突发线损异常（高损、负损）分析

1. 方框图及流程

低压台区突发线损异常（高损、负损）分析流程方框图如图 5-7 所示。

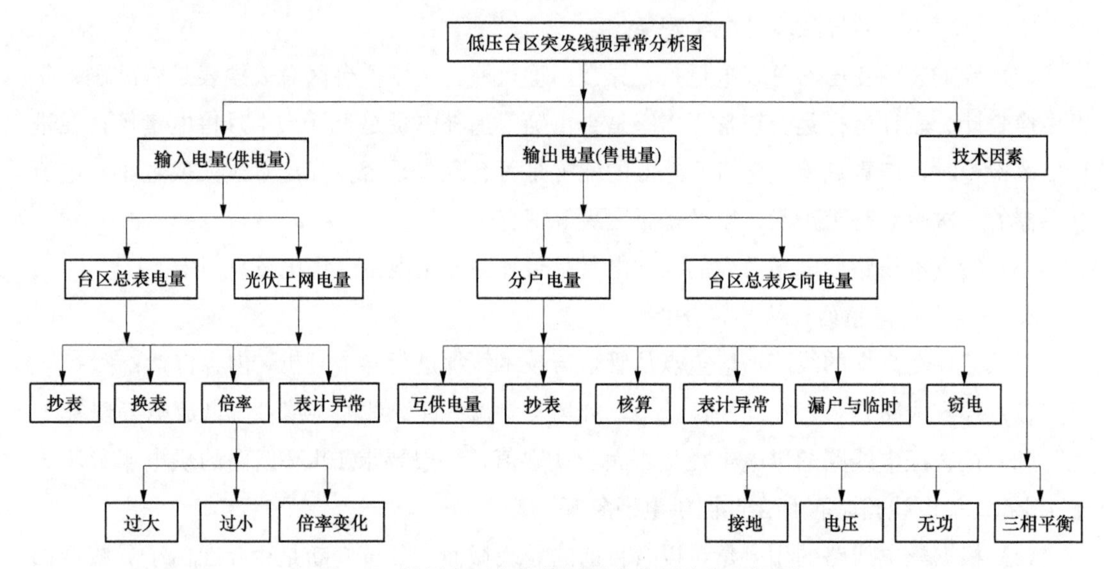

图 5-7　低压台区突发线损异常分析流程方框图

2. 分析方法

根据图 5-7 可知，台区低压线损率异常可能存在输入电量（供电量）、输出电量（售电量）或技术因素等三方面原因造成的，在台区线损异常分析时，应分别进行解剖分析。

（1）输入电量（供电量）异常分析。低压台区的输入电量（供电量）由 2 部分组成，分别为台区总表电量和光伏上网电量，分析时应分别从抄表是否准确、是否更换表计、倍率是否正确、表计运行是否正常等内容进行核实与分析；在进行倍率检查时，应重点检查电流互感器的配置是否合理，是否存在配置过大或过小，以及变更等情况。

1）在抄表方面重点检查：一是本月抄表数据是采用的采集数据或人工数据，如是人工现场抄表，检查是否抄录的示数是抄表例日当天的表计冻结数据，如果是采用的现场抄录示数，有可能造成供售电量抄表时间不同期，供电量增大，影响台区线损升高。二是如果现场多抄或抄错示数，也有可能引起线损升高。

2）检查台区总表和光伏发电上网表计本月有无出现异常、接线是否正确，是否存在换表情况，是否有追补电量，追补电量计算是否正确，有无多计电量现象。

3）检查台区总表和光伏发电上网表计电流互感器配置是否合理，是否存在计算倍率与档案不一致情况。

4）检查是否存在为完成10kV高压线损，人为增大台区总表电量现象。

（2）输出电量（售电量）异常分析。

1）检查本台区是否存在互供电量情况，对相邻的两个或以上的台区，由于历史或其他原因，易造成供电量与售电量不能相互对应，有时会出现部分用户在A台区供电，但统计售电量时会统计在B台区，造成A台区线损偏高，B台区线损偏低或负线损现象，为此，在检查台区线损异常（特别是出现负线损）时，应重点关注。

2）检查抄表是否准确，一是检查本台区的采集抄表成功率，是否存在应抄未抄现象；二是检查抄表例日是否发生变更，供售表计抄表时间是否一致；三是检查是否存在人工抄表，人工抄表抄录的示数是否是表计冻结示数，有无少抄电量现象；四是检查上月抄表有无退后抄表现象；五是检查光伏发电用户的售电量表计是否抄录，上网电量关口表计的反向电量是否计入售电量等。

3）检查台区总表与分表的时钟是否一致，是否存在由于供、售表计时钟不一致导致的冻结数据不同期，造成台区线损波动。

4）检查电费核算是否正确，经过对核算卡账的审核，一是是否存在漏算、错算电量现象；二是重点关注本月电量是零、电量变化率超过30％、本月示数小于上月示数用户的抄表情况等。

5）检查表计运行是否正常，有无表计异常现象；检查表计的时钟是否正常，是否存在由于台区总表的时钟与用户侧的时钟不对应造成线损波动；追补电量是否跨月处理等。

6）检查有无漏户或间断性接地现象，也就是用户现场在用电，但在供电企业未立户，特别是临时用电户应高度关注。

7）检查本台区有无窃电现象，发现的窃电行为是否在当月进行了处理，是否存在跨月处理现象。

8）检查本台区总表的反向电量是否计入输出电量（售电量）当中。

（3）技术线损分析。

1）检查本台区低压线路是否存在突发性的接地现象，如低压线路触碰树木间断性接地，表箱、表计、相线与墙接触接地，低压线路连接点由于接触不良引起发热，线路中的绝缘子由于污染、潮湿出现对地放电等现象，发现问题应及时消缺。

2）检查本台区是否存在变压器台区电容器未投或损坏，引起电压偏低、无功容量不足情况。在条件允许的情况下，建议对本台区内容量超过5kW的三相电机，安装电力电容器无功补偿装置，实现无功就地平衡。

3）检查低压线路三相负荷有无突发不平衡现象，要求三相负荷不平衡率不得超过15％，否则应积极采取有效措施，及时调整三相负荷，使其尽量达到平衡。

（二）低压台区长期高损分析

1. 方框图及流程

低压台区长期高损分析流程图如图5-8所示。

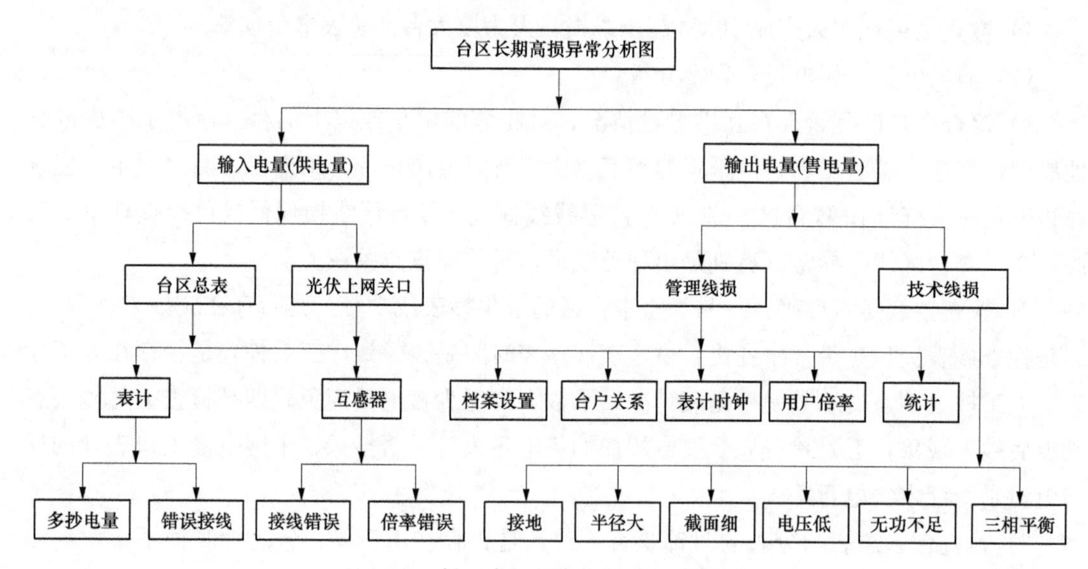

图 5-8 低压台区长期高损分析流程图

2. 分析方法

对长期存在高损的台区，应重点从管理与技术线损两方面进行异常分析。

（1）输入电量（供电量）异常分析。

1）检查台区总表、光伏发电上网表计运行是否正常，是否存在接线错误、抄表错误导致表计多计电量现象。

2）检查台区总表、光伏发电上网表计电流互感器接线是否正确，是否存在互感器一次匝数与铭牌匝数不对应，多穿一次匝数引起的倍率错误，以及档案倍率大于实际倍率等现象。

（2）输出电量（售电量）异常分析。

1）检查台区档案设置是否正确，是否存在由于采集系统或营销系统档案设置错误，致使台区与用户不对应，台区售电量少计。

2）检查台户关系是否一致、是否存在相邻台区间互供电量现象，即该用户在本台区供电，售电量统计在其他台区情况。

3）检查带有电流互感器的用户倍率是否正确，是否存在电流互感器一次绕组多穿，造成用户倍率减少，少计售电量。

4）检查供售电能表的时钟是否一致，是否存在供售电量冻结数据不同期，造成供电量多计或售电量少计现象。

5）线损统计错误，是否存在台区总表的反向电量在供电量中核减情况。

（3）技术线损（供电状况）的异常分析。

1）检查本台区低压线路有无间断性接地现象，如低压线路触碰树木间断性接地，表箱、表计、相线与墙接触接地，低压线路连接点由于接触不良引起发热，线路中的绝缘子由于污染、潮湿出现对地放电等现象，发现问题应及时消缺。

2）检查分析本台区是否存在供电半径过大，迂回供电现象，要求低压台区的供电半径不宜大于500m。

3）根据用电负荷，检查本台区是否存在低压线路前端导线截面小、后端导线截面大，发热严重等现象，根据Q/GDW 741—2012《配电网技术改造设备造型和配置原则》规定：市区、经济发达城镇地区的低压架空线路主干线导线截面不宜小于120mm^2，其他地区应大于70mm^2，分支线截面积不宜小于35mm^2。

4）检查本台区是否存在电压偏低，无功不足，电压超过允许偏差值的现象，否则，在条件允许的情况下，建议对本台区内容量超过5kW的三相电机，安装电力电容器无功补偿装置，实现无功就地平衡。

5）检查低压线路三相负荷是否平衡，三相负荷不平衡率是否超过15%，否则应积极采取有效措施，及时调整三相负荷，使其尽量达到平衡。

（三）低压台区长期负线损分析

1. 方框图及流程

低压台区长期负线损分析流程图如图5-9所示。

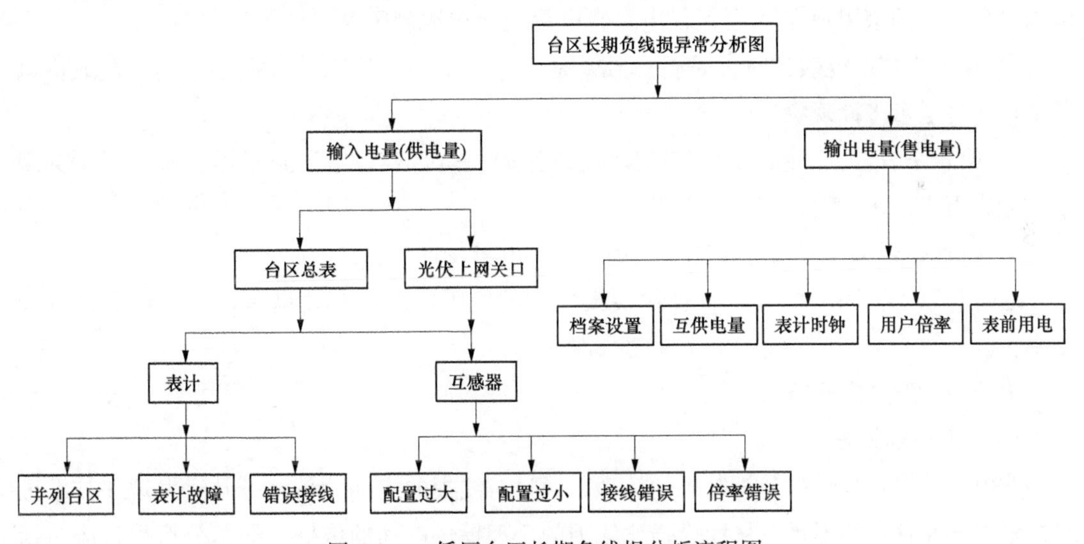

图5-9 低压台区长期负线损分析流程图

2. 分析方法

如果台区低压线损率长期为负值，重点从以下几个方面进行分析。

（1）输入电量（供电量）异常分析。

1）检查台区总表、光伏发电上网表计运行是否正常，是否存在表计故障或接线错误，如三相电流线与电压线不同相、一相或两相电流线接反、三相四线表计未接中性线、二次电压线虚接或缺电压、联合接线盒接线错误、出现电流短接现象等。

2）检查台区总表、光伏发电上网表计电流互感器配置是否合理。

一是检查互感器是否存在倍率过大或过小情况，如互感器变比配置过大，在小负荷时易造成较大误差；如互感器配置过小，在变压器大负荷时，由于互感器铁芯的磁滞现象，造成电量少计。

二是检查互感器接线是否正确，是否存在互感器二次接反，二次接线柱锈蚀、虚接现象、一次匝数与铭牌匝数不对应引起的倍率错误。

三是检查互感器倍率是否存在现场实际倍率与档案不一致情况，如用户互感器实际倍率小于系统倍率、台区总表互感器实际倍率大于系统倍率等。

3）检查低压线路三相负荷是否平衡，是否存在台区总表的某相电流超过额定值，达到饱和状态，少计供电量。

4）检查是否存在2个或以上台区并列运行，或城市台区“手拉手”供电（多台区低压相连，用户多台区低压供电），少计供电量现象。

（2）输出电量（售电量）异常分析。

1）检查台区档案设置是否正确，是否存在由于采集系统或营销系统档案设置错误，致使台区与用户不对应，台区售电量多计，出现负线损现象。

2）检查台区与电力客户的档案关系（互供电量）是否一致、是否存在相邻台区间互供电量现象，即该用户在A台区供电，售电量统计在本台区内。

3）检查供售电能表的时钟是否一致，是否存在供售电量冻结数据不同期，造成供电量少计或售电量多计现象。

4）检查带有电流互感器的用户倍率是否正确，是否存在电流互感器一次穿匝少穿现象，造成用户倍率增大，多计售电量。

5）检查是否存在台区总表前接线用电，供电量少计情况。

通过对以上各因素的分析，查找线损异常的原因，采取有效措施，努力降低台区线损率。

十一、线损分析报告

1. 线损分析报告内容

线损分析报告是线损分析结果的体现，通过对线损的定期分析，可及时发现在技术上或在管理方面存在的不足，从而为强化线损的管理提供准确的依据，线损分析报告应包括以下内容（仅供参考）。

（1）上月重点工作完成情况，取得哪些效果。

（2）线损率本月、累计完成值与计划值、同期值、上月值进行比较，计算多损或少损电量情况。

（3）分别列出本月、累计超计划、超同期的线路或台区明细，并按线损率从高到低进行排序。

（4）分别对线损异常的线路或台区进行分析，要求原因应具体、有针对性，分析异常应齐全。

（5）根据存在的问题，制定下月的工作计划。

（6）需要公司其他部门配合、领导关注的事项等。

2. 线损分析的要求

（1）线损分析定期开展，每月线损领导组应定期组织召开线损分析会，认真总结线损管理的经验和分析存在的问题，有针对性地采取相应措施。

（2）线损分析内容应全面，特别是对异常环节、异常线路、异常台区，应定性分析，找出发生线损异常的原因，不得缺项。

（3）针对存在的问题，提出切实可行的降损措施，并纳入下月工作计划，并指定专人负责。

（4）对由于技术原因如无功补偿不足、电压偏低、供电半径大、导线截面细等引起的线损升高，应制定相应的降损计划，积极筹措资金进行改造。

（5）建立线损模块化管理体系，指定专人具体负责，对每月发生的线损异常情况，建立线损异常（高损、负损）管理台账，按异常线路或异常台区分别分析原因，制定措施，监督落实，采用销号方式，形成闭环管理。

第六章　辅助专业工作标准与要求

线损率是供电企业一项综合性的指标，在管理过程中，由于涉及的部门及专业较多，为实现线损管理精益化、规范化、标准化的目标，根据各部门及相关专业的线损管理职责、工作标准及流程，结合目前线损管理的现状，收集、整理了供电企业相关专业与线损管理有关的各项工作标准、指标管理、工作流程、时限要求等内容，供相关专业人员在工作中进行参考。

第一节　业扩报装工作标准与要求

根据《国家电网有限公司业扩报装管理规则》和部分省市制定的业扩报装管理规定及要求特制定业扩报装与线损管理有关内容的工作标准。

一、供电企业对客户办理业扩报装业务时，总办理时长不得超过以下标准

（1）低压居民：电网企业办理时长不超过 4 个工作日。

（2）低压非居民客户：电网企业办理时长不超过 5 个工作日。

（3）高压单电源用户：电网企业合计办理时长不超过 15 个工作日。

（4）高压双电源用户：电网企业合计办理时长不超过 25 个工作日。

各供电企业可根据当地的需要，合理规定电网企业的业扩报装办理总时长，并按要求执行。同时，要求档案资料、营销系统与用户现场三者的报装时限保持一致。

二、供电企业在受理客户用电申请时的要求

应主动向客户提供用电咨询服务，接收并查验客户申请资料，及时将相关信息录入营销业务应用系统，由系统自动生成业务办理表单（表单中办理时间和相应二维码信息由系统自动生成）。

重点规避用户已用电但供电企业未立户，或未在营销系统中建立流程、流程长期未结束，系统未按时归档等问题，造成有表无户现象的发生。

三、在编制供电方案中受电系统方案时，应满足以下要求

（1）用户电气主接线及运行方式，在满足安全、稳定、经济运行的条件下，受电装置的型号应选用节能型设备。

（2）受电变压器容量可参考经常负荷大于变压器额定容量的60%为宜进行选择。

（3）无功补偿要求：一是对变压器容量在100kVA(kW）及以上的用户，应根据无功需求，安装电容器无功补偿装置；二是功率因数执行标准应满足水利电力部、国家物价局《关于颁发（功率因数调整电费办法）的通知》[(83）水电财字215号］规定：

1）功率因数标准0.90，适用于160kVA以上的高压供电工业用户（包括社队工业用户)、装有带负荷调整电压装置的高压供电电力用户和3200kVA及以上的高压供电电力排灌站。

2）功率因数标准0.85，适用于100kVA(kW）及以上的其他工业用户（包括社队工业用户)、100kVA(kW）及以上的非工业用户和100kVA(kW）及以上的电力排灌站。

3）功率因数标准0.80，适用于100kVA(kW）及以上的农业用户和趸售用户，但大工业用户未划由电业直接管理的趸售用户，功率因数标准应为0.85。

用户安装的电容器无功补偿装置，应具备自动投切功能。

四、在编制供电方案中计量计费方案时应满足以下要求

（一）计量点的设置

应设置在供电企业与用户的产权分界点，产权分界点按下列标准确定。

（1）公用低压线路供电的，以供电接户线用户端最后支持物为分界点，支持物属供电企业。

（2）10kV及以下公用高压线路供电的，以用户厂界外或配电室前的第一断路器或第一支持物为分界点，第一断路器或第一支持物属供电企业。

（3）35kV及以上公用高压线路供电的，以用户厂界外或用户变电站外第一基电杆为分界点。第一基电杆属供电企业。

（4）采用电缆供电的，本着便于维护管理的原则，分界点由供电企业与用户协商确定。

（5）产权属于用户且由用户运行维护的线路，以公用线路分支杆或专用线路接引的公用变电站外第一基电杆为分界点，专用线路第一基电杆属用户。

（二）计量方式及线路损耗计算

根据《供电营业规则》第七十四条规定：用电计量装置原则上应装在供电设施的产权分界处。如产权分界处不适宜装表的，对专线供电的高压用户，可在供电变压器出口装表计量；对公用线路供电的高压用户，可在用户受电装置的低压侧计量。当用电计量装置不安装在产权分界处时，线路与变压器损耗的有功与无功电量均须由产权所有者负担。在计算用户基本电费、电度电费及功率因数调整电费时，应将上述损耗电量计算在内。

如计量点设置不在供电企业与用户的产权分界点，而是在用户侧，并且从产权分界点到用户侧的线路由用户投资建设，资产属用户时，应给用户加收线路损耗。

如果已知用户的月有功电量和月无功电量，计算线路损耗的公式为

$$\Delta W_{\mathrm{P}}=\frac{RL\times10^{-3}}{U_{\mathrm{N}}^{2}t}(A_{\mathrm{P}}^{2}+A_{\mathrm{Q}}^{2}) \tag{6-1}$$

$$\Delta W_{\mathrm{Q}}=\frac{XL\times10^{-3}}{U_{\mathrm{N}}^{2}t}(A_{\mathrm{P}}^{2}+A_{\mathrm{Q}}^{2}) \tag{6-2}$$

式中 U_{N}——线路额定电压，kV；

A_{P}、A_{Q}——通过线路的有功电量、无功电量，kWh、kvarh；

R——输配电线路单位长度的电阻值，Ω；

L——输配电线路的总长度，m；

X——输配电线路单位长度的电抗值，Ω。

（三）变压器损耗计算

采用高压供电，变压器产权属于用户时，应采取高供高计方式进行电能计量，在供电企业与用户线路的产权分界点或变压器的高压侧安装高压电能计量柜或高压电能计量箱进行计量；如果在变压器高压侧计量比较困难，可采用变压器低压侧计量方式，并加收变压器损耗。

变压器损耗的计算可根据第二章第四节中五和六的计算方法，或根据本章第三节二电量计算中的变压器损耗计算方法进行。

五、用电业务变更的要求

（1）加强营销系统内的运行管理，当用户发生用电变更时，如新增、移表、更换表计、表计异常处理、倍率变化、暂停等用电，应及时在系统内进行操作，预防流程办理不及时，造成电量丢失。

（2）报装人员对营销系统中的报装时限进行监督，对流程中超时限的环节，应及时督促有关人员进行处理。

（3）对业务变更的过程进行监督管理，如对单台变压器供电的用户，已办理暂停手续，但采集系统或营销系统中仍有电量时，编制“用电异常报告单”，监督现场电气设备加封情况。

（4）对用户变压器的运行容量进行监督，发现需量大于容量或每月的平均用电负荷大于容量时，应及时编制“用电异常报告单”安排对现场变压器容量进行测试与检查。

（5）加强计量装置的异常管理，一是建立用电异常管理台账，全面记录用电异常处理全过程；二是对由于计量装置故障引起的退补电量，应根据计量部门出具的检定报告进行处理；三是对变压器容量在100kVA及以上的用户，在退补有功电量时应同时退补无功电量，重新进行功率因数的计算，按新的实际功率因数退补电费；四是需要电量电费退补时，应在当月处理完成，不得出现跨月情况等。

（6）强化用电工作票的审核，要求内容齐全、填写准确，特别是工作人员的签字项目，务必填写操作人员姓名及办理时间等。

（7）加强供用电合同的管理，供电方式应描述齐全准确、计量方式应明确表计的安装位置、说明是否需要加收线路损耗和变压器损耗等。

第二节　抄表（采集）管理工作标准与要求

抄表工作是线损管理的重要环节，是抄表人员利用各种抄表方式对所有在供电企业立户的电能计量表计进行的电量抄录工作，抄见的客户用电量是计收电费和计算线损的依据。抄表人员必须在规定的抄表例日，利用采集系统或现场抄表方式及时、准确、无误地抄录电能表数据。其工作内容及要求如下：

一、抄表例日确定原则

（1）售电量抄表例日确定：随着电能量采集系统的广泛应用、智能化计量装置的普及，为准确地反映每月的供用电情况，并与日历月相对应，建议每月将所有用户的抄表例日确定为每月 1 日，抄表示数采用每月 1 日零时电能表冻结数据。

（2）供电量抄表例日确定：为准确反映各项线损率（如综合线损率、各电压等级的网损率、10kV 单条线路线损率、低压台区线损率）的实际情况，避免由于抄表时间不对应引起的线损波动，建议计算各项线损率的供电量（输入电量）抄表例日也确定在每月的 1 日，抄表示数为每月 1 日零时表计冻结的数据，确保供电量与售电量抄表时间相对应，实现同期线损率的计算与管理。

（3）抄表例日一旦确定，不得随意变更，确需变更的，需经逐级审批，并做好抄表例日变动的登记。抄表例日变更时，须事前告知相关客户。

二、抄表周期

对已安装智能电能表，实现电能量自动采集的用户，每月为一个抄表周期。对未安装智能电能表，并且比较偏远的山区，居民生活用电可两个月为一个抄表周期，其他用电户每月抄一次表。

执行双月抄表的单位，应尽快过渡到单月抄表。

三、抄表册管理

抄表册的设置原则：抄表册编制应本着规范、方便的原则进行，均衡营业所抄表员的日工作量，合理选择抄表路径，方便线损统计。抄表册应按抄表路径排列成册，每册可以根据抄表工作量以配电台区或供电线路进行设置。

（一）抄表册的设置

（1）一个台区的用户应设置在同一个抄表段。

（2）综合线路专用变压器用户设置为一个抄表段。

（3）综合线路所有公用变压器总表按线路设置为一个抄表段。

（4）专线非专用的用户按线路设置为一个抄表段。

（5）所有专线专用的用户设置为一个抄表段。

（6）专线专用线路变更为专线非专用线路时应新设抄表段。

（7）各供电所应设置一个用于放置已销户用户的抄表段。

（二）抄表册的编号

1. 台区抄表册

公司编号＋供电所编号＋线路编号＋台区编号（3位）

如：××公司（编号0604）中心营业所（编号01）830线路1台区的抄表册号为060401830001。

2. 综合线路专用变压器抄表册

市公司编号＋县公司编号＋供电所编号＋DH。

3. 综合线路所有公用变压器总表的抄表册

市公司编号＋县公司编号＋供电所编号＋线路编号＋GB。

4. 专线非专用的抄表册

市公司编号＋县公司编号＋供电所编号＋线路编号＋ZF。

5. 所有专线专用的抄表册

市公司编号＋县公司编号＋供电所编号＋线路编号＋ZZ。

6. 销户用户抄表册

市公司编号＋县公司编号＋供电所编号＋XH。

（三）抄表册的命名

1. 台区抄表册命名

线路编号＋台区名称；如830张村一台区。

2. 综合线路专用变压器用户抄表册命名

供电所名称＋大户；如张村大户。

3. 综合线路所有公用变压器总表的抄表册的命名

线路编号＋公用变压器总表；如886公用变压器总表。

4. 专线非专用的抄表册命名

线路编号＋专线非专用；如886专线非专用。

5. 所有专线专用的抄表册命名

县公司名称＋专线＋序号；如××专线01、尧都专线02。

6. 销户用户抄表册的命名

供电所名称＋销户段；如张村销户段。

（四）抄表册的要求

（1）新装客户应及时编入抄表册，抄表册的确定应由抄表人员协同勘察人员确定，并由勘察人员备注在工作传单内，核算人员根据工单的备注信息，填写相应的抄表册号。

（2）新建、调整、注销抄表册，由抄表员在营销自动化系统中发起工单，业务上级部门或本单位领导进行审批。

（3）注销客户应及时撤出原抄表册，并放置于本单位相关供电所的销户抄表册。

四、抄表方式

主要采用自动抄表、现场手工抄表等方式。人工抄表单以供电线路或变压器台区等方式确定。

（一）自动抄表

（1）启用营配业扩报装交互流程和营配调贯通异动接口，实现营销业务应用系统、PMS系统、GIS系统设备异动“日同步”。

（2）完善低压电网拓扑图，准确采录拓扑关系和用户接入相别，实现台区的分相管理。

（3）加强采集基础档案管理，完善采集系统流程，对新增、销户、用电地址变更、表计异常、轮换等业务，应在工作结束后2个工作日内完善采集系统中的有关信息，并调试成功。

（4）根据用户的用电性质，及时在采集系统中维护需要抄录表计的相关信息，包括各相电压、各相电流、有功功率、无功功率、总有功示数、正向有功示数、反向有功示数、总无功示数、正向无功示数、反向无功示数、最大需量值、尖峰时段示数、高峰时段示数、低谷时段示数、功率因数值、电能表失压记录等。

（5）强化对采集抄表结果的审核，对无法采集回示数、示数抄录不全、示数采集错误的表计，应在抄表例日的当日采用补采召测的方式补抄1～2次，如仍无法抄回、抄全或抄对，应查明原因，及时消缺。

（6）抄表员在规定日期内将抄回的电能表数据审核无误后传送给电费核算环节。

（7）在采用自动抄表方式后的三个抄表周期内，须每月进行现场核对抄表。正常运行后，至少每3个月与现场计费电能表记录数据进行一次核对。

（8）对连续二个抄表周期出现抄表数据为零度的客户，应抽取不少于20%的客户进行现场核实。

（9）开展采集小指标的管理考核，要求采集系统覆盖率达100%；月末日表底采集成功率达98.5%以上。

（二）现场抄表

当采集系统异常、系统档案错误、表计异常、采集未覆盖、通道原因造成采集系统无法抄回、抄全或抄对表计示数及相关参数时，应及时派员进行现场人工抄表，有关要求如下：

（1）对现场抄表的用户，应按月建立抄表卡片，准确记录现场抄表的准确信息，并标明抄表人员姓名和抄表时间。

（2）抄表人员到现场应准确抄表，对抄表的质量负责，要求抄表到位率、实抄率、准确率达100%，严禁估抄、错抄、漏抄。现场抄表应首先抄录表计抄表例日零时的表计冻结数据，如冻结数据无法抄录时，再抄录现场表计示数，并按上月日用电量将现场表计示数倒推到零时数据，确保供售电量相对应。

（3）抄表前必须核对应抄电能表的表号，表位数与营销自动化系统档案是否相符；认真核对表计时钟是否准确、峰谷时段设置是否正确。

（4）准确抄录电能表的指示数，抄录内容包括有功电能表总指示数、正向有功示数、反向有功示数、无功电能表总指示数、正向无功示数、反向无功示数、最大需量值、尖峰时段示数、高峰时段示数、低谷时段示数、电能表失压记录等，抄录完成后再认真核对一次，预防抄错。

(5) 对装有电流互感器和电压互感器的用电户，在抄表时应抄录到小数点后2位数，需量表应完整抄录指示数，一般用电户抄整数位。

(6) 核对电流互感器、电压互感器接线是否正确，变比与匝数的关系是否相符，互感器的变比与营销系统记载是否一致。

(7) 认真核对用户计费的容量与运行的容量（包括运行的变压器、高压电动机、热备变压器、热备高压电动机、其他供电企业未加封的一次设备等）是否一致。

(8) 对现场抄录最大需量或大用户示数的，除有抄表卡片外，还必须留有表计的影像资料。

(9) 对备用电源电表和备用设备电表，无论当时运行与否，凡直接抄表户每次抄表均必须直接抄录实数。

(10) 检查表计运行是否正常，表计有无丢失、表内有无发黄或损坏、表内有无汽蚀现象、封印是否齐全、客户有无窃电或违章用电现象。

(11) 检查客户的用电性质是否与核算电价相符，定量定比是否合理。

(12) 抄表完毕后，应在现场抄表的当日将抄回表计的信息录入营销自动化系统或送核算部门进行录入核算。

五、抄表异常管理

(1) 抄表异常的分类。包括电量异常、计量装置异常、用电异常、改变用电性质异常等。

(2) 电量异常。指电量突增、突减（本月抄见电量与前三个月平均电量相比增减幅度在±30%及以上）；居民生活月用电量大于800kWh时。

(3) 计量装置异常。指抄表时发现表计异常，即封印打开或缺失、表计烧毁、表计倒转、电子显示缺失、TA开路、烧坏，TV缺相等。

(4) 用电异常。私增容量、擅自接线用电等违约窃电行为，擅自改变用电类别。

(5) 自动抄表时发现以上异常，生成异常报告单发送相关部门处理。对未抄表户生成未抄表清单，转抄表员到现场抄表。

(6) 在现场抄表时，发现用户用电出现以上异常，应生成“用电异常报告单”或填写“违章、窃电通知单”，经用电户现场签字确认，发送相关部门处理；对拒绝配合工作的用电户应保护现场，并立即通知用电检查人员或有关领导到现场取证调查。

第三节　电费核算工作标准与要求

电费核算是线损管理的组成部分，影响线损率的基本因素是电量，电量的来源是电费核算的结果，电费核算质量的好坏直接影响着线损率的高低，影响着线损管理的决策与方向，为此，加强电费核算环节的管理，规范核算人员的行为，特制定了电费核算专业与线损有关的各项工作的标准与要求。

一、前期准备

（一）审核用电工作票

用电工作票是电费管理部门传递工作信息和命令的凭证，是各工序之间进行工作联系的工具，是一种把用电户申办的内容和为之承办的项目，用一定格式进行联系的形式，在一定程度上起着业务调度的作用。用电工作传票的内容要清楚、正确；户名、地址、工作种别、用电类别要详尽记录；用电设备的容量、数量，电能计量装置装出、拆回的指示数，TA、TV 装出或变更等要详尽记录；用电户要求及问题原因要准确记录；电价规定要明确无误。

电费核算人员在电费核算之前，应对各类工作传票进行审核，工作传票必须两日内处理完成。在接到营销系统传来电子工单或纸质的用电工作传票后，应先弄清用电工作传票的具体内容，附件是否完整，审核、辨别用电工作传票的记载内容、处理意见或处理结果是否有差错。如果存在异议，应及时与有关部门反馈、核实，并做好记录。

工作传票按业务种类分为新装、增容、减容、暂停、暂换、迁址、移表、过户、分户、并户、销户、改压、改类、轮换表计、退补电量电费等。审核用电工作票应重点关注以下相关内容。

（1）对于新装客户：审核用电户、变压器、线路、电能计量装置的基本信息是否完整。根据用电户用电性质审核电价、峰谷、力调标准是否执行正确。

1）审核变压器型号、总容量、运行容量、冷热备容量是否与供电方案一致，对不符合要求的高能耗变压器杜绝进入电网。

2）审核供电线路的性质（专线、公用线路、专线非专用、低压线路）、线路编号、线路名称是否与供电方案相同。

3）审核计量方案。

a. 了解计量装置在线路中的安装位置（是否在线路的产权分界点），审核是否加收线路损失电量，测算的依据是否合理。

b. 了解计量装置在变压器的安装位置（高供高计、高供低计），审核是否加收变压器损耗电量。

c. 根据计量装置的配置，审核电压互感器、电流互感器的配置是否合理，倍率计算是否正确。

d. 审核计量装置的安装投运时间、装表人员的签字是否正确、齐全。

4）根据变压器容量、用电性质，审核是否执行峰谷、电价执行是否正确，是否执行功率因数考核、功率因数调整电费标准是否正确；是否计收基本电费等。

5）对定量、定比的用户，审核定量以及照明、动力比的测算依据是否合理，是否按规定每年核定一次。

（2）对于增容、减容、暂停、暂换、暂拆、迁址、移表、过户、分户并户、销户、改压、复电启封等用电工作票。

1）审核变压器变动前、后的容量和变动时间及电能计量装置的相关记录。

2）对执行两部制电价的客户，容量变动后不足 315kVA 时，应改为单一制电价。

（3）变更电能计量装置（换表，更换 TA、TV）：审核拆、装电能表指示数、换表时间，互感器更换前、后的倍率等。

（4）退、补电量：审核退补电量的资料是否齐全，计算方式是否正确等。

（二）审核抄表数据

（1）审核采集系统导入的抄表数据（如总有功示数、无功示数、尖峰示数、峰段示数、谷段示数、需量表底数等）是否完整，有无缺户、缺项；审核抄表数据是否异常，如抄表数据乱码、抄表数据无限大、抄表数据为零、期末表底小于期初表底、电量突增突减等。

（2）发现电量存在异常时，及时与采集系统管理人员或抄表人员联系，查明原因，并生成异常报告单转相关人员检查。

（3）由于电能表发生故障或其他原因必须现场抄表时，应对抄表人员现场抄录的数据进行审核，要求对电量大的客户、最大需量值现场抄录时，必须有现场抄表的影像资料。

（4）待工作传票审核与抄表数据审核无误后，再进行电费核算。

二、电量计算

计费电量的计算公式为

$$计费电量=抄见电量+损耗电量-分表电量+退补电量 \tag{6-3}$$

（一）抄见电量

抄见电量是通过电能量采集系统或人工现场抄表抄录的本月电能表指示数与上月电能表指示数比较计算出的电量，是用电客户本月实际使用的电量。计算公式为

$$抄见电量=(本月指示数-上月指示数)\times倍率 \tag{6-4}$$

$$倍率=电压互感器的变比\times电流互感器的变比$$

（二）损耗电量

$$损耗电量=线路损耗电量+变压器损耗电量(铜、铁损)$$

1. 线路损耗电量

线路损耗电量计算可参照本章第一节四中（二）相关内容进行。

2. 变压器损耗电量

计算方法有损失功率法、抄见电量法。

（1）损失功率法为

$$\Delta W_{\mathrm{P}}=\left[\Delta P_{\mathrm{o}}t+\Delta P_{\mathrm{k}}\left(\frac{S}{S_{\mathrm{N}}}\right)^{2}t\right]=\left[\Delta P_{\mathrm{o}}t+\Delta P_{\mathrm{k}}\left(\frac{P_{\mathrm{P}}}{S_{\mathrm{N}}\cos\varphi}\right)^{2}t\right] \tag{6-5}$$

$$\Delta W_Q=\left[\frac{I_O\%}{100}S_Nt+\frac{U_K\%S_N}{100}\left(\frac{S}{S_N}\right)^2t\right]=\left[\frac{I_O\%}{100}S_Nt+\frac{U_k\%S_N}{100}\left(\frac{P_P}{S_N\cos\varphi}\right)^2t\right] \quad (6\text{-}6)$$

式中　ΔW_P——变压器有功电量损耗，kWh；

ΔP_o——变压器空载损耗，kW；

ΔP_k——变压器负载损耗（短路损耗），kW；

S——实际视在功率，kVA；

S_N——变压器视在功率，kVA；

P_P——平均负荷功率，kW；

t——变压器运行时间，h；

ΔW_Q——变压器无功电量损失，kvar；

$I_O\%$——变压器空载电流百分数；

$U_k\%$——变压器短路阻抗电压百分数。

（2）抄见电量法为

$$\Delta W_P=\left[\Delta P_ot+\frac{\Delta P_k}{S_Nt}(A_P^2+A_Q^2)\right] \quad (6\text{-}7)$$

$$\Delta W_Q=\left[\frac{I_O\%}{100}S_Nt+\frac{U_k\%}{100S_Nt}(A_P^2+A_Q^2)\right] \quad (6\text{-}8)$$

式中　A_P——用电户月有功电量，kWh；

A_Q——用电户月无功电量，kvar。

（3）不同计量方式与变压器损耗的关系。

1）变压器资产属客户时，如采用高供高计方式供电，变压器损耗已计入客户总电量中，因此不应另外加计变压器损耗；如采用高供低计方式供电，变压器损耗未计入客户总电量中，因此应加计变压器损耗。

2）对于计量装置安装在供、受电设备产权分界点的，客户不承担变压器产生的损耗。

3. 损耗电量的分摊

（1）分摊变压器损耗时应按电量比例进行分摊。

（2）多户同时共用一台变压器，按每户电量占总电量比例分摊变压器损耗。同一用电户对定比、定量电量，不参加变压器损耗分摊。

（3）对于转供电用电户，根据转供电协议确定是否分摊转供电用户线路、变压器损耗电量。

（4）线路、变压器损耗参加功率因数计算，同时参加功率因数调整电费的计算。

（5）高压供电低压计量的用电户，其变压器和线路损失的电量，均加在平段电量内计算。

（三）分表电量

如果本用户总表下带有其他用户，其他用户的电能表所计量的电量为分表（或套表）

电量。

（四）追补电量

追补电量是指由于用户用电发生异常或电能计量装置发生异常时，需给用户追补的电量。

三、功率因数调整电费计算

$$功率因数调整电费=(电量电费+基本电费)\times功率因数调整电费率 \tag{6-9}$$

1. 功率因数的标准值及其适用范围

（1）功率因数执行标准应满足水利电力部、国家物价局《关于颁发〈功率因数调整电费办法〉的通知》[（83）水电财字 215 号] 规定。

（2）一般工商业用户执行原非普工业功率因数标准，因此，一般工商业中除 160kVA 以上工业用户执行 0.90 的标准外，其他执行 0.85 的标准。

2. 功率因数的计算

有功核算电量(W_P)＝有功抄见电量＋线损有功电量＋变压器有功损耗电量(铜、铁损)

无功核算电量(W_Q)＝无功抄见电量＋线损无功电量＋变压器无功损耗电量(铜、铁损)

无功抄见电量＝(本月指示数－上月指示数)×倍率

功率因数计算公式为

$$\cos\varphi=\frac{P}{S}=\frac{1}{\sqrt{1+\left(\frac{W_P}{W_Q}\right)^2}}$$

3. 功率因数计算要求

（1）凡实行功率因数调整电费的用电户，应装设带有防倒装置或双向性的无功电能表，按用电户每月实用有功电量和无功电量，计算月平均功率因数。

（2）凡装有无功补偿设备且有可能向电网倒送无功电量的用电户，应随其负荷和电压变动及时投入或切除部分无功补偿设备，供电企业应在计费计量点加装带有防倒装置的反向无功电能表，按倒送的无功电量与实用的无功电量两者的绝对值之和，计算月平均功率因数。

（3）对不需装电容器，用电功率因数就能达到标准值的用电户，或离电源点较近、电压质量较好、无须进一步提高用电功率因数的用电户，可以降低功率因数标准值或不实行功率因数调整电费办法。降低功率因数标准值的用电户的实际功率因数，高于降低后的功率因数标准时，不减收电费，但低于降低后的功率因数标准时，应增收电费，即只罚不奖。凡满足以上条件实行只罚不奖，要报上级主管部门批准备案。

4. 功率因数调整电费

（1）代征费用不参加功率因数调整电费。

（2）电能总表内所含居民生活、非居民照明电量，参加实际功率因数计算，但不参加功率因数调整电费。

四、电量电费补退

(1) 补、退电费严格依照“补、退电量、电费工作单”“用电异常报告单”或“用电工作票”经审核无误后，进行电量、电费的退补。

(2) 政策性的补、退电费，也应按规定流程进行补、退。

(3) 退补电量电费必须在发现月份一次性处理。

(4) 退补电量电费的处理结果必须反映在当月电费账务及统计报表中。

(5) 退补电量电费应执行批准权限管理方式。

(6) 建立退补电量、电费登记台账，按差错发生的时间进行登记。

五、电量电费审核

1. 电费复核的依据

抄表数据、用电工作票、营销信息系统客户档案资料等。

2. 正常电费复核内容

客户户名、地址、表号、TA或TV变比、当月抄见有功/无功示数、上月抄见有功/无功示数、变压器容量、电价执行等信息；基本电费、功率因数调整电费、电量电费、代征费、应收电费计算是否正确等。

3. 新装、增容客户计算电费的复核

除按规定正常复核外，还应重点对电价信息、行业分类、计量方式、变压器损耗、线路损耗、基本电费计算方式、变压器容量、启用时间、表计的接线方式、功率因数调整电费的执行标准和计算结果、定量定比的扣减比例、峰谷标志、表计初始底码等信息进行逐一核对。

4. 变更用电客户电费计算的复核

(1) 暂停：加封日期、启用日期、暂停容量、一年内暂停的时间、暂停后的容量、功率因数标准、是否有电量等；对大工业客户暂停后变压器总容量不足315kVA的是否改为单一制电价执行、一年内累计暂停时间超过6个月的，是否通知客户办理减容手续等。

(2) 减容：减少容量的起始日期、减少的容量、减容的方式、电价变动、基本电费的计算、变压器损耗计算、功率因数标准等。

(3) 暂换：两部制电价客户的暂换使用期限、替换后的变压器容量、换回原变压器的时间等。

(4) 迁址：客户基本信息中涉及地址的变动、抄表信息（如表号）、电价信息等。

(5) 移表：移表后该用户的用电容量、用电类别有无变化，计量装置有无异常、客户是否存在私自移表的行为等。

(6) 暂拆：拆表时间、恢复送电时间。

(7) 更名：现场用电地址、客户档案信息、用电类别是否改变。

(8) 分户：客户档案信息是否变动、抄表信息是否及时修改并确保对应关系、有无新

装表计等。

（9）并户：档案信息是否变动、抄表信息是否及时修改并确保对应关系、有无拆除表计等。

（10）销户：档案信息是否变动、拆表示数是否正确并算费等。

（11）改压：档案信息是否变动，抄表信息是否正确，更改电价信息是否到位，计量方式、接线方式有无变化等。

（12）改类：档案信息是否变动、抄表信息是否正确、电价信息有无变化等。

5. 异常电费的复核

核算电费后，进行电量电费自检、审核，发生异常时，生成异常报告单转相关部门处理，并统计编制异常处理情况台账。

（1）电量突增、突减或零电量的复核：当月电量与上月相比，突增或突减幅度大于30%、当月电量为0时，应按照户名、户号、本月电量、上月电量、异常电量等列出核算异常明细清单，转交抄表人员进行核实，并做好记录。

（2）各种异常信息的复核与修改。

1）指示数录入错误，需要修改指示数时：审核采集数据或抄表数据是否齐全、月末示数小于月初示数、最大需量未抄录、实现采集用户在系统中为“人工”方式等，发现异常应通知计量人员或抄表人员处理。

2）发现TA、TV变比异常，需要重新修改TA、TV信息时。

3）表号异常时，需要按正确的表号更改。

4）电价执行错误，需要按正确的电价维护。

5）未按规定执行力调电费，核实功率因数执行情况，确定功率因数标准，按正确的执行，并对发生的错误进行退补。

6）对当月存在计量装置变更的用户，重点审核表计示数、倍率是否变动，电量核算是否正确。

7）审核专线非专用线路的线损分摊是否正确。

8）对用户线路计量装置不在产权分界点、用户自备变压器计量装置高供低计等情况，审核是否加收线路损耗和变压器损耗。

9）根据最大需量值与变压器容量比较、用户月平均用电负荷与变压器容量比较，检查用户是否存在疑似私自增容现象。

10）对有电量、电费退、补工单时，应重点审核营销系统中是否正确进行了退补电量、电费。

11）基本电费计算错误时，核对容量值和变压器的停启时间以及计算方式后，正确计算，并在系统中进行单户重算或退补电量电费。

六、电费发行

（1）核算电费经审核无误后，发行电费，并生成电费核算台账（核算卡）、应收电费合计票及用电户分户明细账，保持三者数据一致。

（2）审核完毕后，打印电费发票（走收电费时）或发行到收费系统，生成相关信息及台账。

第四节　用电检查工作标准与要求

用电检查是线损管理的内容之一，开展用电检查工作，不仅可以加强用户的安全用电管理，减少电网的安全隐患，同时可以规范现场的用电行为，降低用户违章用电、窃电行为的发生，预防电量丢失，进一步提高用电管理水平。

用电检查的内容比较多，大致分为客户的安全检查、用电营业检查两大类，用电营业检查又分为供电企业内部的用电稽查和外部的用电检查两部分，本章节主要介绍用电检查专业与线损有关的相关内容，在工作中予以参考。

一、供电企业内部的用电稽查

1. 业扩报装专业稽查内容

（1）报装时限是否符合规定要求。

（2）有无营销系统外流转的报装户。

（3）计量装置安装地点是否在产权分界点；计量装置不在产权分界点的客户，是否按规定加计线路损耗。

（4）计量装置（表计、电流互感器）配置是否合理，是否采用电能量采集系统。

（5）高供低计客户是否加计变压器损耗。

（6）变压器容量在100kVA及以上电力客户是否执行功率因数考核。

（7）新装或增容客户选用的变压器容量是否合理、型号是否为节能型变压器。

2. 抄表管理（电能量采集）专业稽查内容

（1）电能量采集系统档案设置是否全面、正确，应设置的抄表项目是否全部设置，有无漏户现象；是否与营销系统有效衔接，运行是否正常。

（2）电能量采集系统的覆盖率、抄表正确率是否达98%以上。

（3）抄表例日变更是否经过审批流程，变更是否频繁。

（4）异常表计的处理是否规范，有无运行的故障表计；故障表计的更换、处理是否超期；追（退）补电量是否符合规定要求。

（5）人工抄表是否按月建立“抄表卡”；抄表是否到位，有无估抄、错抄、漏抄现象；大电力客户人工抄表时，是否留存影像资料。

3. 电费核算专业稽查内容

（1）电费核算指示数是否全部由电能量采集系统进行自动导入，电费核算数据是否与电能量采集系统数据一致。

（2）是否对人工抄表数据进行审核，核算数据是否与抄表数据相同。

（3）电能量采集系统数据电费核算应用率是否达98%以上。

（4）计量装置不在产权分界点的电力客户，是否加计线路损耗；高供低计客户是否加计变压器损耗。

（5）计量装置异常（表计、电流互感器、违章窃电）客户是否在核算当月追（退）补电量。

（6）是否对电量异常客户（如居民户每月电量超1000kWh、连续12个月以上电量为0）、需量大于容量、用电量计算的平均负荷大于变压器容量、暂停客户有电量发生的电力客户进行审核，并及时通知有关部门进行处理。

（7）变压器容量在100kVA及以上或用电设备容量在100kW及以上的电力客户，是否执行功率因数考核。

（8）检查专线非专用线路是否分摊线损，分摊线损是否准确等。

4. 计量管理专业稽查内容

（1）计量装置的配置是否合理，表计、互感器配置是否过大或过小。

（2）计量装置的接线是否正确，有无错接线现象；封印是否齐全。

（3）电能表的轮换是否按规定的周期完成。

（4）故障表计的处理是否及时，追（退）电量是否符合规定要求。

（5）是否存在一年内多次更换表计的现象。

5. 用电检查专业稽查内容

（1）是否制定年度、季度、月度用电检查计划、落实措施。

（2）对职责范围内的客户，用电检查是否到位，有无各类异常情况。

（3）对各部门提出的用电异常是否进行核实处理，并留有记录。

（4）是否组织开展用电普查和反窃电活动，要求有检查方案、用电普查表、用电异常或窃电处理结果、专项工作总结等。

（5）客户业务变更如暂停、增（减）容等是否管理到位，有无加（启）封人员操作处理台账。

（6）对发现的违约窃电客户，是否进行了处理，处理是否符合规定要求等。

二、外部用电检查内容及流程

（1）检查变压器低压侧接线柱、低压公用线路有无私自接线用电现象。

（2）检查变压器低压侧接线柱到表箱、表计之间的导线有无破口、有无私自接线用电现象。

（3）检查表箱、计量柜（箱）是否加锁，封印是否齐全。

（4）检查表计表尾、耳封、接线盒封印是否完好。

（5）核对表计表号是否与营销系统固定记载一致。

（6）核对表计指示数是否与核算卡账记录接近，有无多抄或少抄电量现象。

（7）采用电能表现场测试仪或采用“瓦秒法”对计量装置进行异常判断。

（8）对误差超差进行分析。

1）检查三相负荷是否平衡。

2）对带有电流互感器的计量装置，主要检查：①互感器的配置是否合理、变比是否正确，是否与互感器铭牌、核算（档案）变比一致；②互感器二次接线端子有无松动或打开、有无接触不良、有无腐蚀痕迹、有无二次内部断线等情况；③互感器二次接线端子极性是否正确，有无接线错误等。

3）计量表计应重点检查：①表计接线是否正确、接线端子中的电压钩螺钉是否松动或打开、三相四线表计是否接入中性线等；②电流回路是否被短接，是否有分流现象；③电能表外观，有无打开表盖痕迹、明显的窃电痕迹等；④有无其他方式窃电的行为。

（9）对用电性质检查。

1）检查用户的用电性质是否与执行电价相符。

2）检查用户的定量、定比是否合理，是否在规定时间内进行了核定。

（10）对变压器容量检查。

1）检查用户实际容量（包括变压器在用容量、热备容量、高压电动机容量等）是否与核算容量一致。

2）检查冷备变压器、暂停变压器加封情况。

3）检查最大需量的抄录情况，包括抄录是否正确、抄录是否完整等。

（11）对转供电检查：检查用户是否私自引出或引入其他电源用电。

（12）经现场检查，认定用户有窃电或违章用电行为的，应采用拍照、摄像、录音、执法记录仪等手段做好现场取证、证据保全等工作，并现场开具《违章用电、窃电通知书》一式两份，并由窃电户签名确认。

（13）现场检查结束后，应对表计、表箱进行加封、加锁，恢复原样。

三、违约用电的检查

（一）违约用电行为

根据《供电营业规则》第一百条规定：危害供用电安全、扰乱正常供用电秩序的行为，属于违约用电行为。

（1）在电价低的供电线路上，擅自接用电价高的用电设备或私自改变用电类别的。

（2）私自超过合同约定的容量用电的。

（3）擅自超过计划分配的用电指标的。

（4）擅自使用已在供电企业办理暂停手续的电力设备或启用供电企业封存的电力设备的。

（5）私自迁移、更动和擅自操作供电企业的用电计量装置、电力负荷管理装置、供电设施以及约定由供电企业调度的用户受电设备者。

（6）未经供电企业同意，擅自引入（供出）电源或将备用电源和其他电源私自并网的。

（二）违约用电的查处与要求

1. 对变压器容量的现场检查

（1）对高供低计的用户，重点检查变压器的型号是否为节能型变压器。

（2）检查用户现场变压器容量是否与供用电合同容量相符，包括用户高压电动机容量，如用户实际容量大于合同容量，属于违约用电行为。

（3）检查变压器的运行状态（热备、冷备），对营销系统内为冷备设备，但现场未对变压器进行加封，应查明原因，如用户私自启封，属于违约用电行为。

对用户私自超过合同约定的容量用电的，除应拆除私增容设备外，属于两部制电价的用户，应补交私增设备容量使用月数的基本电费，并承担3倍私增容量基本电费的违约使用电费；其他用户应承担私增容量每千瓦（千伏安）50元的违约使用电费。如用户要求继续使用者，按新装增容办理手续。

2. 对暂停、封存设备的检查

用户已办理暂停、减容手续或已封存的用电设备，经检查现场未进行停用、减少变压器容量或未进行加封时，应查明原因，如属于供电企业责任，应按规定对相关人员进行处理；如属于用户责任，按违约用电处理。

对用户擅自使用已在供电企业办理暂停手续的电力设备或启用供电企业封存的电力设备的，应停用违约使用的设备。属于两部制电价的用户，应补交擅自使用或启用封存设备容量和使用月数的基本电费，并承担2倍补交基本电费的违约使用电费；其他用户应承担擅自使用或启用封存设备容量每次每千瓦（千伏安）30元的违约使用电费。

3. 对计量装置、供电设施、调度协议的检查

（1）未经供电企业同意，私自迁移、更动和擅自操作供电企业的用电计量装置、电力负荷管理装置、供电设施。

（2）未经供电企业调度部门同意，擅自迁移、更动和操作约定由供电企业调度的用户受电设备者。

对以上用户的违约用电行为，属于居民用户的，应承担每次500元的违约使用电费；属于其他用户的应承担每次5000元的违约使用电费。

未经供电企业同意，擅自引入（供出）电源或将备用电源和其他电源私自并网的。除当即拆除接线外，应承担其引入（供出）或并网电源容量每千瓦（千伏安）500元的违约使用电费。

四、用户窃电行为的检查

根据《供电营业规则》第一百零一条规定，窃电行为包括：

（1）在供电企业的供电设施上，擅自接线用电。

（2）绕越供电企业用电计量装置用电。

（3）伪造或者开启供电企业加封的用电计量装置封印用电。

（4）故意损坏供电企业用电计量装置。

（5）故意使供电企业用电计量装置不准或者失效。

（6）采用其他方法窃电。

（一）电能计量装置的正确接线

单相电能表直接接入式接线图如图 6-1 所示，带电流互感器的单相电能表接线图如图 6-2 所示。

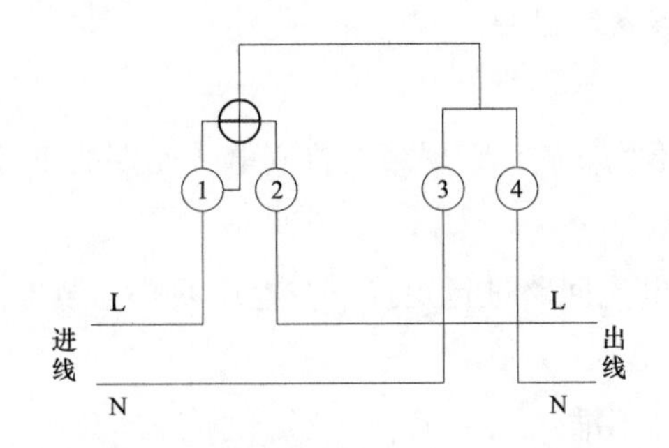

图 6-1　单相电能表直接接入式接线图

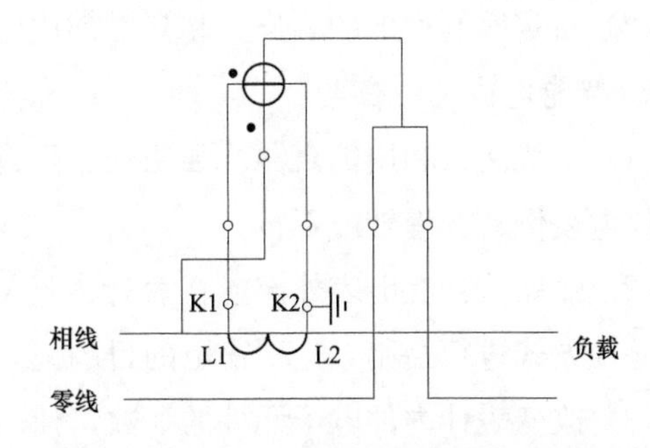

图 6-2　带电流互感器的单相电能表接线图

三相三线有功电能表接线图如图 6-3 所示，三相四线有功电能表接线图如图 6-4 所示。

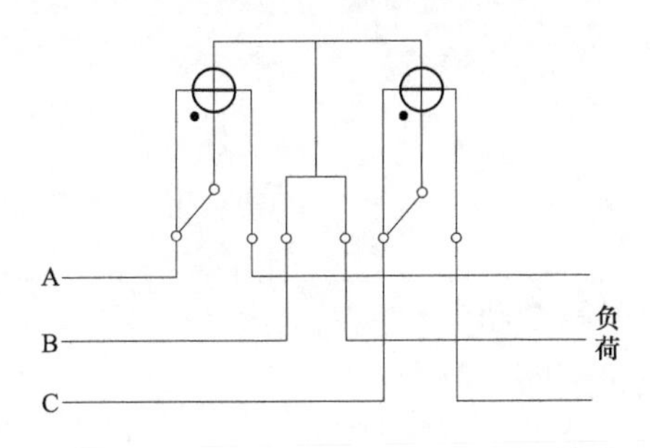

图 6-3　三相三线有功电能表接线图

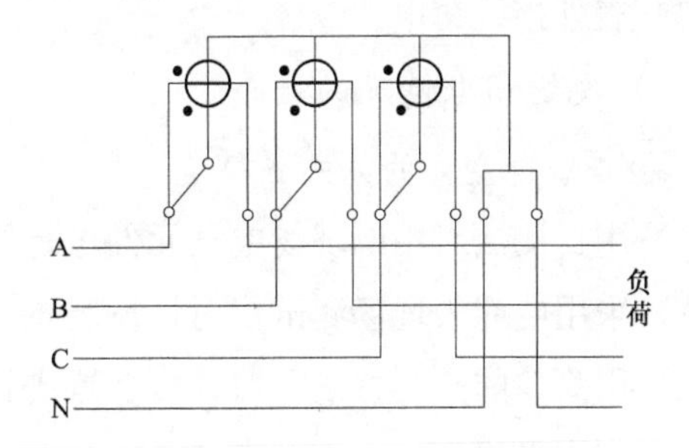

图 6-4　三相四线有功电能表接线图

（二）常见窃电的方法

1. 欠压法窃电

故意改变电能计量电压回路的正常接线或故意造成计量电压回路故障，致使电能表的电压线圈失压或所受电压减少，从而导致电量少计，这种窃电方法就叫欠压法窃电。

2. 欠流法窃电

故意改变计量电流回路的正常接线或故意造成计量电流回路故障，致使电能表的电流线圈无电流通过或只通过部分电流，从而导致电量少计，这种窃电方法就叫作欠流法窃电。

3. 移相法窃电

故意改变电能表的正常接线，或接入与电能表线圈无电联系的电压、电流，还有的利用电感或电容特定接法，从而改变电能表线圈中电压、电流间的正常相位关系，致使电能表慢转甚至倒转，这种窃电手法就叫作移相法窃电。

4. 扩差法窃电

窃电者私拆电表，改变电表内部的结构性能，致使电表本身的误差扩大。

5. 无表法窃电

（1）未经报装立户就私自在供电部门的线路上接线用电或有表用户私自甩表用电，叫作无表法窃电。

（2）对定额制用电的客户，私自增加用电设备容量等。

6. 智能电能表的窃电

（1）干扰法：利用倒表器、强磁铁、高频干扰器破坏、屏蔽或扰乱电子元件的正常工作，使电表倒转、慢转或不转。

（2）短路法：在电表外部或在表计内部对电流回路进行短接，在电压回路加装电阻，通过遥控方式进行控制，达到窃电的目的。

（3）改变表计内部电子元件的参数，使表计不准。

（4）通过485接口、调试接口、红外接收口对表计输入错误的信息，致使不计量或少计量，或倒表，改变表计的时段时间等。

（5）表外接线窃电。

（三）现场窃电情况的检查

1. 检查窃电主要的方式

（1）用目测法对用电现场电气元件进行检查。

（2）采用电能表现场测试仪对计量装置进行异常判断。

（3）用简单的“瓦秒法”对计量装置进行测试判断。

（4）利用采集系统对现场表计进行实时监测等。

2. 检查窃电的工作流程

（1）检查表箱、计量柜（箱）是否加锁，封印是否齐全。

（2）检查表计表尾、耳封、接线盒封印是否完好。

（3）核对表计表号是否与营销系统固定记载一致。

（4）核对电能表指示数是否与核算卡账记录接近，有无多抄或少抄电量现象。

（5）测试表计误差，判断计量装置是否正常。

（6）检查故障点，获取窃电证据。

（7）检查互感器选择是否合理，倍率是否正确。

（8）检查二次线有无接头、断线或短路等现象。

（9）检查二次回路中有无串并联其他表计。

（10）检查三相负荷是否平衡，测算对表计的影响。

（11）检查表前线是否有破口或窃电痕迹。

（12）查电结束后，将表计加封，表箱加锁。

3. 用目测法对用电现场电气元件进行检查

用目测法只能简单地对用电现场的电气元件进行检查，检查的内容包括：

（1）检查表箱的封锁，接线盒封印，表计的尾封、耳封是否齐全，有无破坏或更动的痕迹。

（2）检查变压器低压侧接线柱、低压公用线路有无私自接线用电现象。

（3）检查变压器低压侧接线柱到表箱、表计之间的导线有无破口、有无私自接线用电现象。

（4）对带有电流互感器的计量装置，主要检查　①互感器的配置是否合理、变比是否正确，是否与互感器铭牌、核算（档案）变比一致；②互感器二次接线端子有无松动或打开、有无接触不良、有无腐蚀痕迹、有无二次内部断线等情况；③互感器二次接线端子极性是否正确，有无接线错误等。

检查计量表计应重点检查　①表计接线是否正确、接线端子中的电压钩螺钉是否松动或打开、三相四线表计是否接入中性线等；②抄表是否正确，表计指示数是否与上月核算指示数相对应；③电能表外观，有无打开表盖痕迹、明显的窃电痕迹等。

4. 采用电能表现场测试仪对计量装置进行异常判断

根据供电企业配置的各类电能表现场测试仪，可方便、准确地测试现场电能计量装置的运行情况，依据测试数据或结果，判断用户是否有窃电行为。

5. 用简单的“瓦秒法”对计量装置进行测试判断

在资金不足，没有配置电能表现场校验仪的单位，用“瓦秒法”测试电能计量装置的准确性是一种很有效的检查方法。其原理是通过现场测试计量装置的误差来分析、判断计量装置运行是否正确，判断客户是否有窃电行为，判断表计异常的方法和步骤如下：

（1）退出计量装置下侧所有电容器。

（2）用秒表测出智能电能表 N 个脉冲或机械电能表转 N 圈的时间（秒）。

（3）读取电能表铭牌中的常数（即电子表每千瓦时的脉冲数、机械表计每千瓦时的转盘转数）。

（4）计算电能表的计量功率为

$$P_1=\frac{3600N}{CT}K_{\mathrm{p}}K_{\mathrm{T}} \tag{6-10}$$

式中　P_1——电能表计量功率，kW；

N——测定智能电能表的脉冲数或机械电能表铝盘转数，N；

C——电能表常数，r/kWh 或脉冲/kWh；

T——测定电子表 N 个脉冲或机械表铝盘转 N 转所需要的时间，s；

K_{P}——电压互感器的变比；

K_{T}——电流互感器的变比。

（5）测量低压计量点处的电压。

（6）用钳形电流表测量计量点三相一次总平均电流。

（7）根据负荷性质估算功率因数 $\cos\varphi$ 或用秒表测算负荷功率因数。

（8）计算通过计量点的实际功率为

$$P_2=\sqrt{3}UI\cos\varphi \tag{6-11}$$

式中 P_2——实际功率，kW；

U——实际运行电压，kV；

I——实际一次电流，A；

$\cos\varphi$——实际功率因数。

（9）计算计量装置误差值（%），即

$$\delta=\frac{P_1-P_2}{P_2}\times 100\% \tag{6-12}$$

式中 δ——表计误差。

如 $P_1>P_2$，说明表计快；否则，表计慢，应查明计量表计慢的原因。

（10）对误差超差进行分析。

1）三相负荷是否平衡。

2）表尾电压相序是否正确。

3）计量装置配备是否合理。

4）卡账 TA 倍率与实际是否相符、检查 TA 是否已经饱和。

5）检查二次回路电阻是否增大。

6）计量回路内是否串联其他表计。

7）检查表计接线是否正确。

8）检查用户是否有窃电行为。

（四）窃电行为的查处

1. 供电企业对窃电行为的处理规定

供电企业对查获的窃电者，应予制止并当场中止供电。窃电者应按所窃电量补交电费，并承担补交电费 3 倍的违约使用电费。拒绝承担窃电责任的，供电企业应报请电力管理部门依法处理。窃电数额较大或情节严重的，供电企业应提请司法机关依法追究刑事责任。

2. 供电企业对窃电量的确定

（1）在供电企业的供电设施上，擅自接线用电的，所窃电量按私接设备额定容量（千伏安视同千瓦）乘以实际使用时间计算确定。

（2）以其他行为窃电的，所窃电量按计费电能表标定电流值（对装有限流器的，按限流器整定电流值）所指的容量（千伏安视同千瓦）乘以实际窃用的时间计算确定。

窃电时间无法查明时，窃电日数至少以 180 天计算，每日窃电时间：电力用户按 12h 计算；照明用户按 6h 计算。

五、用电检查工作要求

（1）在执行用电检查任务前，用电检查人员按规定填写《用电检查工作单》，经领导审核批准后执行查电任务。查电工作终结，向领导汇报检查结果，将《用电检查工作单》填写检查结果交回单位存档。

（2）供电企业用电检查人员实施现场检查时，人数不少于两人。

（3）用电检查人员在执行查电任务时，先向被检查用户出示用电检查证或行政执法证（电力行政管理部门授权）。

（4）用电检查前应做好各项准备工作。

1）明确用电检查工作任务、用电检查对象、用电检查人员及时间。

2）制作用电普查项目表，罗列应检查的项目内容，包括变压器信息、电能表信息、电压互感器和电流互感器信息、电价信息、产权分界点信息等。

3）检查工作携带各项检查仪器仪表、各种检查使用工器具。

（5）在开展用电检查时，应采用内查与外查相结合的方式进行，通过内查发现异常，外查进行核实；外查发现问题，可通过内查进行核对、更正，这样不但有利于规范用户档案、工作流程，减少差错，而且可进一步强化现场管理，提升管理水平。

（6）经现场检查，认定用户有窃电事实的，应采用拍照、摄像、录音、执法记录仪等手段做好现场取证、证据保全等工作。

（7）对窃电属实的，应现场开具《违章用电、窃电通知书》一式两份，并由窃电户签名确认。

（8）在进行违章、窃电处理方面，务必按规定进行办理，在追补电量电费时，对涉及违约使用电费，一定要按规定的比例计收，任何人不得减免。

第五节　计量管理工作标准与要求

电能计量装置是电网取得效益的重要组成部分，是线损管理的基础，计量的准确性严重影响着线损率的高低。强化对计量装置的管理，实现计量管理标准化作业，精益化管理，对规范计量行为、减少计量差错、真实反映线损状况有着重要意义。

一、电能计量装置

（一）电能计量装置

电能计量装置包含各种类型电能表，计量用电压、电流互感器及其二次回路、电能计量柜（箱）等。

（二）电能表的选用及准确度等级

（1）选用知名厂家的智能电子式电能表。

（2）电流值的确定。

根据功率计算公式

$$P=\sqrt{3}UI\cos\varphi \tag{6-13}$$

可得到客户实际用电电流，计算公式为

$$I=\frac{P}{\sqrt{3}U\cos\varphi}$$

式中 I——实际用电电流，A；

P——实际功率，kW；

U——供电电压，kV；

$\cos\varphi$——客户的实际功率因数。

（3）电能表的选用。

1）接入中性点绝缘系统的电能计量装置，应采用三相三线有功、无功或多功能电能表。接入非中性点绝缘系统的电能计量装置，应采用三相四线有功、无功或多功能电能表。

2）低压供电，计算负荷电流为60A及以下时，宜采用直接接入电能表的接线方式；计算负荷电流为60A以上时，宜采用经电流互感器接入电能表的接线方式。

3）选用直接接入式的电能表其最大电流不宜超过100A。

4）为提高低负荷计量的准确性，应选用过载4倍及以上的电能表。如一般直配单相电能表选择10(60)A；带有电流互感器的电能表选择1.5(6)A。

5）经电流互感器接入的电能表，其额定电流宜不超过电流互感器额定二次电流的30%，其最大电流宜为电流互感器额定二次电流的120%左右。

6）执行功率因数调整电费的电力用户，应配置计量有功电量、感性和容性无功电量的电能表；按最大需量计收基本电费的电力用户，应配置具有最大需量计量功能的电能表；实行分时电价的电力用户，应配置具有多费率计量功能的电能表；具有正、反向送电的计量点应配置计量正向和反向有功电量以及四象限无功电量的电能表。

7）计量直流系统电能的计量点应装设直流电能计量装置。

8）带有数据通信接口的电能表通信协议应符合DL/T 645的要求。

9）Ⅰ、Ⅱ类电能计量装置宜根据互感器及其二次回路的组合误差优化选配电能表；其他经互感器接入的电能计量装置宜进行互感器和电能表的优化配置。

10）电能计量装置应能接入电能信息采集与管理系统。

（4）普通电能表准确度等级。

1）普通电能表准确度等级可分为0.5级、1.0级、2.0级和3.0级四种。

2）标准电能表准确度等级可分为0.02级、0.05级、0.1级、0.2级和0.5级五种。

（三）电流互感器

1. 电流互感器的选用

（1）电流互感器变比的选择。电流互感器额定一次电流的确定，应保证其在正常运行中的实际负荷电流达到额定值的60%左右，至少应不小于30%。否则，应选用高动热稳定电流互感器，以减小变比。

（2）额定电压。互感器的额定电压，应与被测线路的线电压相适应。

（3）准确度等级的选择。若用于测量，应选用精度等级0.2、0.2S或0.5S级。对Ⅰ、Ⅱ类计量设备电流互感器的配置应小于或等于0.2S或0.2级（0.2级仅限于发电机的计量）；对Ⅲ、Ⅳ、Ⅴ类计量设备电流互感器的配置应小于或等于0.5S级。

（4）二次负荷的选择。电流互感器额定二次负荷的选择应保证接入其二次回路的实际负荷在25%～100%额定二次负荷范围内。二次回路接入静止式电能表时，额定二次电流为5A的电流互感器额定二次负荷不宜超过15VA，额定二次电流为1A的电流互感器额定二次负荷不宜超过5VA。二次负荷主要受测量仪表和继电器线圈电阻、电抗及接线接触电阻、二次连接导线电阻的影响。电流互感器额定二次负荷的功率因数应为0.8～1.0。

（5）电流互感器的接线。电流、电压互感器的正确接线将在第七章第二节讲述。

2. 电流、电压互感器的接线

电流、电压互感器的正确接线将在第七章第二节讲述。

3. 互感器二次导线的选择

互感器二次回路的连接导线应采用铜质单芯绝缘线，对电流二次回路，连接导线截面积应按电流互感器的额定二次负荷计算确定，至少应不小于4mm^2。

4. 电流互感器的检定周期

检定周期按不同情况分别规定。

（1）作标准用的电流互感器，其检定周期一般定为2年。只作测量用的电流互感器，可根据技术性能、使用的环境和频繁程度等因素，确定其检定周期，一般为2～4年。

（2）凡0.2级以上（包括0.2级）作标准用的电流互感器，在连续两个周期3次检定中，最后1次检定结果与前2次检定结果中的任何1次比较，其误差变化小于误差限值的1/3时，检定周期可延长原定的50%，即检定周期为3年。如果第4次检定仍满足上述要求，检定周期可继续延长1年，即检定周期为4年。作标准用的电流互感器，如果在一个检定周期内误差变化超过其误差限值的1/3时，检定周期应缩短为1年。

（3）凡配校验台专用的电流互感器首次检定后可不再单独周期检定，允许与装置一起整检。

（四）电压互感器

1. 电压互感器的选择

（1）额定电压的选择。电压互感器一次绕组的额定电压按下式来选择，即

$$0.9U_x < U_{1N} < 1.1U_x \tag{6-14}$$

式中　U_x——被测电压，kV；

U_{1N}——电压互感器一次绕组的额定电压，kV。

（2）额定容量的选择。电压互感器额定容量应满足下式要求，即

$$0.25S_N < S < S_N \tag{6-15}$$

式中　S_N——电压互感器额定容量，VA；

S——二次总负载视在功率，VA。

注意：由于电压互感器每相二次负载并不一定相等，因此，各相的额定容量均应按二次负载最大的一相选择。

（3）准确等级的选择。根据 DL/T 448—2016《电能计量装置技术管理规程》规定：对Ⅰ、Ⅱ类电能计量装置，应选用 0.2 级的电压互感器；对Ⅲ、Ⅳ类电能计量装置，应选用 0.5 级的电压互感器。

2. 电压互感器连接线的选择

互感器二次回路的连接导线应采用铜质单芯绝缘线，对电压互感器二次回路，连接导线截面积应按允许的电压降计算确定，至少应不小于 2.5mm^2。

3. 在使用电压互感器时，接线的注意事项

（1）按要求的相序接线。

（2）单相电压互感器极性要连接正确。

（3）二次测应有一点可靠接地。

（4）二次绕组不允许短路。

二、电能计量装置的管理

1. 电能计量装置准确度等级符合以下要求

各类电能计量装置应配置的电能表、互感器的准确度等级不应低于表 6-1 标准。

表 6-1　电能计量装置准确度等级

电能计量装置类别	准确度等级			
	有功电能表	无功电能表	电压互感器	电流互感器
Ⅰ	0.2S 或 0.5S	2.0	0.2	0.2S 或 0.2*
Ⅱ	0.5S 或 0.5	2.0	0.2	0.2S 或 0.2*
Ⅲ	1.0	2.0	0.5	0.5S
Ⅳ	2.0	3.0	0.5	0.5S
Ⅴ	2.0	—	—	0.5S

* 0.2 级电流互感器仅指发电机出口电能计量装置中配用。

2. 电能计量装置的现场检验周期

（1）新投运或改造后的Ⅰ、Ⅱ、Ⅲ类电能计量装置应在带负荷运行一个月内进行首次电能表现场检验。

（2）运行中的电能计量装置应定期进行电能表现场检验，要求如下。

1）Ⅰ类电能计量装置宜每 6 个月现场检验一次。

2）Ⅱ类电能计量装置宜每 12 个月现场检验一次。

3）Ⅲ类电能计量装置宜每 24 个月现场检验一次。

（3）运行中的电压、电流互感器应定期进行现场检验，要求如下。

1）高压电磁式电压、电流互感器宜每10年现场检验一次。

2）高压电容式电压互感器宜每4年现场检验一次。

3）当现场检验互感器误差超差时，应查明原因，制定更换或改造计划并尽快实施；时间不得超过下一次主设备检修完成日期。

3. 计量装置更换

电能表、低压电流互感器的更换应遵守下列规定：

(1) 电能表经运行质量检验判定为不合格批次的，应根据电能计量装置运行年限、安装区域、实际工作量等情况，制定计划并在一年内全部更换。

(2) 更换电能表时宜采取自动抄录、拍照等方法保存底度等信息，存档备查。贸易结算用电能表拆回后至少保存一个结算周期。

(3) 更换拆回的Ⅰ～Ⅳ类电能表应抽取其总量的5%～10%、Ⅴ类电能表应抽取其总量的1%～5%，依据计量检定规程进行误差测定，并每年统计其检测率及合格率。

(4) 低压电流互感器从运行的第20年起，每年应抽取其总量的1%～5%进行后续检定，统计合格率应不小于98%。否则，应加倍抽取和检定、统计其合格率，直至全部更换。

4. 现场带电检查低压电流互感器变比的方法

用大量程的钳形电流表测量电流互感器的一次电流 I_A（安），同时用5A量程的钳形电流表测量电流互感器的二次侧电流 I_a 值，电流互感器的变比按式（6-16）计算，即

$$K_L=\frac{I_A}{I_a}\times\frac{5}{5}=\frac{5\times I_A/I_a}{5} \tag{6-16}$$

最后计算出以5为分母的分数形式，即为电流互感器的变比。

三、电能计量装置的错误接线及电量退补

当电能计量装置出现故障或人为原因造成计量不准时，应给用户追补或冲退电量。在退补电量时，应根据计量部门出具的计量检定报告中的更正系数或更正率，以及用户在计量装置故障期间所使用的电量或时间进行计算，避免出现估算现象。

由于电能计量装置故障引起的电量电费退补，可参考第七章第六节电能计量装置的错误接线及电量退补中的有关内容进行。

四、工作质量要求

(1) 合理配置和选用各类电能计量装置，根据用电客户的用电性质、设备容量或实际用电负荷，合理选择计量方式、表计容量、互感器变比，确保正确计量。

(2) 强化计量人员的业务培训，定期开展技术比武活动，提高业务处置能力，特别是在新装或更换计量装置时，务必做到接线正确、规范，预防由于接线错误引起的电量丢失。

(3) 严格异常表计的管理：一是对用电现场发现的各类表计异常应及时进行处理；二是在追（退）补电量电费时，必须按照计量部门出具的电量更正报告进行处理，避免人为无依据退补；三是表计异常处理包括更换电能计量装置、退补电量电费必须在当月处理，不得跨月；四是杜绝一户每年多次换表现象。

(4) 加强计量装置的封印管理：一是建立健全计量封印管理制度，制定计量封印领用

管理流程，建立计量封印领用台账；二是强化现场管理，完善计量装置各种封印，确保计量装置的运行准确性。

第六节　“四分”管理工作标准与要求

为进一步细化线损管理，实现线损管理全业务、全流程、全层级覆盖，及时掌握和了解电网各供电环节的线损状况，积极开展线损“四分”管理，深化线损从结果管理到过程管理转变，规范工作流程，实现“技术线损最优，管理线损最小”目标。

一、线损“四分”管理

“四分”管理是指对所辖电网线损采取包括分区、分压、分元件和分台区等综合管理方式。

（1）分区管理：指对所管辖电网按供电范围划分为若干区域进行统计、分析及考核的管理方式。区域一是指按照行政区划分为省、地市、县级等电网，二是指变电站围墙内各种电气设备组成的区域。

（2）分压管理：指对所管辖电网按不同电压等级进行统计、分析及考核的管理方式。

（3）分元件管理：指对所管辖电网中各电压等级线路、变压器、补偿元件等电能损耗进行分别统计、分析及考核的管理方式。

（4）分台区管理：指对所管辖电网中各个公用配电变压器的供电区域损耗进行统计、分析及考核的管理方式。

二、组织分工

（1）发展部是“四分”管理的牵头部门，具体负责本单位线损率指标计划管理，包括计划编制和调整、上报、分解、下达、执行、分析、考核。负责组织开展分区线损率的统计与分析等工作。

（2）调控中心负责电网网损管理，组织开展网损分压、分元件线损率的统计与分析等工作。

（3）运检部负责本单位10(20/6)kV线损管理。

（4）营销部负责本单位0.4kV与专线用户线损管理。

三、“四分”线损的统计计算

（1）分区线损率计算式为

$$\text{分区线损率} = (\text{分区供电量} - \text{分区售电量}) / \text{分区供电量} \times 100\% \tag{6-17}$$

其中：

分区供电量＝输入本地区的电量－本地区的输出电量；

分区售电量＝本地区用户售电量。

（2）35kV及以上各电压等级分压网损率计算式为

分压网损率＝(各电压等级输入电量－各电压等级输出电量)/各电压等级输入电量×100%　　(6-18)

其中：

各电压等级输入电量＝输入本电压等级的发电厂上网电量＋各电压等级向本电压等级电网输入电量；

各电压等级输出电量＝本电压等级售电量＋本电压等级向其他电压等级输出电量＋本电压等级向毗邻电网输出电量。

(3) 10kV综合线损率计算式为

10kV综合线损率＝线损电量/供电量×100%　　(6-19)
＝[(供电量－售电量)/供电量]×100%

其中：

供电量(10kV的输入电量)＝系统内各变电站10kV总表电量＋10kV及以下电厂(分布式电源)的上网电量＋10kV公用台区的反向电量；

售电量＝10kV及以下终端用户的售电量＋10kV向上一级电网的输出电量(10kV总表的反向电量)＋10kV及以下向毗邻电网的输出电量。

(4) 分台区线损率计算式为

台区线损率＝(台区输入电量－台区输出电量)/台区输入电量×100%　　(6-20)

其中：

台区输入电量＝台区总表的下网电量＋小电厂(光伏发电)0.4kV的上网电量；

台区输出电量＝本台区低压用户的售电量＋台区总表的反向电量。

说明：两台及以上变压器低压侧并联或低压联络开关并联运行的，可将所有并联运行变压器视为一个台区单元统计线损率。

四、“四分”线损率的管理

(1) 根据上级下达的综合线损率计划，各公司应按月、季、年测算并下达“四分”线损率计划，确定工作目标。

(2) 各公司根据上级单位或部门下达的计划，分解落实到人，并制定完成计划的各项措施，包括技术措施和管理措施等，认真落实。

(3) “四分”线损率指标的完成情况应由系统按实时、天、周、月、季度、年度自动生成，相关人员不得干预或人为修改数据，确保数据真实、准确。

(4) 数据生成后应对线损率完成情况进行认真分析，查找线损异常的原因，根据存在的问题，制定相应的措施。

(5) 线损分析应重点分析与线损有关的各项因素的变化情况，如分析系统供电状况有无变化，变电站母线电量是否平衡、变电站主变压器三侧电量是否平衡、变电站旁母有无临时带负荷、变电站或线路中电容器的投运情况、输配电线路线损有无异常、抄表是否正常（如抄表时间有无变化，抄表数据是否齐全、正确等）、本月投运用户有无在营销系统中立户、计量装置运行是否正常（有无换表、更换互感器、倍率是否正确、表计运行是否正常等）、用户有无违章窃电现象等。

（6）经分析，对由于设备原因（如供电线路长、供电半径大、导线截面小、无功补偿不足等）引起的线损升高，应列入改造规划、编制改造计划、申请改造资金进行技术改造。

（7）加强“四分”线损率指标的考核，制定考核办法，对未完成线损率的单位或个人进行考核，充分调动线损管理人员的工作积极性。

第七节　母线电量平衡率管理工作标准与要求

变电站母线电量平衡是线损管理与分析的基础，是对各类供用电关口计量装置运行是否正常进行监督最有效的方式。通过开展变电站母线电量平衡，对专线用户准确计量，把控公用线路的供电量关口，真实反映线损率的完成情况起积极作用。

一、职责分工

（1）省检修公司负责500kV及以上变电站关口计量装置日常巡检、关口异动监测分析和母线电量平衡统计分析工作。

（2）省公司调控中心负责220kV及以上变电站母线电量平衡的统计分析管理工作。

（3）省计量中心负责省地关口、省网外送关口、省调电厂上网关口以及500kV及以上变电站内关口计量装置的监测、质量技术监督等工作；支撑营销基础平台和厂站电能量采集系统中厂站计量基础档案信息和电量采集信息的数据质量提升工作。

（4）地市公司、县公司营销部负责电厂与变电站供电关口计量、分布式光伏上网计量和职责范围内内部考核关口（供电企业内部用于经济技术指标分析、考核的电量计量点）的管理工作。

（5）地市调控中心、县公司调控中心负责职责范围内35kV及以上变电站母线电量平衡的统计分析管理工作。

二、变电站母线电能不平衡指标

根据国网（发展/3）476—2014《国家电网公司线损管理办法》，线损月度异常认定原则如下。

（1）220kV及以上母线电能不平衡率小于±0.5%。

（2）10～110kV母线电能不平衡率小于±1.0%。

三、母线电能不平衡率计算

变电站母线输入与输出电量之差称为不平衡电量，不平衡电量与输入电量比率为母线电能不平衡率。该指标反映了母线电能平衡情况。

$$母线电能不平衡率=(输入电量-输出电量)/输入电量\times 100\% \tag{6-21}$$

四、母线电量不平衡率的管理与要求

（1）计算变电站母线电量不平衡率的数据来源，应为厂站电能量采集系统和营销电量

采集系统，以及营销自动化系统的数据。

（2）变电站母线电量不平衡率的计算应实现自动化实时计算，在计算过程中不得人为修改数据，确保计算结果的准确性。

（3）为及时发现和处理各类异常情况，母线电量不平衡率应按瞬时值、时、天、周、月进行计算统计，并保存计算结果资料。

（4）相关责任单位应加强对变电站各运行表计的监控，开展母线电量不平衡率的分析与管理工作，当发现母线平衡超过标准值时，应及时以书面形式通知有关部门进行处理。

（5）各级营销部门接到相关单位发来的母线平衡异常通知单后，应及时对采集数据进行查询与分析，判断异常原因，并进行处理。

（6）对属于计量装置异常引起的母线电量平衡超标准时，营销部门应按规定进行电量退补，处理时间应在3个工作日内完成。

（7）建立母线电量平衡考核评价制度，对母线平衡超标准值3个工作日未发现、异常未处理的相关单位或个人进行考核。

（8）建立母线电量平衡管理台账，对发生的每起异常情况应及时登记，按月对异常情况进行分析归类，对发生异常较多的类别应高度重视，举一反三，采取有效措施，确保同类问题不再发生。

第八节　同期线损管理工作标准与要求

随着电能量采集系统的大量应用，在技术上已基本满足了计算同期线损的条件。实现同期线损的统计后，可实时、准确地反映线损的实际状况，为强化线损管理起到重要作用。所谓同期线损是指计算对象的输入电量（供电量）与输出电量（售电量）在同一时刻抄表所计算出的线损率，本节重点对10kV单条线路同期线损、低压台区同期线损等进行说明。

一、同期线损的准备

（1）建立健全10kV线路、公用台区的各项基础档案。

1）根据线损“四分”管理要求，进一步建立和完善10kV高压线路、公用台区的“线路走经图”和电气设备明细表，根据发展变化情况及时更新。

2）为实现电能计量点“全覆盖、全采集”，深化电能表的应用等要求，首先完善各计量点的计量装置，包括10kV线路的总表关口、10kV线路小电厂（分布式电源）并网关口、10kV高压供电用户、公用台区总表、低压（分布式电源）并网点、低压供电用户的电能计量装置，并实现全部自动采集，夯实现场基础档案。

3）理顺线路、台区的供售关系，建立健全各条10kV线路或低压台区的供电用户分布图，根据营配贯通、电网拓扑分析，及时纠正跨线路或垮台区供电现象。

4）建立信息数据维护和治理常态工作机制，完善设备运行维护、各类异常处理、考核等相关制度，确保线损计算数据源的唯一性、完整性和可靠准确性。

（2）加强采集基础档案的运行维护和管理，对新增、销户、用电地址变更、表计异常、轮换等业务，应在工作结束后 2 个工作日内完善采集系统中的有关信息，并调试成功。

（3）确保台区与用户关系的一致性，充分利用营销系统基础数据平台，按照营配贯通建模原则，开展营销系统、采集系统、营配贯通系统的台区和电力客户关系一致性比对，分析台区采集点、电源点与用户关系的一致性。

（4）固定抄表例日，抄表例日一旦确定，原则上不得随意变动，如确需变更，必须经过领导审批后方可变更。

（5）为实现同期线损的正确统计，在确定抄表例日时，应将输入电量与输出电量表计的抄表例日保持一致，设置在同一天同一时刻。

（6）强化对采集抄表结果的审核，对无法采集回示数、示数抄录不全、示数采集错误的表计，应在抄表例日的当日采用补采召测的方式补抄 1～2 次，如仍无法抄回的，应查明原因，并派人现场进行抄表。

（7）对现场抄表的用户，应按月建立抄表卡片，准确记录现场抄表的准确信息，并标明抄表人员姓名和抄表时间。

（8）抄表前必须核对应抄电能表的表号，表位数与营销自动化系统档案是否相符；认真核对表计时钟是否准确、峰谷时段设置是否正确。

（9）现场抄录电能表指示数时，原则上应抄录抄表例日当天表计的冻结示数；如无法抄录冻结示数时，应抄录表计的当前示数，并根据当时的抄表时间、用户每小时的电量（用户月用电量/实际用电时间）折算到抄表例日当日冻结时刻的表计指示数。

（10）对装有电流互感器和电压互感器的用电户，在抄表时应抄录到小数点后 2 位数，需量表应完整抄录指示数，一般用电户抄整数位，并保留影像资料。

（11）核对电流互感器、电压互感器接线是否正确，变比与匝数的关系是否相符，互感器的变比与营销系统记载是否一致。

（12）检查表计运行是否正常，表计有无丢失、表内有无发黄或损坏、表内有无汽蚀现象、封印是否齐全，客户有无窃电或违章用电现象。

（13）在采用自动抄表方式后的前 3 个抄表周期内，须每月进行现场核对抄表。正常运行后，至少每 3 个月与现场计费电能表记录数据进行一次核对。

（14）对连续 2 个抄表周期出现抄表数据为零度的客户，应现场核实处理。

二、同期线损的计算

1. 10kV 单条线路的高压线损率

$$10\text{kV 单条线路的高压线损率} = \text{线损电量} / \text{输入电量(供电量)} \times 100\% = [\text{输入电量(供电量)} - \text{输出电量(售电量)} / \text{输入电量(供电量)}] \times 100\% \quad (6\text{-}22)$$

其中：

输入电量(供电量)＝变电站输入本线路总表电量＋小电厂及分布式电源 10kV 的上网电量；

输出电量(售电量)＝本线路专用变压器用户电量＋本线路公用变压器台区总表下网电量＋本线路变电站总表的上网电量(总表的反向电量)。

2. 低压台区线损率

台区线损率＝(台区输入电量－台区输出电量)/ 台区输入电量×100％　(6-23)

其中：

台区输入电量＝台区总表的下网电量＋小电厂(光伏发电)0.4kV 的上网电量台区输出

台区输出电量＝本台区低压用户的售电量＋台区总表的反向电量

说明：两台及以上变压器低压侧并联或低压联络开关并联运行的，可将所有并联运行变压器视为一个台区单元统计线损率。

三、同期线损的异常分析

低压台区同期线损异常分为长期高损、突发性高损、长期负线损、突发性负线损四种情况。

异常线损分析可参考第五章第五节有关内容进行。

四、同期线损指标的管理

(1) 随着电能量采集系统的全面应用，逐步实现所有线损指标的同期线损统计、分析、考核与管理，包括综合线损、网损（分电压等级）、单条输配电线路线损、低压台区线损以及各项线损小指标等。

(2) 根据电能量采集系统新技术的发展和应用，逐步拓展实现各项线损指标的实时统计，有计划地实现电能计量装置、采集设备、各项线损指标、电气设备的运行状况的实时检测、异常分析、故障跟踪处理等工作。

(3) 为确保同期线损统计的准确性，真实反映线损的实际状况，要求同期线损的统计要由系统自动计算生成，不得再有手工报表现象。

(4) 线损分析应全面，重点对高损线路、高损台区、负线损台区进行分析，查找线损异常原因，根据存在的问题，制定有效改进措施并实施。

(5) 强化同期线损考核管理，制定同期线损管理与考核办法，对未完成线损率计划的线路或台区、异常处理不到位、降损措施未落实的相关人员应严格考核，努力提高线损管理人员的工作积极性和责任心。

第七章　电　能　计　量

电能计量是线损管理的基础，为确保电能计量装置的准确性，提高计量管理人员和线损管理人员的业务素质，本章重点对计量装置的基础知识、电能表的正确接线，以及错接线的电量更正等方面进行了阐述，通过对本章的学习和了解，可有效地降低电能计量装置的故障差错，促进管理降损工作。

第一节　电能表的基本知识

一、电能表的分类

电能表一般按其使用的电路种类、工作原理、结构方式、使用用途，以及准确度等级要求进行分类。

（1）按使用的电路可分为直流电能表和交流电能表。交流电能表按其相线又可分为单相电能表、三相三线电能表、三相四线电能表等。

（2）按工作原理可分为机械式电能表和电子式电能表（又称静止式电能表、固态式电能表）。

（3）按结构方式可分为整体式电能表和分体式电能表。

（4）按使用用途可分为有功电能表、无功电能表、最大需量表、标准电能表、分时计费电能表、预付费电能表、损耗电能表和多功能电能表等。

（5）按准确度等级可分为普通安装式电能表（0.2S、0.5S、1.0、2.0、3.0级）和精密级电能表（0.01、0.02、0.05、0.1、0.2级）等。

二、电能表的型号及含义

电能表型号是用字母和数字的排列来表示的，型号的构成如下：

类别代号 ＋ 组别代号 ＋ 设计序号 ＋ 派生号

（1）类别代号：D——电能表。

（2）组别代号。

1）表示相线：D——单相；S——三相三线；T——三相四线。

2）按用途分类：A——安培小时计；B——标准；D——多功能；H——总耗；

J——直流；M——脉冲；S——全电子式；X——无功；

Z——最大需量；Y——预付费；F——复费率。

(3) 设计序号用阿拉伯数字表示。

(4) 派生号：T——湿热、干燥两用；TH——湿热带；TA——干热带用；

G——高原用；H——船用；F——化工防腐用。

一般电能表的型号：

DD——单相电能表，如DD28型、DD862型、DD701型、DD95型等；

DS——三相三线有功电能表，如DS864型等；

DT——三相四线有功电能表，如DT862型、DT864型等；

DX——无功电能表，如DX862型、DX863型等；

DJ——直流电能表，如DJ1型等；

DB——标准电能表，如DB2型、DB3型等；

DBS——三相三线标准电能表，如DBS25型等；

DZ——最大需量表，如DZ1型等；

DBT——三相四线有功标准电能表，如DBT25型等；

DSF——三相三线复费率分时电能表，如DSF1型等；

DSSD——三相三线全电子式多功能电能表，如DSSD-331型等；

DDY——单相预付费电能表，如DDY59型等。

三、电能表铭牌内容、标志符号及含义

电能表铭牌上一般包括以下内容：

(1) 商标：代表各生产厂家电能表的产品品牌。

(2) 计量许可证标志（CMC）：计量许可证标志一般位于电能表铭牌的右下角或左上角，符号为CMC。计量许可证标志由技术监督部门审批后签发。无计量许可证标志的电能表不得作为贸易结算测量电能计量仪表使用。

(3) 计量单位名称或符号：计量单位名称符号是指该电能表测量的是有功电量还是无功电量。如有功电能表的计量单位是“千瓦时”或“kWh”；无功电能表的测量单位是“千乏时”或“kvarh”。

(4) 字轮式计度器的窗口：计度器的窗口整数位和小数位用不同颜色区分，中间有小数点，若无小数点，则窗口各字轮均有倍乘系数，如×100、×10、×1或$\times 10^2$、$\times 10^1$、$\times 10^0$等。

(5) 电能表的名称及型号：电能表的名称及型号一般位于电能表铭牌的中间位置。

(6) 基本电流和额定最大电流：基本电流（也称标定电流）是标明于电能表铭牌上作为计算负载的基数电流值，用I_b表示；额定最大电流是把电能表能长期正常工作，而误差与温升完全满足规定要求的最大电流值，用I_{max}或I_Z表示。在电能表的铭牌上，基本电流和额定最大电流写在中间位置，基本电流写在前面，额定最大电流写在后面的括号

内。如 1.5(6)A 即电能表的基本电流值为 1.5A，额定最大电流值为 6A。如果额定最大电流值小于基本电流值的 150%时，则只标明基本电流。

对于三相电能表，还应在基本电流前面乘以相数，如 3×5(20)A；对于经电流互感器接入式电能表则应标明互感器次级电流，以/5A 表示。

（7）启动电流：在额定电压、额定频率和 $\cos\varphi=1$ 的条件下，能使电能表不停转动的最小负荷电流。

（8）额定电压：是指确定电能表有关特性的电压值。对于三相三线电能表额定电压用 3×380V 或 3×100V 表示；对于三相四线电能表额定电压用 3×220/380V 表示；对于单相电能表用电压线圈接入的电压来表示，如 220V 等。

（9）频率：是指确定电能表有关特性的频率值。以赫兹（Hz）来表示。

（10）电能表常数：是指电能表的转盘在每千瓦·小时（kWh）所需要转的圈数或电子式电能表每记录每千瓦·小时（kWh）的电能所发生的脉冲数。有功电能表的常数用 r/kWh 表示；无功电能表的常数用 r/kvarh 表示。

通常把智能电表计算 1kWh 电时 A/D 转化器所发送的电脉冲数量称作电脉冲常数。

（11）准确度等级：电能表的准确度等级用记入圆圈中的数据来表示，如果圆圈内的数字是 2.0，其符号用⒉⒇表示，则表明该表的准确度等级为 2.0 级。也就是说它的基本误差不大于±2%。

（12）制造单位。包括制造的年份和该厂的本身编号。

（13）铭牌中的三角形及其中的符号。表示使用条件分组的代号，中间扁平窗口及箭头表示转盘转动的方向，用来观察转盘转动情况。

（14）条形码。表示本电能表的相关信息。

四、交流感应式单相电能表的工作原理

交流感应式单相电能表的结构主要由两部分组成，一是驱动元件，二是转动元件。当单相有功电能表电流线圈中通过负载电流 I 时，产生电流磁通，其中电流工作磁通穿过电能表转盘两次，在转盘内产生感应电动势和感应电流（简称涡流）。电压线圈加上电压 U 时就有电流通过，产生电压磁通，其中电压工作磁通穿过转盘，在转盘内产生感应电动势和涡流。各涡流分别与交变的电压磁通和电流磁通相互作用，产生电磁力使电能表转盘转动。由于永久磁铁的制动作用，使作用于转盘的转动力矩与负载功率成正比。电能表转盘的转数通过转轴上的涡轮带动计度器的齿轮和字轮记录下来，从而达到计量电能的目的。

五、智能电能表工作原理

基本原理：通过分压器完成电压的取样，再由电阻完成电流取样，将采样后的工作电压和工作电流数据信号送入专用的电能表集成电路（计量芯片）进行处理，转化成与耗电量成正比的电脉冲输出到单片机进行处理，在高速数据处理器的控制下，把电脉冲显示信息为耗电量并输出，将结果保存在数据存储器中，并随时向外部接口提供信息和进行数据交换，其原理框图如图 7-1 所示。

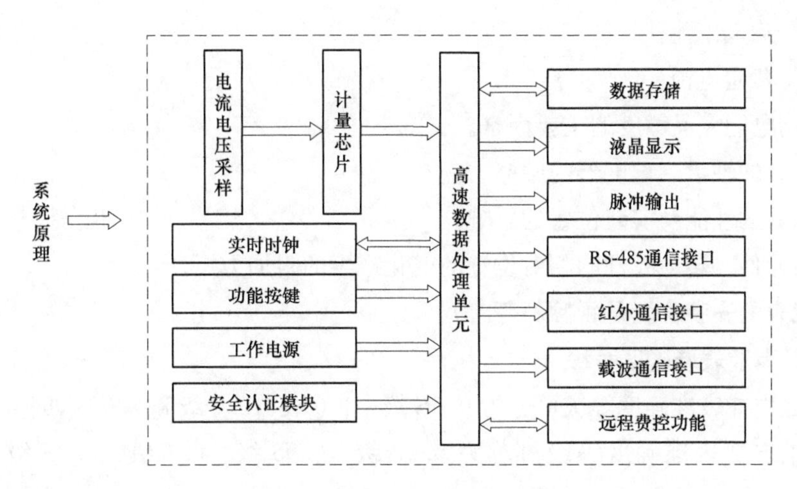

图 7-1 智能电能表工作原理框图

六、电能表的倍率和计量值的计算方法

1. 电能表的倍率计算

现场运行的电能表使用倍率按式（7-1）计算，即

$$K=K_{P}\cdot K_{T} \tag{7-1}$$

式中 K——电能表的计算倍率；

K_{P}——电压互感器的变比；

K_{T}——电流互感器的变比。

2. 电能表计量值的计算

对于直接接入式电能表，实用的电能数为直接从计度器窗口读取的指示数。对有注明计度器系数的电能表，实用电能数为从计度器窗口读取的指示数乘以计度器的系数。

对于经电流、电压互感器接入的电能表，其实用电能数等于直接从计度器窗口读取的指示数乘以互感器的倍率。

七、电能表灵敏度

（1）当机械电能表接入测量电路后，通过电能表的最小功率所产生的动力矩足以克服电能表的静摩擦力矩，使电能表转盘能够不停地转动，此时称电能表灵敏度合格。如果是加上负荷后电能表才能启动，此时称电能表灵敏度不合格，灵敏度的计算公式为

1）用功率计算灵敏度 S 的公式为

$$S=\frac{P_{st}}{P_{N}}\times 100\% \tag{7-2}$$

式中 P_{st}——启动功率；

P_{N}——额定功率。

2）用电流计算灵敏度的公式为

$$S=\frac{I_{st}}{I_{N}}\times 100\% \tag{7-3}$$

式中 I_{st}——启动电流；

I_N——额定电流。

（2）影响电能表灵敏度的主要因素。

1）电能表的轴承、记度器的摩擦力。

2）电磁铁的性能及安装位置的影响。

3）驱动元件、转动元件的相对位置的变化产生的附加力矩。

4）电能表的安装位置是否倾斜等。

八、普通电能表准确度等级

（1）普通电能表准确度等级可分为0.5S级、1.0级、2.0级和3.0级四种。

（2）标准电能表准确度等级可分为0.02级、0.05级、0.1级、0.2S级和0.5S级五种。

九、多功能电能表

多功能电能表是由测量单元和数据处理单元等组成，除计量有功（无功）电能量外，还具有分时计量、测量需量两种以上功能，并能自动显示、储存和传输数据的静止式电能表。

三相电子式多功能电能表由电源单元、逻辑单元、时钟单元三部分组成。

（1）电源单元采用线性调整与调频调宽（PWPM）混合降压的原理，具有较宽的电压调整范围（可达$U_N\pm30\%$），并能承受200%的短时过载冲击，同时，由于采用反激式隔离开关与变压器双重隔离，具有较好的抗电子干扰性能。

（2）逻辑单元由电压、电流互感器，高精度高速模—数转换器（A/D），电能计量专用集成电路、实时时钟、不易挥发数据存储器、大画面液晶显示器、开关量接口、数据通信接口、高性能开关电源等电路模件构成。电压、电流模拟信号通过互感器、A/D转换等信号处理电路后，送入专用微处理器进行电能量的计算和各项分析处理，其结果保存在数据存储器中，并随时向外部接口提供信息和进行数据交换。

（3）时钟单元采用独立的分频单元和专用时钟芯片，对时钟信号进行分频处理。为保证时钟工作连续性，加入储能元件及备用电池，使电表在停电情况下，也能准确计时。

十、电子式预付费电能表的工作原理

电子式预付费电能表可分为双芯片电子式电能表和单芯片电子式电能表，双芯片电子式电能表由电能计量专用芯片（如BL0932、AD7755E等）、单片机系统、非易失性存储器、液晶显示屏、通信接口、开关电源、继电器组成。电能计量专用芯片完成电能量的计算，其结果以脉冲形式输出，单片机系统再对此脉冲进行分析处理，并将相关结果保存到数据存储器中，随时向外部接口提供信息和进行数据交换。而单芯片电子式电能表是由电压传感器、电流传感器、模数转换器、单片机系统、非易失性存储器、液晶显示屏、通信接口、开关电源、继电器组成。电压、电流模拟信号经传感器、模数转换器等信号处理后，单片机系统对输入的数字量进行电能量的计算和各项分析处理等。

第二节　互感器及其接线

互感器是由两个相互绝缘的绕组绕在公共的闭合铁芯上构成的，可按一定的比例将高电压或大电流转换为既安全又便于测量的低电压或小电流，也就是说互感器的工作原理和变压器的工作原理是一样的。

在电能计量回路中，互感器包括电流互感器、电压互感器两种。

一、电流互感器

电流互感器是一种电流变换的装置，是由铁芯、一次绕组、二次绕组、接线端子及绝缘支持物等组成。电流互感器的文字符号用“TA”标志。

（一）电流互感器的工作原理

当电流互感器一次绕组接入电路时，流过负荷电流 I_1 产生于 I_1 相同频率的交变磁通 Φ_1，它穿过二次绕组产生感应电动势 E_2，由于二次侧为闭合回路，故有电流 I_2 流过，并产生交变磁通 Φ_2，Φ_1 和 Φ_2 通过同一闭合铁芯，合成磁通 Φ_0。由于 Φ_0 的作用，在电流的交换过程中，将一次绕组的能量传递到二次绕组，实现了电流互感器的电流变换。

（二）电流互感器的作用及注意事项

1. 电流互感器的作用

将高电压、大电流变成电压较低的小电流，供仪表和继电保护使用，并将仪表和继电保护装置与高压电路隔开；由于电流互感器二次侧电流为 5A，使得测量仪表和继电保护装置使用安全、方便。

2. 注意事项

电流互感器二次侧不允许开路运行。如果电流互感器二次开路，铁芯中的磁通随一次电流的增大而急剧增大，不仅引起铁芯严重饱和，而且在二次侧感应产生一个高电压，对二次回路绝缘有严重危害，甚至击穿烧坏，并对人易造成触电伤害。

（三）电流互感器的铭牌标示

（1）电流互感器产品型号组成形式为

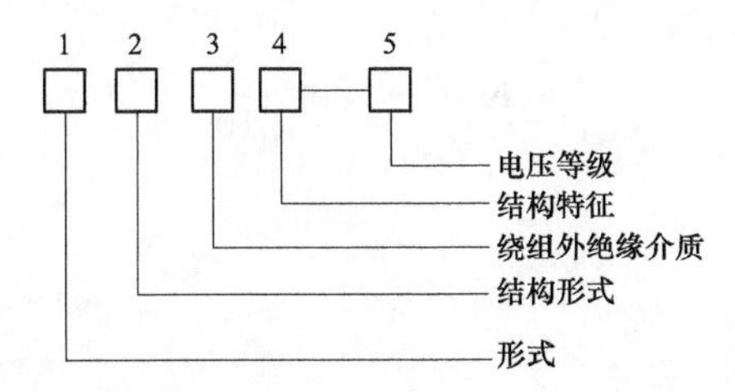

如 LMZJ-0.5 型号含义为：

1）第一个字母“L”代表电流互感器；

2）第二个字母“M”代表母线式；

3）第三个字母“Z”代表浇注式；

4）第四个字母“J”代表加大容量式；

5）第五位“0.5”代表电压等级为“0.5kV”。

电流互感器型号字母含义如表7-1所示。

表7-1　电流互感器型号字母含义

字母排列	型号字母含义
1	L—电流互感器
2	A—穿墙式；B—支持式；C—瓷箱式；D—单匝式；F—多匝式；J—接地保护；M—母线式；Z—支柱式；Q—线圈式；R—装入式；Y—低压
3	C—瓷绝缘；G—改进型；K—瓷外壳式；L—电容式；M—母线式；P—中频；S—速饱和；Z—浇注式；W—户外式；J—树脂浇注
4	B—保护级；D—差动保护用；J—加大容量；Q—加强式
5	电压等级

（2）电流互感器铭牌标示有电压等级、一二次电流准确度、二次绕组输出容量、安装方式、绝缘方式等。

（四）电流互感器的技术参数

（1）额定电压：表示将该电流互感器安装于所标称电压值的电力系统中。

（2）额定容量：电流互感器的额定容量是指额定二次电流通过额定二次负载时所消耗的视在功率。

（3）安匝容量：是指电流互感器一次侧单心穿线时的最大额定电流值，也就是额定电流与穿芯匝数的积。如型号为LMZJ-0.5、400安匝，即一次侧单匝穿芯，最大电流为400A。

（4）准确等级：是指在规定的二次负荷范围内，一次电流为额定值时的最大误差极限。电流互感器的准确度等级通常分为0.2、0.2S、0.5、0.5S、1.0、3.0级等。

（5）额定电流比：额定一次电流与额定二次电流的比值。

（6）误差：电流互感器的误差有两种，分别是变比误差和相位角误差等。

1）电流互感器的变比误差计算公式为

$$\Delta I=\frac{K_{n}I_{2}-I_{1}}{I_{1}}\times 100\% \tag{7-4}$$

式中　K_n——额定电流比；

I_1——一次电流值；

I_2——二次电流值。

2）电流互感器的相角误差是指二次电流向量旋转180°以后，与一次电流向量间的夹角δ。并且规定二次电流向量超前于一次电流向量时，角差δ为正；反之，为负。角差的单位为分。

（7）极性：电流互感器的极性是指一次绕组和二次绕组间电流方向的关系。电流互感器一次绕组的首端标为 L_1，尾端标为 L_2，二次绕组的首端标为 K_1（或＋），尾端标为 K_2（或－）。在接线中 L_1 和 K_1 称为同极性端（或同名端），L_2 和 K_2 也为同极性端。

（五）电流互感器的选择

1. 参数的选择

应根据以下参数选择电流互感器。

（1）额定电压。

（2）准确度等级。

（3）额定一次电流及变比。

（4）二次额定容量和额定二次负荷的功率因数。

2. 低压电流互感器选择应遵循的原则

（1）额定电流（一次侧）。互感器的额定一次电流，应与被测电流大致相同，电能计量用的电流互感器正常运行的一次电流不应低于额定值的 60%。

（2）额定电压。互感器的额定电压，应与被测线路的线电压相适应。

（3）准确度等级的选择。若用于测量，选用精度等级为 0.2、0.2S 或 0.5S 级。对Ⅰ、Ⅱ类计量设备电流互感器的配置应小于或等于 0.2S 或 0.2 级（0.2 级仅限于发电机的计量）；对Ⅲ、Ⅳ、Ⅴ类计量设备电流互感器的配置应小于或等于 0.5S 级。

（4）根据需要确定变比与匝数。

（5）型号规格选择。根据供电线路一次负荷电流确定变比后，再根据实际安装情况确定型号。

（6）额定容量的选择。电流互感器二次额定容量要大于实际二次负载，实际二次负载应为 25%～100%二次额定容量。容量决定二次侧负载阻抗，负载阻抗又影响测量或控制精度。负载阻抗主要受测量仪表和继电器线圈电阻、电抗及接线接触电阻、二次连接导线电阻的影响。

3. 电流互感器变比的选择

按电流互感器长期最大的二次工作电流选择其一次额定电流，并应尽可能使其工作在一次额定电流的 60%左右，但不宜使互感器经常工作在额定一次电流的 30%以下，否则应选用高动热稳定电流互感器，以减少变比。

4. 穿芯式电流互感器一次侧匝数的选择

（1）根据电流互感器铭牌上安培和匝数算出该电流互感器设计的安匝数。

（2）根据计算出的安匝数除以所需一次电流数，可得一次侧匝数（折合为整数），即

$$匝数＝设计安匝数 / 所需安培数$$

（3）一次线穿过电流互感器中间孔的次数，即为电流互感器一次侧匝数。

（六）规程对电流互感器下限负荷的要求

对于额定二次电流为 5A、额定负荷为 10VA 或 5VA 的互感器，其下限负荷允许为

3.75VA，但在铭牌上必须标注。

（七）电流互感器的接线

电能表用的电流互感器接线方式通常有不完全星形接线（即V形接线）、完全星形接线（即Y形接线）和两相差接线三种。

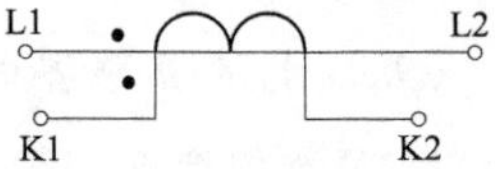

（1）电流互感器的极性。电流互感器的一次绕组和二次绕组的极性可以接成加极性和减极性，现在的极性都是采用减极性接线，如图7-2所示，L1、K1为同极性端子，L2、K2也是同极性端子。

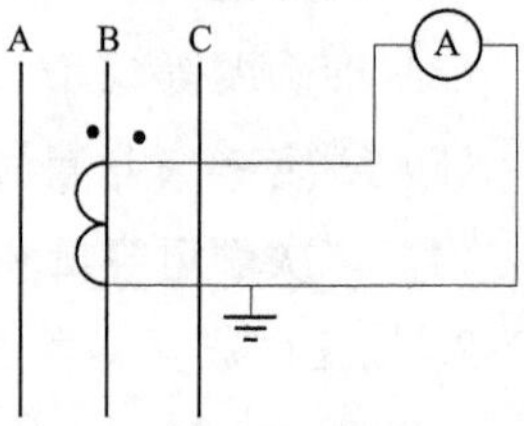

图7-2　电流互感器的极性

（2）电流互感器的接线。

1）用一只电流互感器测量三相负荷中一相电流的接线方式，如图7-3所示。

图7-3　一相电流互感器的接线

2）两相不完全星形接线。

用两只电流互感器测量三相负荷中两相电流的接线，即电流互感器的V形接线，如图7-4所示。

3）三相完全星形接线。

用三只电流互感器测量三相负荷中三相电流的接线，即电流互感器的Y形接线，如图7-5所示。

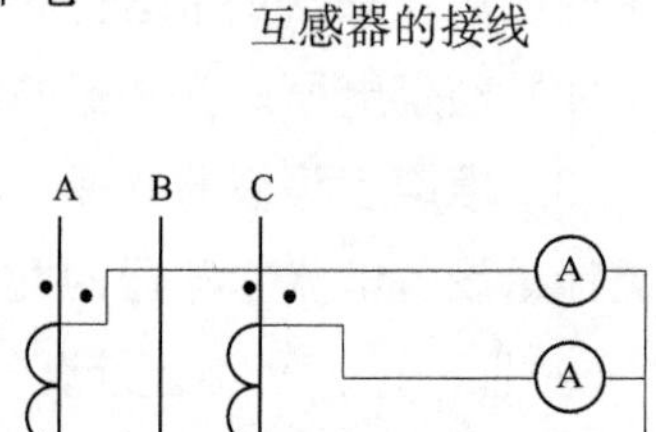
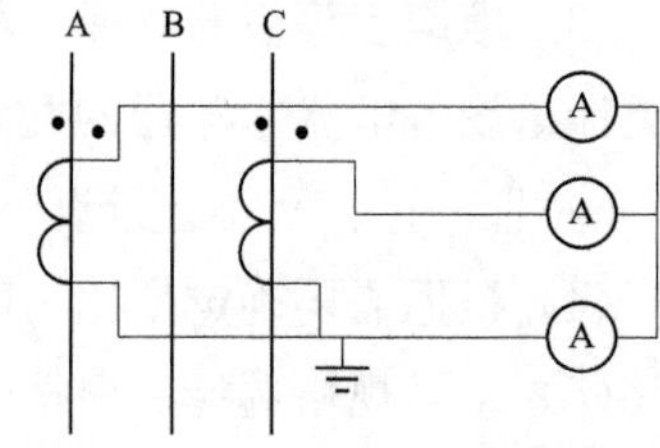

图7-4　两相不完全星形接线

（八）使用电流互感器应注意的事项

（1）正确选择电流互感器的变比，额定容量要大于二次负载容量，确保计量的准确性。

（2）电流互感器一次绕组串接在线路中，二次绕组串接在电能表等仪表回路，接线时应注意极性正确。

（3）电能表用的电流互感器准确度不能低于0.5S级。

（4）电流互感器运行时，二次回路防止开路。

（5）高压电流互感器二次侧应有一端接地，以防止一次绕组、二次绕组之间绝缘击穿，危及人身和设备安全。

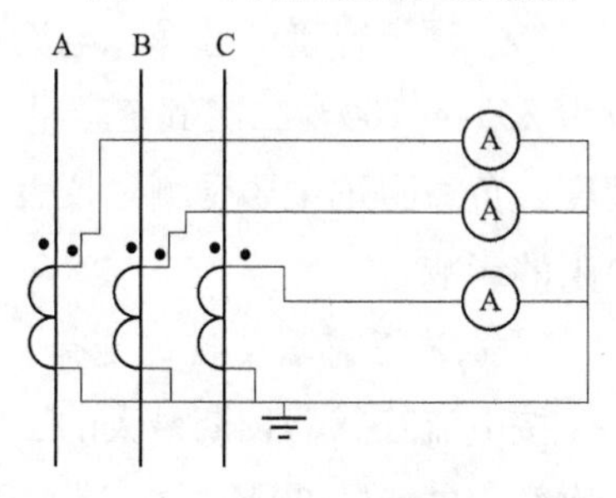

图7-5　三相完全星形接线

（九）高压电流互感器的接地要求

（1）对于高压电流互感器，二次绕组只允许一点接地，不允许再有接地点。因为如果发生两点接地，有可能引起电流互感器分流，使电气测量仪表的误差增大，影响继电保护装置的正确动作。

（2）电流互感器二次回路的接地点应在端子的K_2处。

（十）在对电流互感器检定时，对负荷电流的要求

在额定频率为50(60)Hz、温度为20℃±5℃时，电流负荷的有功分量和无功分量的误

差在5%～120%、S级的在1%～120%额定电流范围内均不得超过±3%，当$\cos\varphi=1$时，残余无功分量不得超过额定负荷的±3%。周围温度每变化10℃时，负荷的误差变化不超过±2%。

（十一）电流互感器的检定周期

检定周期按不同情况分别规定。

（1）作标准用的电流互感器，其检定周期一般定为2年。只作测量用的电流互感器，可根据技术性能、使用的环境和频繁程度等因素，确定其检定周期，一般为2～4年。

（2）凡0.2级以上（包括0.2级）作标准用的电流互感器，在连续两个周期3次检定中，最后1次检定结果与前2次检定结果中的任何1次比较，其误差变化小于误差限值的1/3时，检定周期可延长原定的50%，即检定周期为3年。如果第4次检定仍满足上述要求，检定周期可继续延长1年，即检定周期为4年。作标准用的电流互感器，如果在一个检定周期内误差变化超过其误差限值的1/3时，检定周期应缩短为1年。

（3）凡配校验台专用的电流互感器首次检定后可不再单独周期检定，允许与装置一起整检。

二、电压互感器

电压互感器是一种电压变换的装置，也叫仪用变压器。电压互感器的文字符号用“TV”标志。

（一）电压互感器的工作原理

当电压互感器一次绕组加上交流电压U_1时，绕组中产生电流I_1，铁芯内就产生交变磁通Φ_0，Φ_0与一、二次绕组铰接，则在一、二次绕组中分别产生感应电动势E_1和E_2，由于一、二次绕组匝数不同，其$E_1=KE_2$，实现了电压互感器的电压变换。

（二）电压互感器的铭牌标示

（1）电压互感器产品型号组成形式如下。

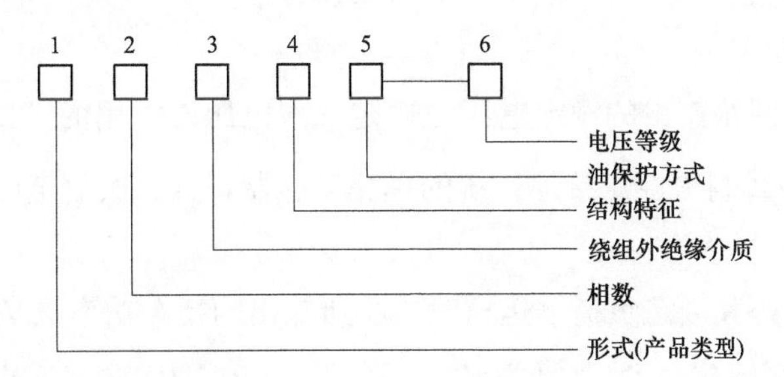

如电压互感器JDZ-10型号含义：

1）第一个字母“J”代表电压互感器。

2）第二个字母“D”代表单相电压互感器。

3）第三个字母“Z”代表浇注式。

4）第四位“10”表示电压等级为“10kV”。

(2) 电压互感器型号字母含义如表 7-2 所示。

表 7-2　　电压互感器型号字母含义

序号	位数含义	型号字母含义
1	产品类型	J—电压互感器
2	相数	D—单相；S—三相；C—单相串励式
3	绕组外绝缘介质	C—瓷箱式；G—干式；J—油浸式；Z—浇注绝缘；Q—气体绝缘
4	结构特征	B—三柱带补偿绕组式；J—接地保护；W—五柱三绕组；X—带剩余（零序）绕组；C—串级式带剩余零序绕组；F—有测量和保护分开的二次绕组
5	油保护方式	N—不带金属膨胀器；带金属膨胀器不表示
6	设计序号	用数字表示
7	额定电压等级	单位：kV
8	特殊环境	GY—高原地区；W—污秽地区；TA—高原地区；TH—潮湿带地区

(三) 电压互感器的主要参数

1. 准确等级

电压互感器在规定条件下的准确度等级可分为 0.001、0.002、0.005、0.01、0.02、0.05、0.1、0.2、0.5、1.0、3.0 级等。

2. 额定电压比

额定一次电压与额定二次电压的比值称为额定电压比。同样额定电压比也等于一、二次的匝数比。

3. 额定一次电压

电压互感器接入一次回路的额定电压即为额定一次电压。常用的一次额定电压有 6、$6/\sqrt{3}$、10、$10/\sqrt{3}$、35、$35/\sqrt{3}$、$110/\sqrt{3}$、$220/\sqrt{3}$、$500/\sqrt{3}$ kV 等，其中“$1/\sqrt{3}$”的额定电压值用于三相四线制中性点接地系统的单相互感器。

4. 额定二次电压

电压互感器二次回路输出的额定电压为额定二次电压。常用的二次电压有 100、$100/\sqrt{3}$ V 等。接于三相四线制中性点接地系统的单相互感器，其二次额定电压应为 $100/\sqrt{3}$ V。

5. 额定二次负荷

互感器在额定电压和额定负荷下运行时二次所输出的视在功率（VA)。在功率因数为 0.8 (滞后) 时，额定输出的标准值为 $\underline{10}$、15、$\underline{25}$、30、$\underline{50}$、75、$\underline{100}$、150、$\underline{200}$、250、300、400、$\underline{500}$VA。其中有下横线者为优选值。

为确保电压互感器误差合格，一般互感器的二次负荷必须在 25%～100%额定负荷范围内。

6. 额定二次负荷的功率因数

互感器二次回路所带负荷的额定功率因数即为额定二次负荷的功率因数。

（四）电压互感器的选择

1. 额定电压的选择

电压互感器一次绕组的额定电压按下式来选择，即

$$0.9U_x < U_{1N} < 1.1U_x \tag{7-5}$$

式中　U_x——被测电压，kV；

U_{1N}——电压互感器一次绕组的额定电压，kV。

2. 额定容量的选择

电压互感器额定容量应满足下式要求，即

$$0.25S_N < S < S_N \tag{7-6}$$

式中　S_N——电压互感器额定容量，VA；

S——二次总负载视在功率，VA。

注意：由于电压互感器每相二次负载并不一定相等，因此，各相的额定容量均应按二次负载最大的一相选择。

3. 准确等级的选择

根据DL/T 448—2016《电能计量装置技术管理规程》规定：对Ⅰ、Ⅱ类电能计量装置，应选用0.2级的电压互感器；对Ⅲ、Ⅳ类电能计量装置，应选用0.5级的电压互感器。

（五）电压互感器对二次电压降的要求及降低压降的措施

（1）根据DL/T 448—2016《电能计量装置技术管理规程》规定：电能计量装置中电压互感器二次回路电压降应不大于其额定二次电压的0.2%。

（2）为降低电压互感器二次电压降应采取以下相应措施。

1）敷设电能表专用的二次回路。

2）增大电压互感器的二次导线截面。

3）减少转接过桥的串接接点。

4）采用电压误差补偿器。

（六）在运行的高压电压互感器上工作应注意的事项

（1）严禁运行中电压互感器二次回路短路。由于电压互感器内阻较小，正常运行时二次侧相当于开路，电流很小。当电压互感器二次侧绕组短路时，内阻抗变得更小，电流会急剧增大，致使熔丝熔断，引起计量误差和继电保护误动作。如果熔丝未熔断，短路电流必然烧坏电压互感器，造成设备损坏。

（2）在工作时应使用绝缘工具，戴绝缘手套，必要时，工作前停用有关保护装置。

（3）接临时负载，必须装有专用的隔离开关和熔断器。

（4）电压互感器的二次回路要一点接地。

电压互感器的一次绕组接于高压系统，如果在运行中，电压互感器的绝缘发生击穿，

高压将窜入二次回路，这样会损坏二次设备，对运行人员的人身安全造成威胁，因此，为了保障二次设备和人身安全，要求电压互感器的二次回路必须有一点接地。

（七）电压互感器高压熔断器熔丝熔断的原因

（1）电压互感器内部发生绕组的匝间、层间或相间短路及一相接地故障。

（2）二次侧出口发生短路或电压互感器过电流致使高压熔断器熔丝熔断。

（3）在中性点系统中，由于高压侧发生单相接地，其他两相对地电压升高，可能使一次电流增大，而使高压熔丝熔断。

（4）系统发生铁磁谐振，电压互感器上将产生过电压或过电流，电流激增，使高压熔丝熔断。

（5）系统发生一相间歇性电弧接地，导致电压互感器铁芯饱和，感抗下降，电流急剧增大，致使高压熔丝熔断。

（八）电压互感器的接线

1. 电压互感器的V形接线

电压互感器的V形接线广泛应用于中性点不接地或经高阻抗接地的电网中，如城乡10kV配电中高压计量电压互感器常用此方式。

VV-12型电压互感器的接线如图7-6所示。

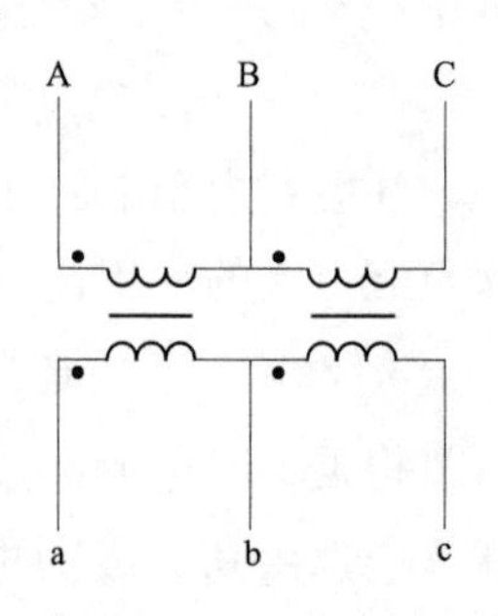

图7-6　VV-12型电压互感器的接线

2. 电压互感器的Y形接线

电压互感器的Y形接线广泛应用于中性点直接接地的110kV及以上的电网中，并且通常采用3台单相互感器组成；此外，变电站的10kV母线电压互感器和发电厂机端母线电压互感器则通常采用三相五柱式电压互感器，其接线方式为Yyn0或Ynyn0。

Yyn0型电压互感器的接线如图7-7所示。

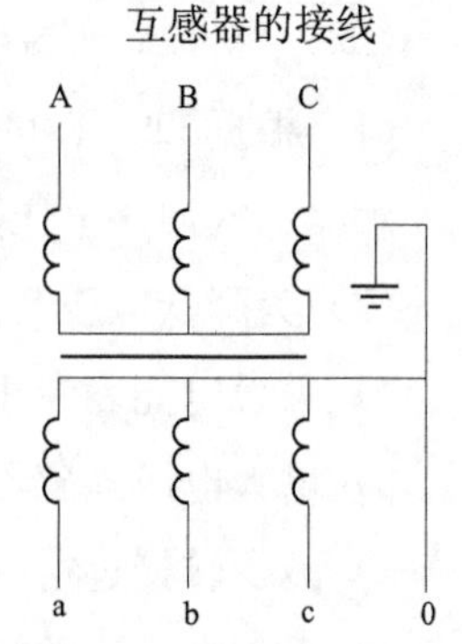

图7-7　Yyn0型电压互感器的接线

（九）在使用电压互感器进行接线时应注意的事项

（1）按要求的相序接线。

（2）单相电压互感器极性要连接正确。

（3）二次测应有一点可靠接地。

（4）二次绕组不允许短路。

第三节　电能计量装置的安装

一、装表接电工的职责

（1）负责新装、增装、改装及临时用电计量装置的设计、图纸审核、检查验收及装表接电等工作。

（2）负责计费用的互感器和电能表的事故更换及现场检查。

（3）负责分户计量装接工作。

（4）负责计量装置的定期轮换工作。

（5）负责对在用计费电能表和互感器的管理。

（6）定期编制下一周期的计费电能表和互感器的需用计划。

（7）负责电能表库领、退电能表或互感器，并办理必要的领退手续。

二、装表接电人员的管理范围

凡属于高、低压用户装设的所有计费计量装置，从一次引进线到计量装置的所有二次回路，均属于装表接电人员管理的范围。

三、装表接电人员在工作时常用的工器具

装表接电人员在工作时常用的工器具有电工刀、螺钉旋具、钢丝钳、尖嘴钳、活扳手、小钢凿、榔头、麻线凿、长凿、测电笔、封表钳、手电筒、工具袋等。

四、确定电能计量方式的基本原则

（1）计费电能表应装设在供用电设施的产权分界点。

（2）对高压用电的用户，应在变压器的高压侧装表计量，但对 10kV 供电，容量在 315kVA 以下，经供用双方协商可以低压侧装表计量。

（3）对地方或企业自备电厂，应在并网点装设电能计量装置。如有送、受电量的应分别装表计量，或装设具有双方向计量功能的电能表。

（4）对有两条及以上线路供电的用户，应分线装表计量。

（5）对用户受电点不同电价的分别装表计量。

（6）对城镇居民用电，可根据行政户或“一户一表”装表计量。

（7）临时用电的用户，应装表计量。

（8）35kV 及以上供电的用户，装设全国统一标准的分体式电能计量柜；10kV 供电变压器容量在 315kVA 及以上的用户装设高压整体式电能计量柜。

（9）10kV 及以下电压供电其容量在 100～315kVA 的用户，装设统一标准的整体式电能计量柜；100kVA 以下的动力户，应装设统一标准的综合计量柜（箱），低压照明用户及居民生活用电，应装设统一标准的计量箱。

（10）按计费方式选定电能表的类别（有功电能表、无功电能表、多功能电能表、复费率电能表、预付费电能表、单相电能表等）。

（11）对考核功率因数的用户，应装设具有双向计量功能的无功电能表。

五、电能计量装置的接线方式

（1）接入中性点绝缘系统的电能计量装置，应采用三相三线有功、无功或多功能电能表。接入非中性点绝缘系统的电能计量装置，应采用三相四线有功、无功或多功能电能表。

（2）接入中性点绝缘系统的电压互感器、35kV 及以上的宜采用 Yy 方式接线；35kV 以下的宜采用 Vv 方式接线。接入非中性点绝缘系统的电压互感器，宜采用 YNyn 方式接

线。其一次侧接地方式和系统接地方式相一致。

(3) 低压供电，计算负荷电流为 60A 及以下时，宜采用直接接入方式电能表；计算负荷电流为 60A 以上时，宜采用经电流互感器接入电能表的接线方式。

(4) 对三相三线制接线的电能计量装置，其 2 台电流互感器二次绕组与电能表之间宜采用四线连接。对三相四线制接线的电能计量装置，其 3 台电流互感器二次绕组与电能表之间宜采用六线连接。

(5) 选用直接接入式的电能表其最大电流提高不宜超过 100A。

六、电能计量装置的二次回路

对电能计量装置的二次回路要求如下：

(1) 所有计费用电流互感器的二次回路接线应采用分相接线方式。非计费用电流互感器可以采用星形（或不完全星形）接线方式（简称：简化接线方式）。

(2) 电压、电流回路 A、B、C 各相导线应分别采用黄、绿、红色线，中性线应采用黑色线或采用专用编号电缆。

(3) 电压、电流回路导线均应加装与图纸相符的端子编号，导线排列顺序应按正相序（即黄、绿、红色线为自左向右或自上向下）排列。

(4) 导线应采用单股绝缘铜质线；电压、电流互感器从输出端子直接至试验接线盒，中间不得有任何辅助触点、接头或其他连接端子。35kV 及以上电压互感器可经端子箱接至试验接线盒。导线留有足够长的裕度。110kV 及以上电压互感器回路中必须加装快速熔断器。

(5) 经电流互感器接入的低压三相四线电能表，其电压引入线应单独接入，不得与电流线共用，电压引入线的另一端应接入电流互感器一次电源侧，并在电源侧母线上另行引出，禁止在母线连接螺钉处引出。电压引入线与电流互感器一次电源应同时切合。

(6) 电流互感器二次回路导线截面 S 应按式 (7-7) 进行选择，但不得小于 4mm^2。

$$S=\rho L\ 10^6/R_\text{L}(\text{mm}^2) \tag{7-7}$$

式中 ρ——铜导线的电阻率，此处 $\rho=1.8\times10^{-8}\Omega\text{m}$；

L——二次回路导线单根长度，m；

R_L——二次回路导线电阻，Ω。

$$R_\text{L}\leqslant\frac{S_{2\text{N}}-I_{2\text{N}}^2(K_{\text{jx}2}Z_\text{m}+R_\text{k})}{K_{\text{jx}}I_{2\text{N}}^2} \tag{7-8}$$

式中 $S_{2\text{N}}$——电流互感器二次额定负荷，VA；

$I_{2\text{N}}$——电流互感器二次额定电流，一般为 5A；

$K_{\text{jx}2}$——串联线圈总阻抗接线系数，不完全星形接法时如存在 B 相串联线圈（例接入 90°跨相无功电能表）则为$\sqrt{3}$，其余均为 1；

Z_m——计算相二次接入电能表电流线圈总阻抗，Ω；

R_k——二次回路接头接触电阻，一般取 0.05～0.1Ω，此处取 0.1Ω；

K_{jx}——二次回路导线接线系数，分相接法为2，不完全星形接法为$\sqrt{3}$，星形接法为1。

按照式（7-8）中各符号的取值原则，对分相接法的二次回路导线截面可按式（7-9）计算，即

$$S \geqslant 0.9L/(S_{2N} - 25Z_{m} - 2.5)(mm^{2}) \tag{7-9}$$

（7）电压互感器二次回路导线截面应根据导线压降不超过允许值进行选择，但其最小截面不得小于2.5 mm^2。Ⅰ、Ⅱ类电能计量装置二次导线压降的允许值为0.2%U_{2N}，其他类电能计量装置二次导线压降的允许值为0.5%U_{2N}。此处允许值包括比差和角差，即按式（7-10）计算为

$$\Delta U_{2N}\% = \sqrt{f^{2} + \delta^{2}} \times 100\% \tag{7-10}$$

式中　f——电压互感器二次回路导线引起的比差；

δ——电压互感器二次回路导线引起的角差（弧度）。

（8）电压互感器及高压电流互感器二次回路均应只有一处可靠接地。高压电流互感器应将互感器二次 n_2 端与外壳直接接地，星形接线电压互感器应在中心点处接地，Vv接线电压互感器在B相接地。

（9）双回路供电，应分别安装电能计量装置，电压互感器不得切换。

（10）属金属外壳的直接接通式电能表，如装在非金属盘上，外壳必须接地。

（11）直接接通式电能表的导线截面应根据额定的正常负荷电流按表7-3选择。所选导线截面必须小于端钮盒接线孔。

表7-3　负荷电流与导线截面选择表

负荷电流（A）	铜芯绝缘导线截面（mm^2）	负荷电流（A）	铜芯绝缘导线截面（mm^2）
$I<20$	4.0	$60 \leqslant I<80$	7×2.5
$20 \leqslant I<40$	6.0	$80 \leqslant I<100$	7×4.0
$40 \leqslant I<60$	7×1.5		

注　按DL/T 448—2016《电能计量装置技术管理规程》规定，负荷电流为60A以上时，宜采用经电流互感器接入式的接线方式。

（12）二次回路的绝缘电阻测量，采用500V绝缘电阻表进行测量，其绝缘电阻不应小于5MΩ。试验部位为所有电流、电压回路对地；各相电压回路之间；电流回路与电压回路之间。

七、电能计量装置安装的技术要求

1. 关于计量柜（屏、箱）安装的一般要求

（1）63kV及以上的计费电能表应配有专用的电流、电压互感器或电流互感器专用二

次绕组和电压互感器专用二次回路。

（2）35kV 电压供电的计费电能表应采用专用的互感器或电能计量柜。电能计量柜见 GB/T 16934《电能计量柜》的有关规定要求。

（3）10kV 及以下电力用户处的电能计量点应采用全国统一标准的电能计量柜（箱），低压计量柜应紧靠进线处，高压计量柜则可设置在主受电柜后面。目前，全国各地高压计量柜有的设置在主受电柜后面，也有的设置在主受电柜前面。

（4）居民用户的计费电能计量装置必须采用符合要求的计量箱。

2. 关于电能表安装的技术要求

（1）电能表应安装在电能计量柜（屏）上，每一回路的有功和无功电能表应垂直排列或水平排列，无功电能表应在有功电能表下方或右方，电能表下端应加有回路名称的标签，两只三相电能表相距的最小距离应大于 80mm，单相电能表相距的最小距离为 30mm，电能表与屏边的最小距离应大于 40mm。对智能电能表可安装在计量柜（屏）左侧，右侧安装电能表采集装置。

（2）室内电能表宜装在 0.8～1.8m 的高度（表水平中心线距地面尺寸）。

（3）电能表安装必须垂直牢固，表中心线向各方向的倾斜不大于 1°。

（4）装于室外的电能表应采用户外式电能表。

3. 关于互感器安装的一般要求

（1）为了减少三相三线电能计量装置的合成误差，安装互感器时，宜考虑互感器合理匹配问题，即尽量使接到电能表同一元件的电流、电压互感器比差符号相反，数值相近；角差符号相同，数值相近。当计量感性负荷时，宜把误差小的电流、电压互感器接到电能表的 C 相元件。

（2）同一组的电流（电压）互感器应采用制造厂、型号、额定电流（电压）变比、准确度等级、二次容量均相同的互感器。

（3）两只或三只电流（电压）互感器进线端极性符号应一致，以便确认该组电流（电压）互感器一次及二次回路电流（电压）的正方向。

（4）互感器二次回路应安装试验接线盒，便于带负荷校表和带电换表，试验接线盒的技术要求见有关标准规定。

（5）低压穿芯式电流互感器应采用固定单一的变比，以防发生互感器倍率差错。

（6）低压电流互感器二次负荷容量不得小于 10VA。高压电流互感器二次负荷可根据实际安装情况计算确定。

电流互感器二次负荷容量按下式计算，即

$$S = I_{2N}^2 (K_{jx} R_L + K_{jx2} Z_m + R_k) \tag{7-11}$$

4. 关于熔断器安装的一般要求

（1）35kV 以上电压互感器一次侧安装隔离开关，二次侧安装快速熔断器或快速开关。

35kV 及以下电压互感器一次侧安装熔断器，二次侧不允许装接熔断器。

（2）低压计量电压回路在试验接线盒上不允许加装熔断器。

5. 电能计量装置的防误

（1）电能计量装置安装施工结束后，电能表端钮盒盖、试验接线盒盖及计量柜（屏、箱）门等均应加封。

（2）电力用户用于高压计量的电压互感器二次回路，应加装电压失压计时仪或其他电压监视装置。

6. 其他注意事项

（1）电流互感器二次回路每只接线螺钉只允许接入两根导线。

（2）当导线接入的端子是接触螺钉时，应根据螺钉的直径将导线的末端弯成一个环，其弯曲方向应与螺钉旋入方向相同，螺钉（或螺母）与导线间、导线与导线间应加垫圈。

（3）直接接入式电能表采用多股绝缘导线，应按表计容量选择。遇若选择的导线过粗时，应采用断股后再接入电能表端钮盒的方式。

（4）当导线小于端子孔径较多时，应在接入导线上加扎线后再接入。

（5）二次回路接好后，应进行接线正确性检查。

八、利用直流法测量单相电压互感器的极性

（1）将电池“＋”极接单相电压互感器一次侧的“A”，电池“－”极连接“X”。

（2）将电压表（直流）“＋”极连接单相电压互感器的“a”，“－”极接“x”。

（3）在开关合上或电池接通的一刻直流电压表应正指示，在开关拉开或电池断开的一刻直流电压表应反指示，则其极性正确。

（4）若电压表指示不明显，则可将电压表和电池接地，电压互感器一、二侧对换，极性不变；但测试时，手不能接触电压互感器的一次测，并注意电压表的量程。

九、利用直流法测量电流互感器的极性

（1）将电池“＋”极接在电流互感器一次测的“L1”，电池“－”极接“L2”。

（2）将万用表的“＋”极接在电流互感器二次测的“K1”，“－”极接“K2”。

（3）在开关合上或电池接通的一刻万用表的毫安档指示应从零向正方向偏转，在开关拉开或电池断开的一刻万用表指针反向偏转，则极性正确。

十、三相四线有功电能表接线时应注意的事项

（1）按正相序（A、B、C）进行接线，如果相序接反，表计会产生附加误差。

（2）中性线与 A、B、C 相线不能颠倒，如果颠倒会产生错计电量和电能表两个元件电压线圈承受线电压，致使电压线圈烧坏。

（3）当有互感器接入时，应特别注意中性线对应端子的连接应良好，若中性线断线，表计 0 端子与电源中性线将会产生 10V 左右的电压差，会引起较大的计量误差。

十一、对新装设的电能计量装置，在送电前应检查的项目和内容

（1）检查电压、电流互感器安装是否牢固，安全距离是否达到规程要求，各处的螺钉是否紧固。

（2）检查电压、电流互感器一、二次极性与电能表的进出线端钮、相别是否对应，二次侧与外壳是否接地等。

（3）检查电能表的接线螺钉是否紧固，线头是否外露。

（4）核对计量装置的倍率、表计底码，并抄录在工作票上。

（5）检查电压熔丝端弹簧铜片夹的弹性及接触面是否良好。

（6）检查所有的封印是否齐全，有无遗漏现象。

（7）检查使用的工具、剩余的材料是否归位，不得遗留在设备上。

十二、电能表安装完毕，通电后应检查的项目

（1）用相序表检查电能表相序是否正确。

（2）用验电笔检查电能表的中性线与相线是否接对，外壳、中性线上应无电压。

（3）检查电能表空载时是否潜动。

（4）带负荷检查电能表运转是否正常，有无反转或停转现象。

（5）用现场检验设备测量计量装置的综合误差是否超差。

（6）检查电能表接线盒、尾封、表计封印是否齐全，有无遗漏现象。

第四节　电能计量装置的正确接线

一、 电能计量装置的接线方式

（1）按被测电路的不同分为单相、三相三线、三相四线。

（2）按电压和电流的高低或大小可分为直接接入和经互感器接入两种方式。

二、 电能计量装置接线图

（1）单相有功电能表直接接入式接线图如图 7-8 所示。

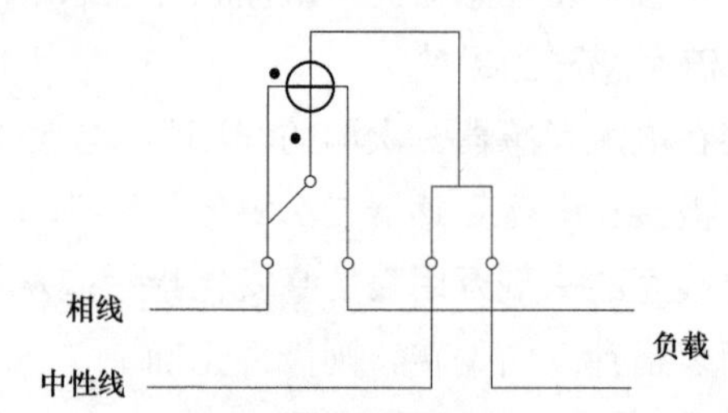

图 7-8　单相有功电能表单进单出直接接入式

（2）单相有功电能表经电流互感器接入式接线图如图 7-9 所示。

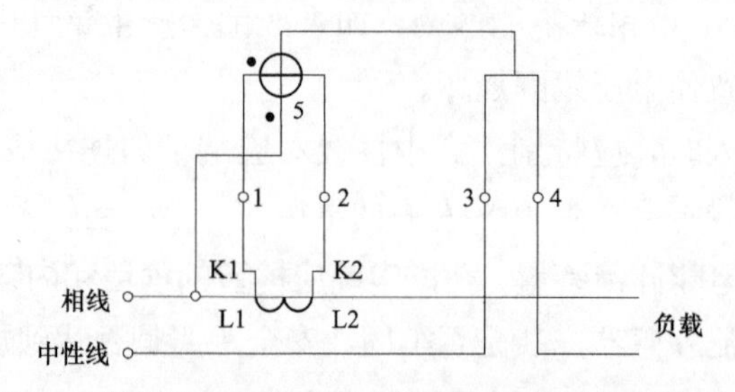

图 7-9　单相有功电能表经电流互感器单进单出接入式

（3）三相三线两元件有功电能表直接接入式接线图如图 7-10 所示。

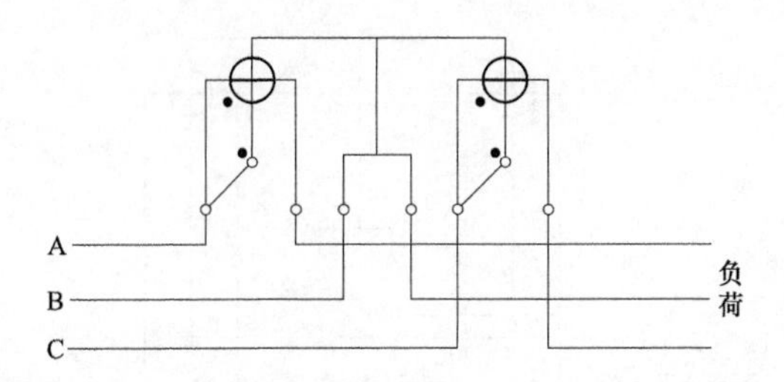

图 7-10　三相三线两元件有功电能表直接接入式接线图

（4）三相三线两元件 380/220V 低压有功电能表经电流互感器将电压线和电流线分别接入的接线图，如图 7-11 所示。

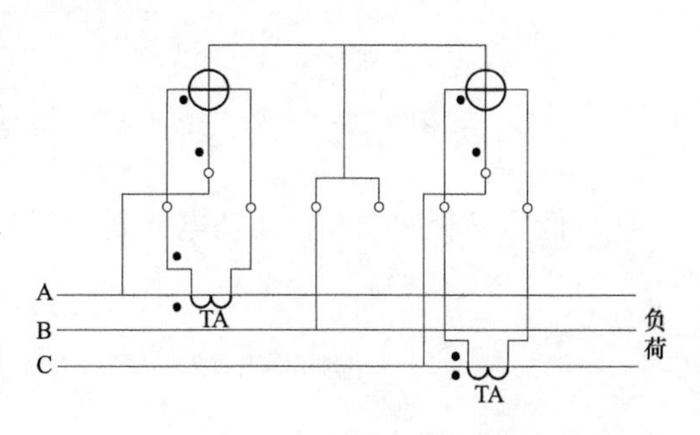

图 7-11　三相三线低压经电流互感器接线图

（5）三相三线有功电能表相量图如图 7-12 所示。

（6）三相四线有功电能表直接接入式接线图如图 7-13 所示。

（7）三相三线两元件有功电能表经电流互感器三根线 V 形简化接线，分为电压线和电流线的接线图如图 7-14 所示。

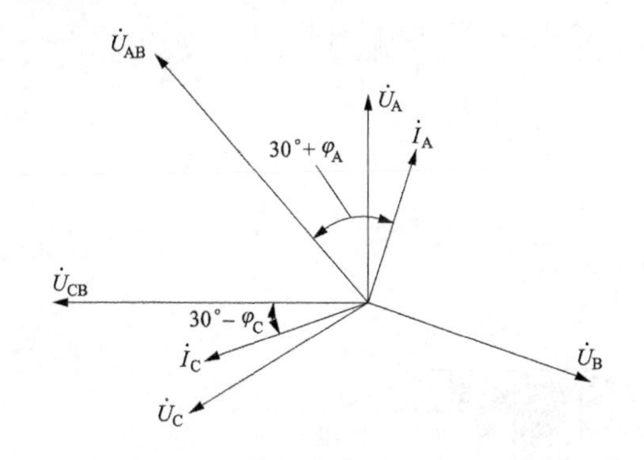

图 7-12　三相三线有功电能表相量图

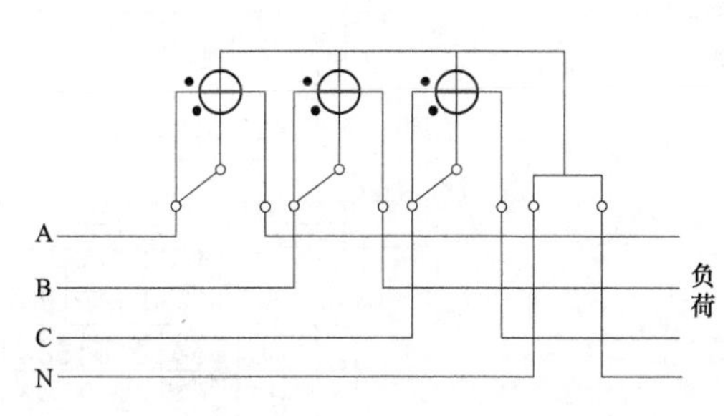

图 7-13　三相四线有功电能表直接接入式接线图

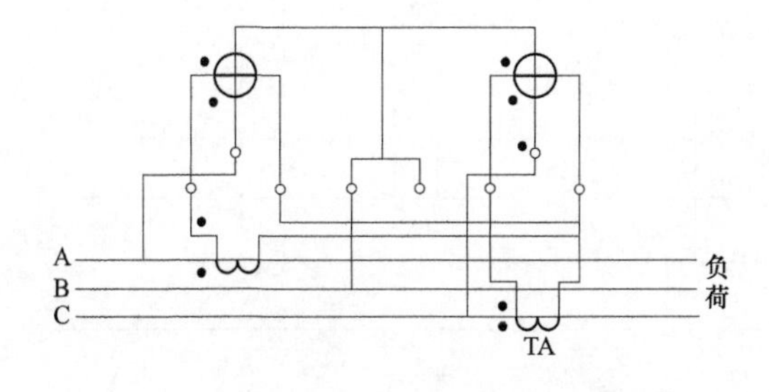

图 7-14　三相三线两元件有功电能表经电流互感器 V 形简化接线图

（8）三相三线两元件有功电能表经 TA、TV 接入的接线图如图 7-15 所示。

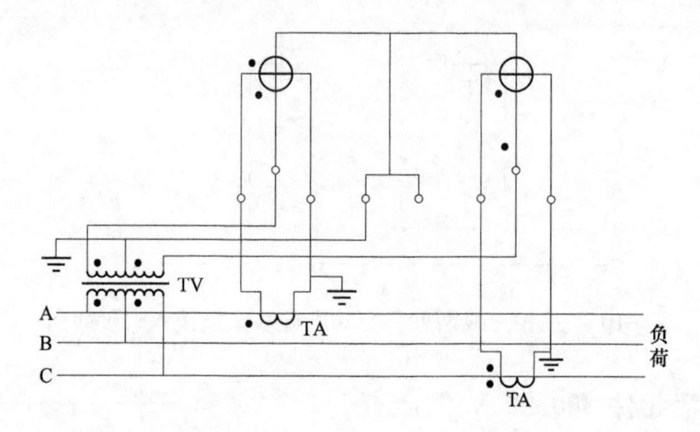

图 7-15　三相三线两元件有功电能表经 TA、TV 接入的接线图

（9）低压三相四线有、无功电能表带 TA 和接线盒的联合接线图如图 7-16 所示。

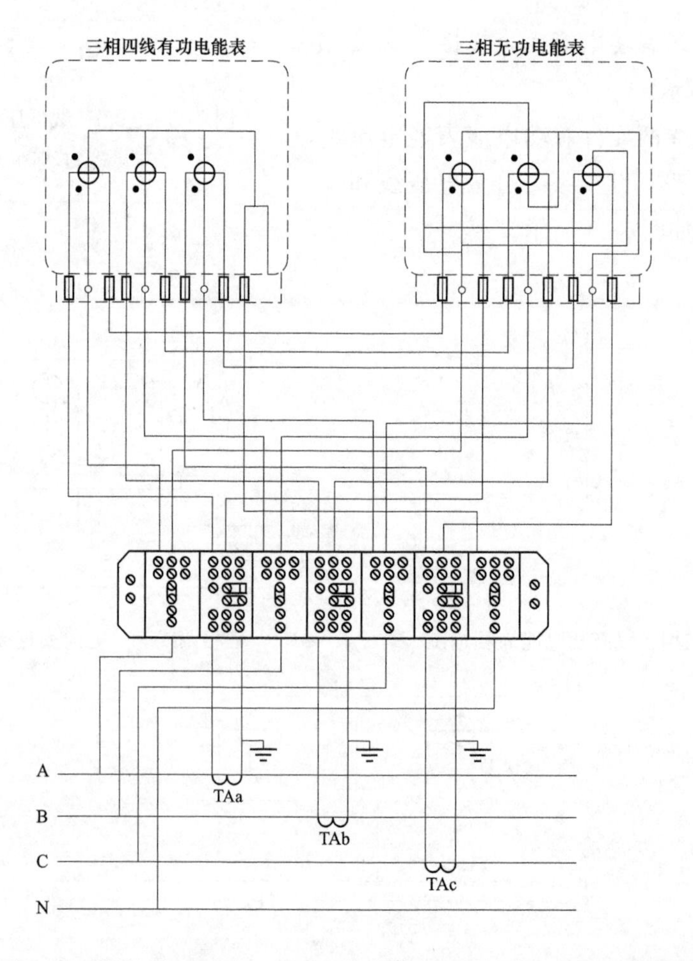

图 7-16　低压三相四线有、无功电能表带 TA 和接线盒的联合接线图

（10）低压三相四线有功电能表带接线盒的接线图如图 7-17 所示。

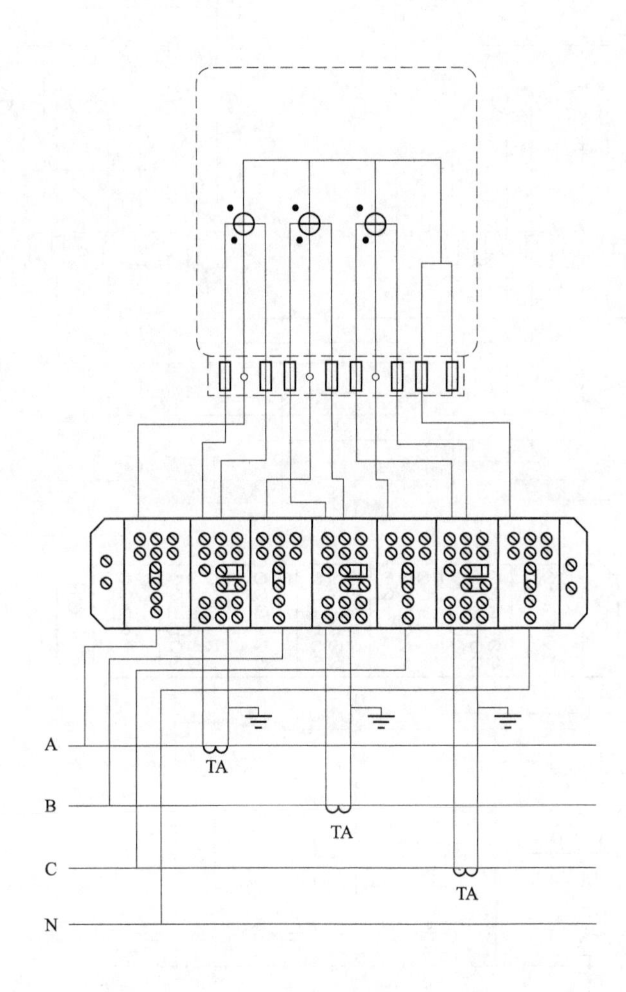

图 7-17　低压三相四线有功电能表带接线盒的接线图

（11）三相四线有功、无功电能表带电压和电流互感器接线盒的联合接线图如图 7-18 所示。

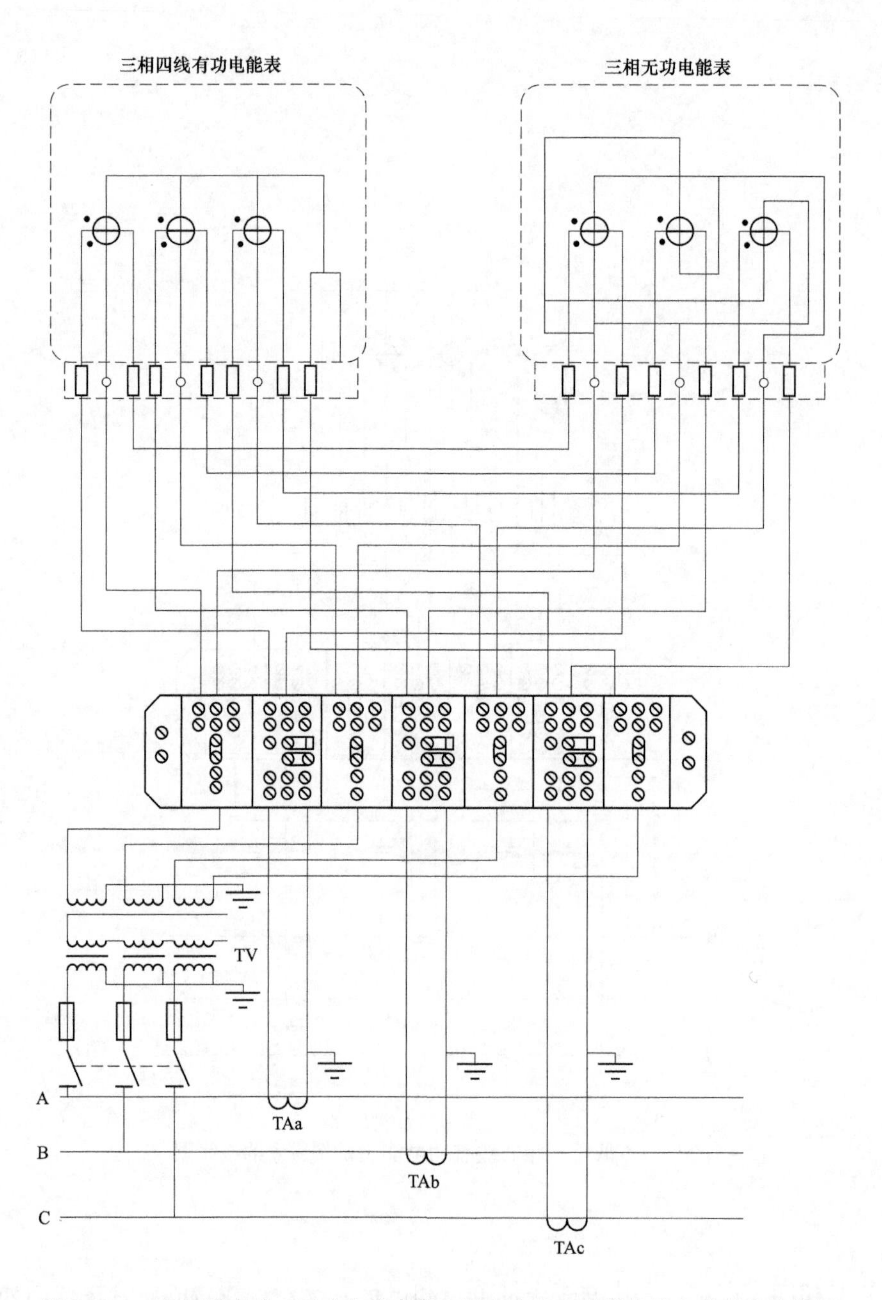

图 7-18　三相四线有功、无功电能表带电压和电流互感器接线盒的联合接线图

(12) 三相两元件有功、无功电能表带 TV、TA 和接线盒的联合接线图如图 7-19 所示。

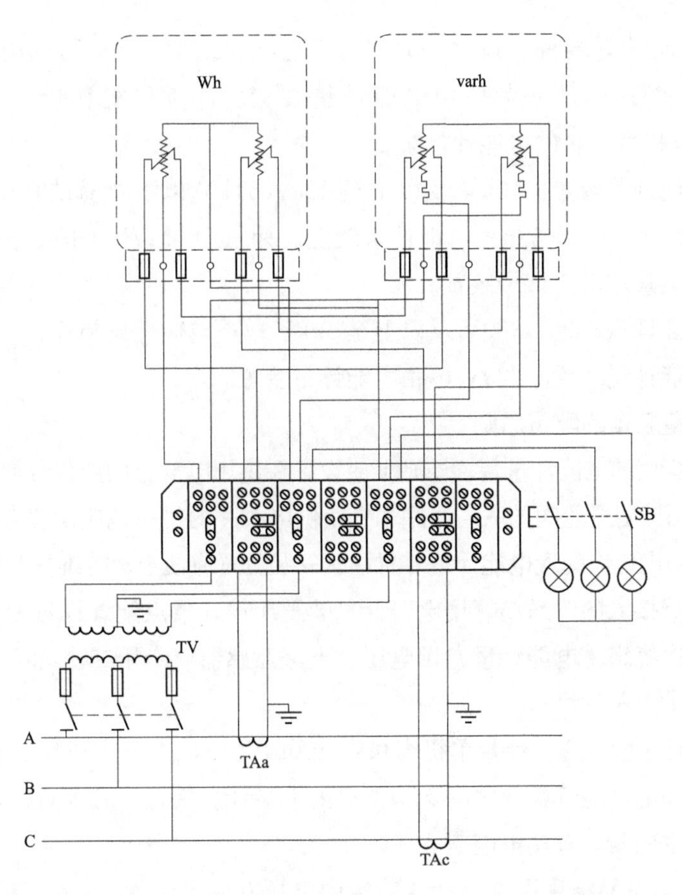

图 7-19　三相两元件有功、无功电能表带 TV、TA 和接线盒的联合接线图

第五节　电能计量装置的运行管理

一、电能计量装置

（1）电能计量装置包含各种类型电能表，计量用电压、电流互感器及其二次回路，电能计量柜（箱）等。

（2）电能计量装置管理包括计量方案的确定、计量器具的选用、订货验收、检定、检修、保管、安装竣工验收、运行维护、现场检验、周期检定（轮换）、抽检、故障处理、报废的全过程管理，以及与电能计量有关的电压失压计时器、电能量采集系统、采集终端设备等相关内容的管理。

二、电能计量装置的分类

运行中的电能计量装置按计量对象重要程度和管理需要分为五类（Ⅰ、Ⅱ、Ⅲ、Ⅳ、Ⅴ）。分类细则及要求如下。

（1）Ⅰ类电能计量装置。220kV 及以上贸易结算用电能计量装置、500kV 及以上考核用电能计量装置、计量单机容量 300MW 及以上发电机发电量的电能计量装置。

（2）Ⅱ类电能计量装置。110(66)kV及以上至220kV贸易结算用电能计量装置，220kV及以上至500kV以下考核用电能计量装置。计量单机容量100MW及以上至300MW以下发电机发电量的电能计量装置。

（3）Ⅲ类电能计量装置。10kV及以上至110(66)kV以下贸易结算用电能计量装置，10kV及以上至220kV以下考核用电能计量装置。计量100MW以下发电机发电量、发电企业厂（站）用电量的电能计量装置。

（4）Ⅳ类电能计量装置。380V及以上至10kV以下电能计量装置。

（5）Ⅴ类电能计量装置。220V单相电能计量装置。

三、电能计量装置的配置原则

（1）贸易结算用的电能计量装置原则上应设置在供用电设施的产权分界处；在发电企业的上网线路、电网经营企业间的联络线路和专用供电线路的另一端应设置考核用电能计量装置。分布式电源的出口应配置电能计量装置，其安装位置应便于运行维护和监督管理。

（2）经互感器接入的贸易结算用电能计量装置应按计量点配置计量专用的电压、电流互感器或专用二次绕组。电能计量专用电压、电流互感器或专用二次绕组以及二次回路不得接入与电能计量无关的设备。

（3）Ⅰ类电能计量装置、计量单机容量在100MW及以上发电机组上网贸易结算电量的电能计量装置和电网经营企业之间购销电量的电能计量装置，宜配置准确度等级相同的计量有功电量的主副两只有功电能表。

（4）35kV以上贸易结算用电能计量装置中电压互感器二次回路，应不装设隔离开关辅助触点，但可装设快速自动空气开关。35kV及以下贸易结算用电能计量装置中电压互感器二次回路，计量点在电力用户侧的应不装设隔离开关辅助触点和快速自动空气开关等，计量点在电力企业变电站侧的可装设快速自动空气开关。

（5）安装在用户处的贸易结算用电能计量装置，10kV及以下电压供电的用户，应配置全国统一标准的电能计量柜或电能计量箱；35kV电压供电的用户，宜配置全国统一标准的电能计量柜或电能计量箱。

（6）贸易结算用高压电能计量装置应具有符合DL/T 566—1995《电压失压计时器技术条件》要求的电压失压计时功能。

（7）互感器二次回路的连接导线应采用铜质单芯绝缘线。对电流二次回路，连接导线截面积应按电流互感器的额定二次负荷计算确定，至少应不小于4mm^2。对电压二次回路，连接导线截面积应按允许的电压降计算确定，至少应不小于2.5mm^2。

（8）互感器实际二次负荷应在25％～100％额定二次负荷范围内；电流互感器额定二次负荷的功率因数应为0.8～0.1；电压互感器额定二次功率因数应与实际二次负荷的功率因数接近。

（9）电流互感器额定一次电流的确定，应保证其在正常运行中的实际负荷电流达到额定值的60％左右，至少应不小于30％。否则应选用高动热稳定电流互感器以减少变比。

（10）为提高低负荷计量的准确性，应选用过载4倍及以上的电能表。

（11）经互感器接入的电能表，其额定电流宜不超过电流互感器额定二次电流的30%，其最大电流宜为电流互感器额定二次电流的120%左右。

（12）执行功率因数调整电费的用户，应安装能计量有功电量、感性和容性无功电量的电能计量装置；按最大需量计收基本电费的用户应装设具有最大需量计量功能的电能表；实行分时电价的用户应装设复费率电能表或多功能电能表。

（13）带有数据通信接口的电能表，其通信规约应符合DL/T 645—2007《多功能电能表通信协议》的要求。

（14）具有正、反向送电的计量点应装设计量正向和反向有功电量以及四象限无功电量的电能表。

四、电能计量装置准确度等级

各类电能计量装置应配置的电能表、互感器的准确度等级不应低于表7-4的标准。

表7-4　　准确度等级

电能计量装置类别	准确度等级			
	电能表		电力互感器	
	有功	无功	电压互感器	电流互感器*
Ⅰ	0.2S	2	0.2	0.2S
Ⅱ	0.5S	2	0.2	0.2S
Ⅲ	0.5S	2	0.5	0.5S
Ⅳ	1	2	0.5	0.5S
Ⅴ	2	—	—	0.5S

* 发电机出口可选用非S级电流互感器。

五、在电能计量装置中，S级电流互感器、电能表与普通的互感器、电能表的区别

（1）在电能计量装置中广泛应用S级电流互感器（宽量限电流互感器）。S级电能表与普通电能表主要区别在于小电流时的要求不同，普通电能表5%I_b以下没有误差要求，而S级电能表在1%I_b即有误差要求，提高了电能表轻负载的计量特性。

（2）S级电流互感器能够正确计量的电流范围是1%～120%。

（3）S级电流互感器与普通电流互感器误差限值见表7-5。

表7-5　　S级电流互感器与普通电流互感器误差限值

准确等级	比差（±%）					相位差 ±（′）				
	1	5	20	100	120	1	5	20	100	120
0.2		0.75	0.35	0.2	0.2		30	15	10	10
0.2S	0.75	0.35	0.2	0.2	0.2	30	15	10	10	10

六、电能计量装置的现场检验周期

(1) 技术管理规程规定,Ⅰ类电能计量装置宜每6个月现场检验一次;Ⅱ类电能计量装置宜每12个月现场检验一次;Ⅲ类电能计量装置宜每24个月现场检验一次。

(2) 高压互感器现场检验周期为10年。

(3) 运行中的电压互感器二次回路电压降应定期进行检验。35kV及以上电压互感器二次回路电压降,至少每两年现场检验一次。当二次回路负荷超过互感器额定二次负荷或二次回路电压降超差时应及时查明原因,并在一个月内处理。

七、更换

(1) 电能表经运行质量检验判定为不合格批次的,应根据电能计量装置运行年限、安装区域、实际工作量等情况,制定计划并在一年内全部更换。

(2) 更换电能表时宜采取自动抄录、拍照等方法保存电能表指示数等信息,存档备查。贸易结算用电能表拆回后至少保存一个结算周期。

(3) 更换拆回的Ⅰ～Ⅳ类电能表应抽取其总量的5%～10%、Ⅴ类电能表应抽取其总量的1%～5%,依据计量检定规程进行误差测定,并每年统计其检测率及合格率。

八、低压电流互感器的轮换和抽检时间

低压电流互感器从运行的第20年起,每年应抽取其总量的1%～5%进行后续检定,其合格率应不小于98%,否则应加倍抽取、检定,直至全部轮换。

九、对主、副电能表的管理

(1) 主、副电能表应设立明显的标记,不得随意调换。

(2) 主、副电能表的轮换、检验周期应相同。

(3) 两只电能表的指示数应同时抄录。

(4) 当主、副电能表所计电量之差与主表所计电量的相对误差小于电能表准确度等级值的1.5倍时,以主电能表所计电量为准;如相对误差大于1.5倍时,应对主、副表进行现场检验,如主表不超差,以主表电量为准;如副表不超差,以副表电量为准。如主、副电能表都超差,以主电能表的误差计算退补电量,并及时更换超差表计。

十、在现场带电检查低压电流互感器变比的方法

用大量程的钳形电流表测量电流互感器的一次电流 I_A(安),同时用5A量程的钳形电流表测量电流互感器的二次侧电流 I_a 值,电流互感器的变比按下式计算,即

$$K_L=\frac{I_A}{I_a}\times\frac{5}{5}=\frac{5\times I_A/I_a}{5} \tag{7-12}$$

最后计算出以5为分母的分数形式,即为电流互感器的变比。

十一、具有失压计时功能的静止式多功能表与电压失压计时器的区别

高压计费电能计量装置装设电压失压计时器的目的是记录电能计量装置电压回路故障的时间,以便计算故障期间的电量。

根据DL/T 566—1995《电压失压计时器技术条件》规定,电压失压计时器是由电流

启动的装置，如果没有电流，无论有无电压，电压失压计时器都不应启动计时，只有在电能计量装置二次回路中有电流而无电压时（电能计量装置为故障状态），才应启动计时器。对具有失压计时功能的静止式多功能表，它不能区分电能计量装置是处于停电状态还是故障状态，只要没有电压就计时，它所计失压时间并非都是故障失压时间，不能用于计算故障电量，因此，对高压计费的用户，安装了具有失压计时功能的静止式多功能表后还应安装电压失压计时器。

十二、减少电能计量装置综合误差的措施

（1）调整电能表时考虑互感器的合成误差。

（2）根据互感器的误差合理地配置电能表。

（3）对运行中的电压、电流互感器，根据现场具体情况进行误差补偿。

（4）加强电压互感器二次压降的监督和管理，加大二次导线截面，减少二次导线的长度，使压降达到规定的标准。

第六节　电能计量装置的错误接线及电量退补

一、更正系数

在同一功率因数下，电能表正确接线应计量的电量与错误接线时电能表所计电量的比值称为更正系数。计算公式为

$$G_X = \frac{W_S}{W_J} = \frac{P_S}{P_J} \tag{7-13}$$

式中　G_X——错误接线电量更正系数；

W_S——用电负荷实际消耗电量；

W_J——在错误接线期间电能表测定的电量；

P_S——实际有功功率；

P_J——错误接线时电能表计量的有功功率。

二、更正率

用电负荷实际消耗的电量与电能表计量的电量之差称为更正值。也就是指需要追补或退还的电量，计算公式为

$$\Delta W = W_S - W_J \tag{7-14}$$

式中　ΔW——错误接线期间需要更正的电量；

W_S——用电负荷在电能表错误接线期间实际消耗的电量；

W_J——错误接线期间电能表计量的电量。

更正值（需要更正的电量）与电能表错误接线期间所计量的电量比值的百分数称为更正率。通常用 ε 表示，更正率的计算公式为

$$\varepsilon = \frac{\Delta W}{W_J} = \frac{W_S - W_J}{W_J} \times 100\% \tag{7-15}$$

在电能表错误接线期间，由于测量不准，需要追退的电量 ΔW 为

$$\Delta W = \varepsilon W_J$$

因为

$$\Delta W = W_S - W_J = G_X W_J - W_J = (G_X - 1) W_J$$

即

$$\Delta W = (G_X - 1) W_J$$

更正率与更正系数的关系为

$$\varepsilon = G_X - 1 \tag{7-16}$$

三、电能表的计量误差

在某段时间内，计量装置所计量的电能与通过由该计量装置组成的计量点输出的电能之间的相对误差称为计量误差。

$$\begin{aligned} \text{计量误差}(\delta) &= \frac{\text{计量的电能} - \text{实际的电能}}{\text{实际的电能}} \times 100\% \\ &= \frac{\text{计量功率} - \text{实际功率}}{\text{实际功率}} \times 100\% \end{aligned} \tag{7-17}$$

式中　计量功率——单位时间内计量装置所计量的电量，kW；

实际功率——单位时间内通过该计量装置组成的计量点输出的电量，kW。

计量误差由两部分组成：一是计量装置本身的误差，称为基本误差。基本误差主要是由于计量装置接线错误、电能表或互感器选用型号不当、表尾电压反相序、表尾电压异常、互感器倍率误差、TA 被短接、计量装置故障、超差等原因造成的。二是测试过程中的测试误差，称为附加误差。附加误差主要是由测试计量误差时所用电压表、钳形电流表精度、使用不当、测试计量误差时负荷发生变化、三相负荷不平衡等因素造成的。

计量误差又可分为绝对误差、相对误差和引用误差。

（1）绝对误差：被测量的测量值与被测量的真实值之间的差值叫绝对误差，用 Δx 表示，即

$$\Delta x = x - x_0 \tag{7-18}$$

式中　Δx——绝对误差；

x——被测量的测量值；

x_0——被测量的实际值。

（2）相对误差：绝对误差 Δx 与实际值 x_0 的比值叫相对误差，用 γ 表示，即

$$\gamma = \frac{\Delta x}{x_0} \approx \frac{\Delta x}{x} \tag{7-19}$$

相对误差一般用百分数表示，可以表示表计的测量准确程度。

（3）引用误差：对同一块仪表测量不同的数值时，其相对误差不尽相同，为了衡量测量仪表的准确度，需要同时考虑测量仪表的最大测量范围和最大测量绝对误差，因此引入了引用误差。

测量仪表在最大量程时的相对误差称为引用误差，用 δ 表示

$$\delta = \frac{\Delta x}{x_{zd}} \tag{7-20}$$

式中　δ——引用误差；

Δx——最大量程时的绝对误差；

x_{zd}——最大量程。

考虑测量仪表在各个刻度时的绝对误差可能不完全相同，但一般比较接近，为了应用上的方便，用仪表各刻度位置中的最大绝对误差和仪表的最大量程之比值的百分数来表示仪表的准确度，也就是用仪表的最大引用误差来表示其准确度，即

$$\delta_{zd}=\frac{\Delta x_{zd}}{x_{zd}} \tag{7-21}$$

式中　δ_{zd}——最大引用误差；

Δx_{zd}——最大绝对误差；

x_{zd}——最大刻度值。

四、营业追补电量包括的主要内容

（1）由于计量不准、计量装置的故障而追补的电量。

（2）由于漏抄、错抄、错算倍率而追补的电量。

（3）改善电压互感器回路压降，更换大比数电流互感器等追补的电量。

（4）客户违章用电追补的电量。

（5）查处窃电追补的电量。

五、根据电能表的相对误差退补错误接线电量

负载在错误接线期间实际消耗的电量为

$$W_S=\frac{W_J G_X}{1+\frac{\gamma}{100}} \tag{7-22}$$

式中　W_S——负载在错误接线期间实际消耗的电量；

W_J——电能表在错误接线期间计量的电量；

γ——电能表的相对误差；

G_X——更正系数。

电能计量装置错误接线查实后需要进行电量退补，退补电量 ΔW 等于在错误接线期间负载实际消耗的电量 W_S 与电能表错误接线在此期间测得的电量 W_J 两者之差，即

$$\Delta W=W_S-W_J$$

式中　ΔW——由于电能表错误接线造成计量不准需要退补的电量；

W_S——负载在错误接线期间实际消耗的电量；

W_J——电能表在错误接线期间计量的电量。

根据以上公式可得

$$\Delta W = W_S - W_J = \frac{W_J G_X}{1+\frac{\gamma}{100}} - W_J = \frac{W_J G_X - W_J\left(1+\frac{\gamma}{100}\right)}{1+\frac{\gamma}{100}}$$

$$= \frac{W_J\left(G_X - 1 - \frac{\gamma}{100}\right)}{1+\frac{\gamma}{100}} \tag{7-23}$$

式中 G_X——更正系数，$G_X = P_S/P_J$；

P_S——实际有功功率；

P_J——错误接线时电能表计量的有功功率。

六、电流互感器错误接线补算电量

（1）A相TA错误接线。

更正系数为

$$G_X = \frac{\sqrt{3}}{\tan\varphi}$$

补算电量为

$$\Delta W = W_S - W_J = \left(\frac{\sqrt{3}}{\tan\varphi} - 1\right) W_J \tag{7-24}$$

（2）C相TA错误接线。

更正系数为

$$G_X = -\frac{\sqrt{3}}{\tan\varphi}$$

补算电量为

$$\Delta W = W_S - W_J = -\left(\frac{\sqrt{3}}{\tan\varphi} + 1\right) W_J \tag{7-25}$$

七、熔丝熔断补算电量

（1）高压TV熔丝熔断，星形接线A、B、C任一相熔丝熔断时。

更正系数为

$$G_X = 1.5$$

补算电量为

$$\Delta W = W_S - W_J = 0.5 W_J \tag{7-26}$$

（2）V形接线，A或C相熔丝熔断，其补算电量按式（7-27）计算，即

$$\Delta W = \left[\frac{2\sqrt{3}}{\sqrt{3} \pm \tan\varphi} - 1\right] W_J \tag{7-27}$$

当A相熔丝熔断时，$\tan\varphi$ 取“+”；

当B相熔丝熔断时，$\tan\varphi$ 取“−”；

当C相熔丝熔断时，则 $\Delta W=W_J$。

（3）三相四线制接线熔丝熔断。

1）一相熔丝熔断时，补算电量 $\Delta W=0.5W_J$；

2）二相熔丝熔断时，补算电量 $\Delta W=2W_J$；

3）三相熔丝熔断时，补算电量 $\Delta W=\sqrt{3}UI\cos\varphi t$。

八、三相三线两元件有功电能表错误接线及更正系数

三相三线两元件电能表共有24种接线方式，在这24种接线方式中，只有1种接线方式是正确的，其他23种接线方式均为错误的，其中：有5种接线方式为正向计量，但不同程度地存在表计误差；有6种接线方式为正向计量与反向计量方向不定；有6种接线方式为反向计量；有6种接线方式为不计量等，如表7-6所示。

表7-6　　三相三线两元件有功电能表错误接线及更正系数表

序号	转动方向	接线方式	计量总功率（W_J）	更正系数（G_X）
1	正转	$U_{AB}(I_A)$、$U_{CB}(I_C)$	$\sqrt{3}UI\cos\varphi$	1(接线正确)
2		$U_{CA}(-I_A)$、$U_{BA}(-I_C)$	$\sqrt{3}UI\cos(60°-\varphi)$	$2/(1+\sqrt{3}\tan\varphi)$
3		$U_{AC}(I_A)$、$U_{BC}(-I_C)$	$2UI\cos(30°-\varphi)$	$\sqrt{3}/(\sqrt{3}+\tan\varphi)$
4		$U_{BC}(I_A)$、$U_{AC}(-I_C)$	$UI\cos(30°-\varphi)$	$2\sqrt{3}/(\sqrt{3}+\tan\varphi)$
5		$U_{AB}(I_C)$、$U_{CB}(-I_A)$	$2UI\sin\varphi$	$\sqrt{3}/2\tan\varphi$
6		$U_{AB}(-I_A)$、$U_{CB}(I_C)$	$UI\sin\varphi$	$\sqrt{3}/\tan\varphi$
7	转向不定	$U_{BC}(-I_A)$、$U_{AC}(-I_C)$	$\sqrt{3}UI\cos(60°+\varphi)$	$2/(1-\sqrt{3}\tan\varphi)$
8		$U_{BC}(I_A)$、$U_{AC}(I_C)$	$-\sqrt{3}UI\cos(60°+\varphi)$	$-2/(1-\sqrt{3}\tan\varphi)$
9		$U_{CA}(I_C)$、$U_{BA}(-I_A)$	$2UI\cos(30°+\varphi)$	$\sqrt{3}/(\sqrt{3}-\tan\varphi)$
10		$U_{BA}(I_A)$、$U_{CA}(-I_C)$	$-2UI\cos(30°+\varphi)$	$-\sqrt{3}/(\sqrt{3}-\tan\varphi)$
11		$U_{CA}(-I_A)$、$U_{BA}(I_C)$	$UI\cos(30°+\varphi)$	$2\sqrt{3}/(\sqrt{3}-\tan\varphi)$
12		$U_{CA}(I_A)$、$U_{BA}(-I_C)$	$-UI\cos(30°+\varphi)$	$-2\sqrt{3}/(\sqrt{3}-\tan\varphi)$
13	反转	$U_{CA}(I_A)$、$U_{BA}(I_C)$	$-\sqrt{3}UI\cos(60°-\varphi)$	$-2/(1+\sqrt{3}\tan\varphi)$
14		$U_{BC}(I_C)$、$U_{AC}(-I_A)$	$-2UI\cos(30°-\varphi)$	$-\sqrt{3}/(\sqrt{3}+\tan\varphi)$
15		$U_{BC}(-I_A)$、$U_{AC}(I_C)$	$-UI\cos(30°-\varphi)$	$-2\sqrt{3}/(\sqrt{3}+\tan\varphi)$
16		$U_{AB}(-I_A)$、$U_{CB}(-I_C)$	$-\sqrt{3}UI\cos\varphi$	-1
17		$U_{AB}(-I_C)$、$U_{CB}(I_A)$	$-2UI\sin\varphi$	$-\sqrt{3}/2\tan\varphi$
18		$U_{AB}(I_A)$、$U_{CB}(-I_C)$	$-UI\sin\varphi$	$-\sqrt{3}/\tan\varphi$
19	不转	$U_{CA}(-I_C)$、$U_{BA}(-I_A)$	0	—
20		$U_{CA}(I_C)$、$U_{BA}(I_A)$	0	—
21		$U_{BC}(I_C)$、$U_{AC}(I_A)$	0	—
22		$U_{BC}(-I_C)$、$U_{AC}(-I_A)$	0	—
23		$U_{AB}(I_C)$、$U_{CB}(I_A)$	0	—
24		$U_{AB}(-I_C)$、$U_{CB}(-I_A)$	0	—

注　1. 在表中接线方式一列中“、”前表示三相三线电能表的第一元件，“、”后表示电能表的第二元件。

2. U_{AB}表示该元件电压绕组接入的是AB电压；I_A表示该元件接入的A相电流，“$-I_A$”值表示接入的是A相反向电流，其他类同。

九、对电能表计量不准时退补电量的计算

电能表计量不准时首先应由计量部门根据实际情况对表计进行鉴定和校验，出示电量更正报告，根据更正报告中确定的电能实际误差计算退补电量。计算公式为

$$应退补电量=\frac{抄见电量\times(\pm 实际误差\ \%)}{1+(\pm 实际误差\ \%)} \tag{7-28}$$

1. 电能表潜动退补电量

现场运行的电能表在没有带任何负荷的情况下，电能表的转盘不断转动超过一转，若超一转，此时说明电能表潜动。

电能表潜动退补电量的计算公式为

$$应退补电量=\frac{自转天数\times 每天不用电小时数\times 3600s}{表盘自转一圈的时间秒\times 电能表常数} \tag{7-29}$$

2. 互感器或电能表误差超出允许范围时退补电量

互感器或电能表误差超出允许范围时，以“0”误差为基准，按验证后的误差值退补电量。退补时间从上次校验或换装后投入之日起至误差更正之日止的1/2的时间计算。

3. 电能计量装置的二次压降超出允许范围时退补电量

电能计量装置的二次压降超出允许范围时，以允许电压降为基准，按验证后实际值与允许值之差补收电量，补收时间从电能表连接线投入或负荷增加之日起至电压降更正之日止。

4. 计费计量装置接线错误退补电量

计费计量装置接线错误的，以其实际记录的电量为基数，按正确与错误接线的差额率退补电量，退补时间从上次校验或换装投入之日起至接线错误更正之日止。

5. 电压互感器熔断器熔断退补电量

电压互感器熔断器熔断的，按规定计算方法计算值补收相应电量的电费；无法计算的，以用户正常月份用电量为基准，按正常月与故障月的差额补收相应电量的电费，补收时间按抄表记录或按失压自动记录仪记录确定。

6. 计算电量的倍率或铭牌倍率与实际不符时退补电量

计算电量的倍率或铭牌倍率与实际不符时，以实际倍率为基准，按正确与错误倍率的差值退补电量，退补时间以抄表记录为准确定。

7. 计量装置过负荷、遭受雷击烧坏退补电量

对于计量装置过负荷、遭受雷击烧坏等，如电气设备能继续用电，应根据抄表核算记录确定异常日期及更正电量。

8. 根据电表所记录的失压数据追补电量

失压电量的追补常用“更正系数法”和“估算法”来进行。

更正系数是指在正常工作状态下，电能表所计电量与在失压状态下所计电量的比值。也就是电表在正常状态下反映的功率与失压状态下反映的功率的比值。具体操作过程

如下。

(1) 测算失压和正常工作情况下的功率比值 k

计算公式为

$$k = P_S / P \tag{7-30}$$

式中　P_S——失压情况下现场测量的功率值；

P——失压恢复后，现场测量的功率值。

这两个数据可以从电能表的 RS-485 口抄到。

(2) 根据总失压电量寄存器显示的止码，和上次失压时记录的止码，计算本次失压电能表记录的失压电量表码 W_s。

(3) 计算电表在失压期间少计电量表码 W_b，即 $W_b = (1-K)W_s$；如果出现断相特殊情况，也可按下列公式进行追补。

三相三线表的追补公式为

$$W_b = W_{As} \times \varepsilon_{PA} + W_{Bs} \times \varepsilon_{PB} + W_{Cs} \times \varepsilon_{PC} \tag{7-31}$$

式中　W_{As}——本月 A 相正向损失电量；

W_{Bs}——本月 B 相正向损失电量；

W_{Cs}——本月 C 相正向损失电量；

ε_{PA}、ε_{PB}、ε_{PC}——A 相、B 相、C 相更正率。

三相四线表的追补公式

$$W_b = W_{As} \times 0.5 + W_{Bs} \times 0.5 + W_{Cs} \times 0.5 \tag{7-32}$$

此种方法适合于负荷比较对称而且稳定情况下的追补。

在其他情况下，可以用估算法来进行电量的追补。估算的方法是：按电气设备的容量、设备利用率、设备运行小时数进行用电计算，也可以依照过去的用电情况进行追补。

9. 现场校验高压电能表时，由于互感器短接造成的少计电量

(1) 首先测出电能表每转的秒数，或智能电能表输出一个脉冲的秒数，然后再测出短路电流互感器的总时间 T。

(2) 少计电量用式 (7-33) 进行计算，即

$$W_{sj} = \frac{3600 \times n \times T}{t \times N} \times K_p K_T \tag{7-33}$$

式中　W_{sj}——少计电量；

n——测试电能表的转数；

T——短路电流互感器的总时间，h；

t——被测试电能表输出 N 个脉冲（或 N 转）的时间，s；

N——被校电能表的常数；

K_p——电压互感器的变比；

K_T——电流互感器的变比。

第八章　反窃电知识

线损分为技术线损和管理线损两部分，反窃电工作是降低管理线损的措施之一，本章重点对电能计量装置的异常判断、窃电方法，以及反窃电的措施进行具体介绍，通过对本章的学习，可掌握反窃电的一般常识，提高线损管理人员的业务素质和反窃电能力，有效地预防用户窃电，降低电能损失。

第一节　电能计量装置的异常判断

现场测试计量装置的误差是判断计量装置运行正确与否的关键，是反窃电的基础，通过对测试结果的分析，可准确地判断客户是否窃电，防止电量丢失。现场测试计量装置误差的方法有功率对比法、电炉测试法、电容测试法、灯泡测试法、采用电能表现场校验仪测试法等。

开展反窃电工作，首先要了解掌握计量装置的正确接线，其接线方式可参照第七章“电能计量”中第四节“电能计量装置的正确接线”的有关内容。

一、用“功率对比法”检查表计运行的准确性

（一）需用测试仪器仪表

需用测试仪器仪表包括钳形电流表、秒表、计算器或智能手机中的秒表、计算器功能。

（二）工作原理

通过对计量装置的计量功率与用户的实际功率对比，计算表计误差来判断表计运行的准确性。

（三）测试方法及步骤

1. 计算计量装置的计量功率

（1）退出计量装置下侧所有电容器。

（2）在负荷稳定的前提下，用秒表或智能手机中的秒表功能，测量表计输出 N 个脉冲所需的时间 T(s)；或测量机械电能表铝盘转 N 圈所需要的时间 T(s)。

（3）根据式（8-1）计算电能计量装置的计量功率，即

$$P_1=\frac{3600N}{CT}K_pK_T \tag{8-1}$$

式中 P_1——电能表计量功率，kW；

N——测定电能表的脉冲数或铝盘转数；

C——电能表常数，脉冲数/kWh、转/kWh；

T——测定电能表 N 个脉冲或铝盘转 N 转所需要的时间，s；

K_p——电压互感器的变比；

K_T——电流互感器的变比；

2. 计算用户的实际用电功率

（1）用钳形电流表分别测量计量点三相一次电流 I_A、I_B、I_C，计算三相总平均电流 I，即

$$I=\frac{I_A+I_B+I_C}{3}$$

（2）测量用户的实际运行电压 U。

（3）根据负荷性质估算功率因数 $\cos\varphi$，一般情况下 $\cos\varphi$ 按 0.8 考虑，对纺织厂生产线、风机用电可粗估按 0.7 计算。但同时要考虑以下因素：

1）电机在空载或轻载时不能估算；

2）电容器不退出不能估算，如有电容器投入，$\cos\varphi$ 较难确定；如电机已停运，电容器仍运行，这时所测电流全是无功电流；如功率因数仍按 0.8 计算，测得的结果误差较大。

（4）根据式（8-2）计算用户的实际功率，即

$$P_2=\sqrt{3}UI\cos\varphi \tag{8-2}$$

式中 P_2——实际功率，kW；

U——实际运行电压，kV；

I——实际一次三相总平均电流，A；

$\cos\varphi$——实际功率因数。

如 $P_1>P_2$，说明表计快；否则，表计慢。

3. 计算表计的误差 δ

按式（8-3）计算表计的误差 δ，即

$$\delta=\frac{P_1-P_2}{P_2}\times 100\% \tag{8-3}$$

如果表计误差为正误差，说明表计运行快；如果表计误差为负误差，说明表计运行慢。根据此方法计算的表计误差，考虑测量的误差、用电负荷的变化，如果表计误差在 10%范围内，基本判断表计运行正常；如果计算的表计误差超过 15%，基本可以判断计量装置可能出现故障，需进一步核实处理。

（四）分析判断

经“功率对比法”测试计算，表计误差超过15%时，应从以下几个方面进行分析判断。

（1）表计接线是否正确，是否存在接线错误现象。

（2）互感器倍率是否与档案相符。

（3）三相负荷是否平衡。

（4）表尾电压相序是否正确。

（5）计量装置配备是否合理。

（6）检查TA是否由于电流过大处于饱和状态。

（7）检查二次回路电阻是否增大。

（8）计量回路内是否串联其他表计。

（9）检查TA误差是否过大。

（10）若TA误差合理，说明计量误差是由表计造成。

（11）检查表计是否故障，用户是否窃电等。

（12）经以上检查无异常时，可将表计拆回进行校验。

（五）例题说明

例题：某低压计量装置，抄表卡TA倍率为100/5，电能表常数为450r（脉冲）/kWh，在负荷稳定的情况下，测得计量点处的电压为$V_{AB}=V_{AC}=V_{BC}=0.4kV$，用钳形电流表测得$I_A=I_B=I_C=100A$，已知负荷性质是动力用户，测得$\cos\varphi=0.8$，实测电能表输出一个脉冲的时间$t=8s$，求计量误差。

解：表计功率为

$$P_1=\frac{3600N}{CT}K_pK_T=\frac{3600\times1}{450\times8}\times20=20\ (kW)$$

实际功率为

$$P_2=\sqrt{3}UI\cos\varphi=1.732\times0.4\times100\times0.8=55.4\ (kW)$$

计量误差为

$$\delta=\frac{P_1-P_2}{P_2}\times100\%=\frac{20-55.4}{55.4}\times100\%=-64\%$$

本低压计量装置的计量误差为−64%。

二、电炉测试法

用电炉作为临时负荷来测试计量误差的方法称为电炉测试法。

（一）用电炉法测试计量误差

（1）关停计量装置下的所有用电负荷。

（2）测试电炉的实际功率。一般选用一只220V、2kW的单相电炉，通过测量带有电炉负荷的电压、电流值，可计算出电炉的实际功率P_2。功率因数取值为1。

(3) 让电炉依次在低压A、B、C相上单独运行，测出表转N圈（或N个脉冲）的时间T_A、T_B、T_C。

(4) 用公式$P_1=\frac{3600N}{CT}K_pK_T$分别计算A、B、C各相的表计功率。

(5) 用以下公式分别计算计量装置各相的计量误差δ_A、δ_B、δ_C，即

$$各相计量误差(\delta)=\frac{计量功率-实际功率}{实际功率}\times 100\%$$

(6) 计算计量装置总的计量误差为

$$\delta=\frac{1}{3}(\delta_A+\delta_B+\delta_C) \tag{8-4}$$

(二) 故障分析

1. 在用电炉法测量时如某相发生反转的原因：

(1) 高压表计的电压源异常。由于TV内部或外部接线错误造成。

(2) 计量装置的元件异常。

(3) 该元件电压、电流配合错误。

(4) 该元件反极性（包括TA极性、电流二次线极性、表内元件极性等）。

(5) 元件间二次电流存在串并联，或电压电流配合错误。

(6) 表尾电压异常等。

2. 对二元件电能表某相反转的分析

(1) 让电炉继续在反转相上运行。

(2) 测量表尾电压应正常。

(3) 抽出表尾B相电压，表计应慢一半，否则电压线圈异常。

(4) 取一段截面为4mm²或以上导线，一端接入表尾B相，另一端依次接入表尾A、C相，观察表计转动情况。

1) 若表计一相反转、一相停转，反转一圈的时间与原来相同，说明反转原因是由该元件反极性造成的，应检查该元件的接线，TV、TA二次线，表内元件即可找出故障点。

2) 若表计一相反转、一相停转，但时间不相等，而且误差较大，说明反转是由一个元件造成的。

3) 若两相均停转，说明反转是由一个元件造成的，其他误差原因均不能排除。

4) 若两相均转动（无论正反），说明误差由两个元件造成，两个元件的二次电流存在串并联现象。

3. 对三元件电能表某相反转的分析

(1) 让电炉在反转相上继续运行。

(2) 测量表尾电压应正常。

(3) 从表尾中抽出中性线，并用塑料管将其套住。

(4) 重测表尾相电压应正常，否则表内电压线圈异常。

（5）取一段截面为 4mm^2 或以上导线，一端接入表尾中性点，另一端依次接入表尾的A、B、C相电压接线端子，观察表计运行情况。若两相反转一相停转，且反转时间相等，说明反转相对应的元件为有功元件，反转是由该元件反极性造成的。

（6）判断反转由几个元件造成。

1）拆除表尾中性点辅助二次线，恢复表尾的中性线，用解除表尾电压的方法让A、B、C三元件单独运行，观察表计运行情况。

2）若一相转动两相停转，说明由一个元件造成；若两相转动一相停转，由两个元件造成；若三相全部转动，由三个元件造成。二次电流存在串并联。

（7）经判断，反转由一个元件造成，该元件反极性，可停下来检查二次线，查明原因。

4. 电能表某相不转的原因分析

（1）表尾电压异常，造成对应元件所受电压为0。

（2）对于高压表，由于TV接线错误造成电压源异常。

（3）表计的电压线圈断线。

（4）该相对应的元件二次回路开路。包括TA二次开路、断线，TA内部二次断线，表内电流线圈开路等。

（5）TA被短接，TA一次侧或二次侧被短接。

（6）TA损坏，TA一次绕组发生匝间短路。

（7）表计电流线圈被短接或匝间短路，以及电流二次线被短接。

（8）计量装置接线错误或元件异常。

（9）电能表表盘人为卡住或自然卡住。

（10）电炉所接相未经过计量装置，或虽经过，但被绕越等。

5. 对某相不转，但三相中有一相或二相转动的原因分析

（1）检查计量柜或计量箱是否被短接。

（2）检查表尾是否被短接。

（3）测量表尾电压是否正常。

（4）判断表计的电压线圈是否正常。

（5）判断是否由于不转相对应元件不工作造成的。

（6）检查是否是对应相二次回路开路造成的。

（7）检查表尾电流是否被短接。

（8）检查TA二次线是否被短接。

（9）检查TA是否烧坏。

（10）如以上各项正常，说明故障发生在表计内部，应检查表计封印是否正常，若正常，应拆回进行校验。

6. 对于计量装置三相均不转的原因分析

用电炉法测试电能表时，如三相均不转，一般是由于表计卡盘、表计雷击损坏以及各种间断式窃电造成的。分析故障的方法如下：

（1）检查计量柜或计量箱是否被短接。

（2）检查表壳上是否有小孔，铝盘是否被伸进的铁丝等物卡住。

（3）观察表盖的颜色，应有金属的光泽，如有浓烟色泽，说明表计可能被烧坏。

（4）测量表尾电压是否正常。

（5）检查 TA 二次线是否开路。

（6）检查表计是否有卡盘现象等。

7. 用电炉法测量时发现某相误差超差的原因分析

（1）表尾电压异常。

（2）对高压表电压异常，可能是 TV 接线错误造成的。

（3）有功表元件异常，不是有功元件。

（4）计量装置接线错误。

（5）TA 实际变比与卡账不符。

（6）超差相对应元件的二次回路电阻过大，造成 TA 超差。

（7）TA 烧坏，一次匝间短路。

（8）超差相对应表计元件异常。

三、电容测试法

用电容的无功电流来测试计量装置各元件的误差，判断各元件是否是有功元件以及接线是否正常，以此为依据判断出计量装置是否正常的方法称为电容测试法。

电容测试法一般适用于装有电容器无功补偿客户的电能表测试工作。

用电容判别法判断接线是否正确的方法：

对于两元件或三元件电能表而言，停下所有用电负荷，投入三相电容器，三相电容电流应平衡，并且电容电流应占额定电流的20%以上，有功表计应不走，否则说明计量装置接线错误或故障。若停用电负荷有困难时，可在三相负荷平衡稳定的情况下，投入三相电容器，使电容电流占负荷电流的50%以上，此时，表计转速应不变，否则计量装置接线错误或故障。

四、灯泡测试法

灯泡测试法是用一定功率的电灯泡作为负载，用来测试电能计量装置误差的方法。灯泡测试法一般适用于家用的单相表的测量工作。

1. 用灯泡法测试计量误差

（1）计算计量装置的计量功率。

1）退出计量装置下侧所有用电设备。

2）将 100W 的灯泡接入负荷侧。

3）用秒表或智能手机中的秒表功能，测量表计输出 N 个脉冲所需的时间 T(s)；或测量机械电能表铝盘转 N 圈所需要的时间 T(s)。

根据式（8-1）计算电能计量装置的计量功率。

（2）用户的实际用电功率。由于负荷侧接入的是100W灯泡，负荷性质为纯阻性，功率因数 $\cos\varphi$ 为1，故用户的实际用电功率 $P_2=100\mathrm{W}=0.1\mathrm{kW}$。

如 $P_1>0.1\mathrm{kW}$，说明表计快；否则，表计慢。

（3）按式（8-3）计算表计的误差，即

$$\delta=\frac{P_1-P_2}{P_2}\times100\%=\frac{P_1-0.1}{0.1}\times100\%$$

如果表计误差 δ 为正误差，说明表计运行快；如果表计误差 δ 为负误差，说明表计运行慢。

2. 判断开灯后表计反转的原因

开灯后表计反转是由于表外接线反极性或表内元件反极性造成的，应抽出表计电流出线，测量表计进线端子与表尾中性线接线端子之间的电压，如无电压，说明相线极性反接；如有电压，说明表内元件极性反接、电压线圈极性反接或电流线圈极性反接。

3. 判断开灯后表计不转的原因

（1）表计电压钩被打开。

（2）表内电流线被短接。

（3）表尾电压异常。

（4）灯泡所接导线未经过电能表计。

（5）电能表中性线表内断线，测试用的中性线与电能表不连接。

五、判断电能计量装置接线正确性的方法

1. 用对调表尾B、C相电压法判断接线的正确性

对两元件或三元件电能表，在三相负荷平衡的情况下，对调表尾B、C两相电压线，表计应不走，否则说明计量装置接线错误或元件故障。

注意：在操作时，应把牢二次线，防止导线碰触表箱或盘面造成短路。

2. 用断开B相电压法判断接线的正确性

对于两元件电能表，在三相负荷平衡时，抽出表尾B相电压线，表的转速应慢一半或接近一半，否则说明计量装置接线错误或元件故障。

3. 用一相相线代替中性线判断接线的正确性

对于三元件电能表，在三相负荷平衡的条件下，解除表尾中性点的中性线，测量表尾相电压应正常，然后将表尾的一个相线接入表尾的中性点，表的转速应不变，否则说明计量装置接线错误或元件故障。其原理是将三元件电能表编成二元件电能表，表计转速应正常。

六、检查电能表内接线的方法

将电炉或灯泡接入表计的电流线圈，并投入运行，若电能表正转，说明表计接线正确。若表计不转，说明表计一是电压线圈断线，二是表内电压线圈与电流线圈不是同一元件，即配合错误，可停电后拆下表计测量该元件的电压线圈是否正常，也可以带电测量等。

判断电能表内部电压线圈接线的方法如下：

(1) 对于两元件电能表，抽出表尾B相电压线，再测量表尾电压U_{AB}、U_{CB}，应是线电压的一半；否则，说明表内电压线圈异常。

(2) 对于三元件电能表，抽出表尾中性线，再测量表尾相电压，电压应正常；否则，说明表内电压线圈异常。

七、检查TV接线的正确性

(1) 测量TV的二次电压。

(2) 停电、验电、挂接地线。

(3) 外观检查TV接线是否符合计量原理。

(4) 检查各TV极性是否正常。

1) 对于V_V接线的TV，把一节1.5V普通电池的负极接在高压侧B相上，对于Y_Y接线的TV，把电池的负极接到高压中性点上。

2) 正极连续短时碰触TV高压A相。

3) 把万用表打到最高mA档，“+”极试笔触到A相TV的低压出线端子，对于V/V接线的TV，“−”极试笔接到TV的低压B相接线端子；对于Y_Y接线的TV，“−”极试笔触到TV低压中性点端子。观察万用表的摆动，如果指针正方向摆动，说明A相TV极性正确；若反向摆动，说明A相TV极性反接。

八、检查TA选择的正确性

根据TA的固有特性，TA的一次电流不能全部转为二次电流，其中有一部分是用来励磁，随着励磁电流占总电流比重的不同，TA呈不同的误差特性。当TA在额定电流的20%以下时，励磁电流占总电流的比重较大，出现了“大马拉小车”现象，当TA在额定电流的5%以下工作时，误差更大（负误差）。当TA在额定电流的20%～120%之间时，励磁电流所占比重较小，TA精度较高，误差小。当TA在额定电流的120%以上时，由于铁芯饱和，励磁电流所占的比例迅速增大，TA出现饱和，产生严重的负误差。因此，一般在选择TA时，按负荷电流选择，使长期通过TA的一次电流在TA额定电流的30%～100%之间为宜。

九、用秒表测算负荷功率因数

(1) 确定电能表A元件是有功元件。

(2) 在三相负荷平衡稳定的条件下，让电能表A元件分别在U_{AB}、U_{AC}作用下单独运行，测出表计输出一个脉冲或转一圈的时间T_{AB}、T_{AC}。

（3）根据公式计算功率因数，即

$$\cos\varphi=\frac{1}{\sqrt{1+3\left(\frac{T_{AB}-T_{AC}}{T_{AB}+T_{AC}}\right)^2}} \tag{8-5}$$

式（8-5）计算的功率因数主要是用于低压计量的表计。

十、三相四线电能表中性线对计量误差的影响

三相四线电能表表尾中性线非常重要，没有它，在三相负荷不平衡时会漏计 0 序功率，造成计量误差。在三相负荷平衡时，如表尾缺一相电压，在表尾中性线完好时，表慢 1/3；中性线未接或断开时，表慢 1/2，在追补电量时应特别注意。

十一、三相负荷不平衡对查窃电的影响

用功率测试法检查计量装置时，主要用于三相负荷相对比较平衡的场合，对三相负荷不平衡的情况，测试结果可能误差较大。如某一农村综合变压器，在测试时三相负荷严重不平衡，A、B 两相负荷较大，C 相负荷较小甚至为 0，若客户将 C 相 TA 二次线短接，在用功率测试法检查时，测量结果有可能正常，但不能及时发现客户有窃电的现象。

第二节　常见的窃电方法

为了更好地打击不法客户的窃电行为，应该对客户的窃电的方式进行了解，这样才能做到有的放矢，采取有效的技术措施和管理措施，杜绝客户窃电，减少损失。从计量角度划分，可分为与计量装置有关的窃电和与计量装置无关的窃电两种；从窃电时间上又可分为连续性窃电和间断性窃电两种。

不法客户常用窃电的方法：

（1）欠压法窃电。

（2）欠流法窃电。

（3）移相法窃电。

（4）扩差法窃电。

（5）无表法窃电等。

一、欠压法窃电

窃电者采用各种手法故意改变电能计量电压回路的正常接线或故意造成计量电压回路故障，致使电能表的电压线圈失压或所受电压减少，从而导致电量少计，这种窃电方法就叫欠压法窃电。欠压法窃电常用的手法有：

（1）使电压回路开路。例如：①松开 TV 的熔断器；②弄断保险管内的熔丝；③松开电压回路的接线端子；④弄断电压回路导线的线芯；⑤松开电能表的电压联片等。

（2）造成电压回路接触不良故障。例如：①拧松 TV 的低压熔断器或人为制造接触面的氧化层；②拧松电压回路的接线端子或人为制造接触面的氧化层；③拧松电能表的电压

连接片或人为制造接触面的氧化层等。

（3）串入电阻降压。例如：①在 TV 的二次回路串入电阻降压；②弄断单相表进线侧的中性线而在出线至地（或另一个用户的中性线）之间串入电阻降压等。

（4）改变电路接法。例如：①将三个单相 TV 组成 Yy 接线的 B 相二次反接；②将三相四线三元件电能表或用三只单相表计计量三相四线负载时的中线取消，同时在某相再并入一只单相电能表；③将三相四线三元件电表的表尾中性线接到某相火线上等。

二、欠流法窃电

窃电者采用各种手法故意改变计量电流回路的正常接线或故意造成计量电流回路故障，致使电能表的电流线圈无电流通过或只通过部分电流，从而导致电量少计，这种窃电方法就叫作欠流法窃电。欠流法窃电常用的手法有：

（1）使电流回路开路。例如：①松开 TA 二次出线端子、电能表电流端子或接线盒中电流接线端子；②弄断电流回路导线的线芯；③人为制造 TA 二次回路中接线端子的接触不良故障，使之形成虚接而近乎开路。

（2）短接电流回路。例如：①短接电能表的电流端子；②短接 TA 一次或二次侧；③短接电流回路中的端子牌等。

（3）改变 TA 的变比。例如：①更换不同变比的 TA；②改变抽头式 TA 的二次抽头；③改变穿心式 TA 一次侧匝数；④将一次侧有串、并联组合的接线方式改变等。

（4）改变电路接法。例如：①单相表相线和中性线互换；②加接旁路线使部分负荷电流绕越电表；③在低压三相三线两元件电表计量的 B 相接入单相负荷；④用电负荷中的中性线与表计中性线不连接等。

三、移相法窃电

窃电者采用各种手法故意改变电能表的正常接线，或接入与电能表线圈无电联系的电压、电流，还有的利用电感或电容特定接法，从而改变电能表线圈中电压、电流间的正常相位关系，致使电能表慢转甚至倒转，这种窃电手法就叫作移相法窃电。移相法窃电的常见手法有：

（1）改变电流回路的接法。例如：①调换 TA 一次侧的进出线；②调换 TA 二次侧的同名端；③调换电能表电流端子的进出线；④调换 TA 至电能表连线的相别等。

（2）改变电压回路的接线。例如：①调换单相 TV 一次侧或二次侧的极性；②调换 TV 至电能表连线的相别等。

（3）用一台原二次侧没有电联系的升压变压器将某相电压升高后反相加入表尾中性线。

（4）用电感或电容移相。例如：在三相三线两元件电表负荷侧 A 相接入电感或 C 相接入电容。

四、扩差法窃电

窃电者私拆电表，通过采用各种手法改变电表内部的结构性能，致使电表本身的误差扩大；以及利用电流或机械力损坏电表，破坏电表的运行条件，使电能表少计，这种窃电手法就叫作扩差法窃电。扩差法窃电的常见手法有私拆电表，改变电表内部的结构性能。例如：①短接表内电流；②在电压回路串联电阻或断开表内电压线；③改变表内电子元件的参数、接法或制造其他各种故障；④通过表计红外窗口或485接口，改变表计内部的参数、数据等。

五、无表法窃电

（1）未经报装入户就私自在供电部门的线路上接线用电，或有表用户私自甩表用电，叫作无表法窃电。

（2）对临时用电未装表，用电不交费或少交费。

（3）包容量或包数量用电的客户，私自增加用电设备容量等。

第三节　防止窃电的技术与管理措施

一、防止用户窃电应采取的措施

为了防止客户窃电，减少损失，电力企业要积极采取防窃电措施和提高防窃电能力，具体措施如下：

（1）大力宣传电能是商品，增强依法用电观念。

（2）加装防窃电的计量箱，对三相负荷严重不平衡，或用户侧主要设备为单相负荷时，尽量避免采用三相三线高压计量箱。

（3）严格计量装置的管理，对表箱、表计、接线盒应及时加锁加封。

（4）充分利用电能量采集系统，拓展电量、电流、电压、表箱开门、表计开盖等异常检测、分析与报警功能。

（5）推行线损分区、分压、分线、分台区的同期线损管理与考核，增强线损管理人员的责任性。

（6）定期开展用电普查工作，打击用户窃电行为。

（7）依靠科学技术，积极研制、开发、应用防窃电的新技术、新设备。

（8）正确安装电能计量装置，送电前进行不带电检查，送电时进行带负荷试验，确保电能表接线正确无误。

（9）变压器二次套管处加装防窃电帽，变压器出线至表箱应采用电缆连接。

（10）电能表表箱散热孔应合理设计，预防采用专用工具钩动电能表接线，表箱内一、二次导线应固定牢固。

（11）变压器防窃电帽、电能表表箱门、高压用户计量柜（箱）门采用专用的一次性金属封条。

（12）严格保管好电能表封钳，不得外借，应专人保管。

（13）定期进行带电检查电能表接线，不定期开展用电普查和反窃电工作。

二、防止客户窃电的技术措施

（1）完善计量表箱、计量柜、表尾的封印。

（2）在变压器低压侧套管上加装防窃电帽。

（3）采用防窃电表箱。

（4）加强表前线的管理，采用封闭变压器低压出线和表前线的措施。

（5）使用防窃电铅封。

（6）为防止客户倒表，表计应采用双方向记度器、逆止式电能表或电子式电能表。

（7）对私接乱挂现象严重的地区，应将低压线路更换为绝缘导线或电缆。

（8）积极推广自动化抄表系统，加强电量分析，及时发现和查处客户的窃电行为。

（9）对配电变压器积极推广 TA 套管，预防客户利用 TA 进行窃电。

（10）推广使用表计异常测试仪和窃电报警系统，及时查处窃电行为。

（11）计量 TV 回路配置失压记录仪或失压保护。

（12）采用防窃电电能表。

（13）规范互感器二次接地和表箱接地。

（14）推广使用防窃电的新技术和新产品等。

三、预防用户采取电能表前接线方式窃电

对窃电比较严重的供电区域或变压器台区，特别是低压线路在用户宅院通过时，用户在低压线路上私自接线用电严重的，应采取将低压线路改为铠装电缆供电方式，从技术上杜绝用户窃电。

四、预防对电子表进行窃电的措施

（1）利用远传数据终端平台，加强用户负荷、电量分析与监控。

（2）采用全封闭、一次性的电子表表壳。这种表壳在打开后，将无法再恢复到原有状态；对目前已经安装出去的电子表与数据终端，可将表盖的金属螺钉更换成塑料螺钉，在安装塑料螺钉时，滴入专用胶水，使之打开后不能再使用；充分利用表计开盖报警功能，对表计开盖报警应立即到现场进行检查。

（3）在独立的有双绕组电流互感器计量装置内，可以考虑终端电流使用另一绕组电流，这样可以较好地监控利用计量电流回路二次绕组短接窃电发生。

（4）完善表箱表计的封印，增加表箱开门报警功能。

五、预防客户窃电的管理措施

（1）加强管理人员的业务培训，提高自身的反窃电水平。

（2）建立严格的考核制度，努力提高工作积极性和责任心。

（3）对单项负荷，严禁使用三相三线表计，预防客户在 B 相上窃电。

（4）完善三相四线电能表的中性线，预防负荷不平衡造成误差或客户窃电。

（5）经常性开展用电普查，打击客户的窃电行为。

（6）定期开展线损分析，对线损异常的线路或台区列入重点检查对象。

（7）加强对管理人员的思想教育，防止里勾外连事件的发生。

（8）加强电是商品的宣传，提高窃电是违法的意识。

（9）建立奖励机制，调动人们举报窃电的积极性。

六、加强对电能量采集系统的运行、数据分析，判断异常情况

1. 对突发性采集不成功的判断

（1）检查通信通道是否正常。

（2）检查采集器、电能表计是否故障，是否发生断线失电、表计烧坏、时钟异常、电池欠压等情况。

2. 采集电能表指示数为零

（1）检查客户档案是否与采集系统一致。

（2）检查客户的电流是否为零，电压是否正常。

（3）检查客户有无私自开启表箱门或电能表计开盖报警记录。

（4）现场检查客户是否有窃电行为等。

3. 采集电能表指示数明显减少

（1）检查客户用电时间或用电负荷是否减少。

（2）检查客户是否在其他方面用电。

（3）检查电能表计需量值有无减少。

（4）检查电能表反向有无电量。

（5）检查客户是否存在窃电行为。

4. 完善采集系统的异常分析实时报警功能

（1）电量分析，根据客户前三个月的日平均电量，判断当前每日电量情况，如果电量变化超过30%，应给予报警提示。

（2）电流、电压分析，如果客户在15min内电流突然减少，或运行电压突然失压，应给予报警提示。

（3）配电变压器低压三相负荷不平衡分析：对配电变压器低压三相电流实时进行检测计算，发现三相电流不平衡率超过15%时，开启报警功能。

（4）继续完善客户开门自动报警服务：对客户私自开启表箱门或电能表表盖、表尾盖等行为，开启报警功能等。

第四节　窃电行为的查处

一、违约用电

危害供用电安全、扰乱正常供用电秩序的行为属于违约用电行为。违约用电包括以下内容。

(1) 擅自改变用电类别。

(2) 擅自超过合同约定的容量用电。

(3) 擅自超过计划分配的用电指标的。

(4) 擅自使用已经在供电企业办理暂停使用手续的电力设备，或者擅自启用已经被供电企业查封的电力设备。

(5) 擅自迁移、更动或者擅自操作供电企业的用电计量装置、电力负荷控制装置、供电设施以及约定由供电企业调度的用户受电设备。

(6) 未经供电企业许可，擅自引入、供出电源或者将自备电源擅自并网。

二、供电企业对查获的违约用电行为的处理规定

供电企业对查获的违约用电行为应及时予以制止。有下列违约用电行为者，应承担其相应的违约责任。

(1) 在电价低的供电线路上，擅自接用电价高的用电设备或私自改变用电类别的，应按实际使用日期补交其差额电费，并承担两倍差额电费的违约使用电费。使用起讫日期难以确定的，实际使用时间按 3 个月计算。

(2) 私自超过合同约定的容量用电的，除应拆除私增容设备外，属于两部制电价的用户，应补交私增设备容量使用月数的基本电费，并承担三倍私增容量基本电费的违约使用电费；其他用户应承担私增容量每千瓦（千伏安）50 元的违约使用电费。如用户要求继续使用者，按新装增容办理手续。

(3) 擅自超过计划分配的用电指标的，应承担高峰超用电力每次每千瓦 1 元和超用电量与现行电价电费 5 倍的违约使用电费。

(4) 擅自使用已在供电企业办理暂停手续的电力设备或启用供电企业封存的电力设备的，应停用违约使用的设备。属于两部制电价的用户，应补交擅自使用或启用封存设备容量和使用月数的基本电费，并承担两倍补交基本电费的违约使用电费；其他用户应承担擅自使用或启用封存设备容量每次每千瓦（千伏安）30 元的违约使用电费。启用属于私增容被封存的设备的，违约使用者还应承担上述（2）规定的违约责任。

(5) 私自迁移、更动和擅自操作供电企业的用电计量装置，电力负荷管理装置、供电设施以及约定由供电企业调度的用户受电设备者，属于居民用户的，应承担每次 500 元的违约使用电费：属于其他用户的，应承担每次 5000 元的违约使用电费。

(6) 未经供电企业同意，擅自引入（供出）电源或将备用电源和其他电源私自并网的，除当即拆除接线外，应承担其引入（供出）或并网电源容量每千瓦（千伏安）500 元的违约使用电费。

三、窃电行为

(1) 在供电企业的供电设施上，擅自接线用电。

(2) 绕越供电企业用电计量装置用电。

(3) 伪造或者开启供电企业加封的用电计量装置封印用电。

（4）故意损坏供电企业用电计量装置。

（5）故意使供电企业用电计量装置不准或者失效。

（6）采用其他方法窃电。

四、窃电行为应具备的四个要件

（1）主体要件，用户，包括个人和单位。

（2）客体要件，破坏供用点秩序，对正常生产和人民生活造成了影响和危害。

（3）主观要件，故意。其具体表现为窃电者以非法占有为目的。

（4）客观要件，实施了窃电行为，造成了侵占电力财产的客观事实。

五、用电检查的程序

（1）在执行用电检查任务前，用电检查人员按规定填写《用电检查工作单》，经领导审核批准后执行查电任务。查电工作终结，向领导汇报检查结果，将《用电检查工作单》填写检查结果交回单位存档。

（2）供电企业用电人员实施现场检查时，用电检查的人数不少于两人。

（3）用电检查人员在执行查电任务时，先向被检查用户出示用电检查证或行政执法证（电力行政管理部门授权）。

（4）经现场检查，认定用户有窃电事实的，现场取证做好证据保全并由窃电户签名确认，用电检查人员开具《违章用电、窃电通知书》一式两份，一份送达用户并由用户代表签收，一份存档备查。

六、窃电行为查处的主要内容

窃电行为的查处包括窃电行为的查明和处理两部分内容。

（1）窃电行为的查明是供电企业的用电检查人员在执行用电检查任务时，发现窃电行为并获取窃电证据、认定窃电事实的过程。

（2）窃电行为的处理是指供电企业对有充分证据认定的窃电者，依法自行处理或提请电力管理部门以及公安、司法机关处理的过程。

依法查处窃电就是对窃电行为的检查和处理全过程都依据相关法律法规的有关规定，尤其是查处的程序要合法。

七、检查客户窃电的程序

（1）检查表箱、计量柜（箱）是否加锁，封印是否齐全。

（2）检查表计表尾封印是否完好。

（3）核对表计与抄表卡固定记载是否相符。

（4）核对表计指示数是否与卡账记录接近，有无多抄或少抄电量现象。

（5）测试表计误差，判断计量装置是否正常。

（6）检查故障点，获取窃电证据。

（7）检查表计耳封是否完好。

（8）检查互感器选择是否合理，倍率是否正确。

（9）检查二次线有无接头、断线或短路等现象。

（10）检查二次回路中有无串并联其他表计。

（11）检查三相负荷是否平衡，测算对表计的影响。

（12）检查表前线是否有破口或窃电痕迹。

（13）查电结束后，将表计加封，表箱加锁。

八、用户窃电证据的要求

1. 用户窃电证据的特点

窃电证据具有证据的一般特征，即客观性与关联性，此外，由于电能的特殊属性所决定，窃电证据表现出不同于其他证据的独立特征，即窃电证据的不完整性和推定性。

（1）窃电证据的客观性。是指证明窃电案件存在和发生的证据是客观存在的事实，而非主观猜测和臆想的虚假的东西。

（2）窃电证据的关联性。是指证据事实与窃电案件有客观联系，两者之间不是牵强附会或者毫不相关。

（3）窃电证据的不完整性。是指由于电能的特殊属性所致，只能获得窃电行为的证据，而无法直接获取窃电财物——电能的证据，即窃电案件无法人赃俱获。

（4）窃电证据的推定性。是指窃电量往往无法通过用电计量装置直接记录，只能依赖间接证据推定窃电时间进行计算。

2. 对窃电证据的要求

同其他证据一样，用来定案的窃电证据，必须同时具备合法性、客观性和关联性，缺一不可。

3. 依法获取窃电证据

窃电证据的取得必须合法，只有通过合法途径取得的证据才能作为处理的依据。因此，在收取窃电证据时，必须注意：

（1）用电检查人员执行检查任务时履行了法定手续，而且不能滥用或超越电力法及配套规定所赋予的用电检查权。

（2）经检查确认，确实有盗窃电能的事实存在。

（3）窃电取证保全严格依法进行。

（4）窃电物证的制作应完整规范。

九、窃电取证的内容和方法

对窃电案件具有法定取证职权的部门包括供电企业、电力行政管理部门和公、检、法等部门，以供电企业为主。窃电取证的内容和方法有：

（1）拍照。

（2）摄像。

（3）录音（需征得当事人同意）。

（4）损坏的用电计量装置的提取。

（5）伪造或者开启加封的用电计量装置封印收集。

（6）使用电计量装置不准或者失效的窃电装置、窃电工具、材料的收集。

（7）在用电计量装置上遗留的窃电痕迹的提取及保全。

（8）经当事人签名的询问笔录。

（9）当事人、知情人、举报人的书面陈述材料的收集。

（10）专业试验、专项技术鉴定结论材料的收集。

（11）用电检查的现场勘验笔录。

（12）用户用电量显著异常变化的电量、电费资料的收集。

（13）用户产品、产量、产值统计表。

（14）与用户同类的产品平均耗电量数据表。

（15）供电部门的相关线损资料和负荷、电量、窃电监测记录。

（16）违章用电、窃电通知书等。

十、窃电的处理程序

（1）现场检查（提取证据）确认有窃电行为的，现场应予以制止，并当场中止供电并依法追补所窃电量电费和收取所窃电量电费3倍的违约使用电费。

（2）拒绝接受处理的，供电企业及时报请电力管理部门处理。电力管理部门根据供电企业的报请受理，符合立案条件的，予以立案并及时指派承办人调查。对违法事实清楚、证据确凿的，责令停止违法行为，制发《违反电力法规行政处罚通知书》送达当事人，协助供电企业追补所窃电量电费和收取违约使用电费，并处以应交所窃电量电费5倍以下罚款。

（3）妨碍、阻碍、抗拒用电检查，威胁用电检查人员人身安全等违反治安管理条例的，报请公安机关处理。

（4）对窃电数额较大、情节恶劣构成犯罪的，供电企业和电力行政管理部门提请司法机关依法追究刑事责任。供电企业根据查获的证据材料，认定构成犯罪的，可向管辖地的公安机关报案。

十一、对制造、销售窃电工具产品的处理

对制造、销售窃电工具产品的，通常要收集该产品的说明书、产品、产量、生产销售资料、设计图纸等，并尽快向公安部门报告。

十二、供电企业对窃电行为的处理规定

供电企业对查获的窃电者，应予制止并当场中止供电。窃电者应按所窃电量补交电费，并承担补交电费3倍的违约使用电费。拒绝承担窃电责任的，供电企业应报请电力管理部门依法处理。窃电数额较大或情节严重的，供电企业应提请司法机关依法追究刑事

责任。

十三、供电企业对窃电量的确定

（1）在供电企业的供电设施上，擅自接线用电的，所窃电量按私接设备额定容量（千伏安视同千瓦）乘以实际使用时间计算确定。

（2）以其他行为窃电的，所窃电量按计费电能表标定电流值（对装有限流器的，按限流器整定电流值）所指的容量（千伏安视同千瓦）乘以实际窃用的时间计算确定。

窃电时间无法查明时，窃电日数至少以 180 天计算，每日窃电时间：电力用户按 12h 计算；照明用户按 6h 计算。

第九章　输配电线路技术参数

输配电线路技术参数见表 9-1～表 9-20。

表 9-1　　架空输配电线路的电阻值

截面积（mm²）	导线型号及单位电阻值（Ω/km）				
	TJ	LJ	LGJ	LGJQ	LGJJ
10	—	—	3.12	—	—
16	1.20	1.98	2.04	—	—
25	0.74	1.28	1.38	—	—
35	0.54	0.92	0.85	—	—
50	0.39	0.64	0.65	—	—
70	0.28	0.46	0.46	—	—
95	0.20	0.34	0.33	—	—
120	0.158	0.27	0.27	—	0.27
150	0.123	0.21	0.21	0.21	0.21
185	0.103	0.17	0.17	0.17	0.17
240	0.078	0.132	0.132	0.13	0.131
300	0.062	0.106	0.107	0.108	0.105
400	0.047	0.080	0.080	0.080	0.078
500	—	0.063	—	0.065	—
600	—	0.052	—	0.055	—
700	—	—	—	0.044	—

表 9-2　　TJ 型裸铜导线的电阻、电抗和安全电流

导线型号	单位电阻值（Ω/km）	安全电流（A）	单位电抗值（Ω/km）								
			0.4	0.6	0.8	1.0	1.25	1.50	2.0	2.5	3.0
TJ-16	1.2	130	0.334	0.36	0.378	0.392	0.406	0.417	0.435	0.449	0.460
TJ-25	0.74	180	0.318	0.345	0.392	0.377	0.391	0.402	0.421	0.435	0.446
TJ-35	0.54	220	0.308	0.335	0.352	0.366	0.380	0.392	0.410	0.424	0.435
TJ-50	0.39	270	0.298	0.324	0.341	0.356	0.370	0.381	0.399	0.413	0.424

续表

导线型号	单位电阻值（Ω/km）	安全电流（A）	单位电抗值（Ω/km）								
			0.4	0.6	0.8	1.0	1.25	1.50	2.0	2.5	3.0
TJ-70	0.27	340	0.287	0.312	0.330	0.345	0.359	0.370	0.389	0.402	0.414
TJ-95	0.20	415	0.274	0.303	0.321	0.335	0.349	0.360	0.378	0.392	0.403
TJ-120	0.158	485	—	0.295	0.313	0.327	0.341	0.353	0.371	0.385	0.396
TJ-150	0.123	570	—	0.287	0.305	0.319	0.333	0.345	0.363	0.377	0.388
TJ-185	0.103	645	—	0.281	0.299	0.313	0.327	0.339	0.356	0.371	0.382
TJ-240	0.078	770	—	—	—	0.305	0.319	0.330	0.349	0.363	0.374
TJ-300	0.062	890	—	—	—	—	—	—	—	—	—
TJ-400	0.047	1085	—	—	—	—	—	—	—	—	—

表 9-3　LJ 型裸铝导线的电阻、电抗和安全电流

导线型号	单位电阻值（Ω/km）	安全电流（A）	单位电抗值（Ω/km）								
			0.6	0.8	1.0	1.25	1.5	2.0	2.5	3.0	3.5
LJ-16	1.98	105	0.358	0.377	0.390	0.404	0.416	0.434	0.448	0.459	—
LJ-25	1.28	135	0.344	0.362	0.376	0.390	0.402	0.420	0.434	0.445	—
LJ-35	0.92	170	0.334	0.352	0.366	0.380	0.392	0.410	0.424	0.435	0.445
LJ-50	0.64	215	0.323	0.341	0.355	0.369	0.380	0.398	0.412	0.424	0.433
LJ-70	0.46	265	0.312	0.330	0.344	0.358	0.369	0.387	0.401	0.413	0.423
LJ-95	0.34	325	0.303	0.321	0.335	0.349	0.360	0.378	0.392	0.403	0.413
LJ-120	0.27	357	0.295	0.313	0.327	0.341	0.353	0.371	0.385	0.396	0.406
LJ-150	0.21	440	0.287	0.305	0.319	0.333	0.345	0.363	0.377	0.388	0.398
LJ-185	0.17	500	0.282	0.299	0.313	0.327	0.339	0.356	0.371	0.382	0.392
LJ-240	0.132	610	0.273	0.291	0.305	0.319	0.330	0.348	0.362	0.374	0.383
LJ-300	0.106	680	—	—	—	—	—	—	—	—	—
LJ-400	0.080	830	—	—	—	—	—	—	—	—	—

表 9-4　LGJ 型钢芯铝绞线的电阻、电抗和安全电流

导线型号	单位电阻值（Ω/km）	安全电流（A）	单位电抗值（Ω/km）						
			1	1.25	7.5	2.0	2.5	3.0	3.5
LGJ-16	2.04	105	0.387	0.401	0.412	0.430	0.444	0.456	0.466
LGJ-25	1.38	135	0.374	0.388	0.400	0.418	0.432	0.443	0.453
LGJ-35	0.85	170	0.359	0.373	0.385	0.403	0.417	0.428	0.438
LGJ-50	0.65	220	0.351	0.365	0.376	0.394	0.408	0.420	0.429
LGJ-70	0.46	275	—	—	0.365	0.383	0.397	0.409	0.418
LGJ-95	0.33	335	—	—	0.354	0.372	0.386	0.398	0.406

续表

导线型号	单位电阻值(Ω/km)	安全电流(A)	单位电抗值(Ω/km)						
			1	1.25	7.5	2.0	2.5	3.0	3.5
LGJ-120	0.27	380	—	—	0.347	0.365	0.379	0.391	0.400
LGJ-150	0.21	445	—	—	0.340	0.358	0.372	0.384	0.394
LGJ-185	0.17	515	—	—	—	—	0.365	0.377	0.386
LGJ-240	0.132	610	—	—	—	—	0.357	0.369	0.378
LGJ-300	0.107	710	—	—	—	—	—	—	0.371
LGJ-400	0.80	845	—	—	—	—	—	—	0.362

表 9-5　　LGJQ 轻型钢芯铝绞线架空线路的电阻、电抗和安全电流

导线型号	单位电阻值(Ω/km)	安全电流(A)	单位电抗值(Ω/km)						
			5.0	5.5	6.0	6.5	7.0	7.5	8.0
LGJQ-185	0.17	510	—	—	—	—	—	—	—
LGJQ-240	0.132	610	—	—	—	—	—	—	—
LGJQ-300	0.108	710	—	0.401	0.406	0.411	0.416	0.420	0.424
LGJQ-400	0.080	845	—	0.391	0.397	0.402	0.406	0.410	0.414
LGJQ-500	0.065	966	—	0.384	0.390	0.395	0.400	0.404	0.408
LGJQ-600	0.055	1090	—	—	—	—	—	—	—
LGJQ-700	0.044	1250	—	—	—	—	—	—	—

表 9-6　　LGU 加强型钢芯铝绞线架空线路的电阻、电抗和安全电流

导线型号	单位电阻值(Ω/km)	安全电流(A)	单位电抗值(Ω/km)						
			5.0	5.5	6.0	6.5	7.0	7.5	8.0
LGJJ-150	0.28	464	—	—	—	—	—	—	—
LGJJ-185	0.17	543	0.406	0.412	0.417	0.422	0.426	0.433	0.437
LGJJ-240	0.131	629	0.397	0.403	0.409	0.414	0.419	0.424	0.428
LGJJ-300	0.106	710	0.390	0.396	0.402	0.407	0.411	0.417	0.421
LGJJ-400	0.079	865	0.381	0.387	0.393	0.398	0.402	0.408	0.412

表 9-7　　LGJ 型钢芯铝绞线架空线路导线的电纳

导线型号	单位电纳值($\times 10^{-6}$S/km)												
	1.5	2.0	2.5	3.0	3.5	4.0	4.5	5.0	5.5	6.0	6.5	7.0	7.5
LGJ-35	2.97	2.83	2.73	2.65	2.59	2.54	—	—	—	—	—	—	—
LGJ-50	3.05	2.91	2.81	2.72	2.66	2.61	—	—	—	—	—	—	—
LGJ-70	3.12	2.99	2.88	2.79	2.73	2.68	2.62	2.58	2.54	—	—	—	—
LGJ-95	3.25	3.08	2.96	2.87	2.81	2.75	2.69	2.65	2.61	—	—	—	—

续表

导线型号	单位电纳值（$\times10^{-6}$S/km）												
	1.5	2.0	2.5	3.0	3.5	4.0	4.5	5.0	5.5	6.0	6.5	7.0	7.5
LGJ-120	3.31	3.13	3.02	2.92	2.85	2.79	2.74	2.69	2.65	—	—	—	—
LGJ-150	3.38	3.20	3.07	2.97	2.90	2.85	2.79	2.74	2.71	—	—	—	—
LGJ-185	—	—	3.13	3.03	2.96	2.90	2.84	2.79	2.74	—	—	—	—
LGJ-240	—	—	3.21	3.10	3.02	2.96	2.89	2.85	2.80	2.76	—	—	—
LGJ-300	—	—	—	—	—	—	—	—	2.86	2.81	2.78	2.75	2.72
LGJ-400	—	—	—	—	—	—	—	—	2.92	2.88	2.83	2.81	2.78

表 9-8　轻型钢芯铝绞线（LGJQ）和加强型钢芯铝绞线（LGJJ）架空线路导线的电纳

导线截面积（mm^2）	单位电纳值（$\times10^{-6}$S/km）									
	4.0	4.5	5.0	5.5	6.0	6.5	7.0	7.5	8.0	8.5
120	2.8	2.75	2.70	2.66	2.63	2.60	2.57	2.54	2.51	2.49
150	2.85	2.81	2.76	2.72	2.68	2.65	2.62	2.59	2.57	2.54
185	2.91	2.86	2.80	2.76	2.73	2.70	2.66	2.63	2.60	2.58
240	2.98	2.92	2.87	2.82	2.79	2.75	2.72	2.68	2.66	2.64
300	3.04	2.97	2.91	2.87	2.84	2.80	2.76	2.73	2.70	2.68
400	3.11	3.05	3.00	2.95	2.91	2.87	2.83	2.80	2.77	2.75
500	3.14	3.08	3.01	2.96	2.92	2.88	2.84	2.81	2.79	2.76
600	3.16	3.11	3.04	3.02	2.96	2.91	2.88	2.85	2.82	2.79

表 9-9　户内明敷及穿管的铝芯绝缘导线的电阻和电抗

标称截面积（mm^2）	铝芯绝缘导线的单位电阻值、单位电抗值（Ω/km）		
	单位电阻值 r_0（20℃）	单位电抗值（X_0）	
		明线间距 150（mm）	穿管
2.5	12.40	0.337	0.102
4	7.75	0.318	0.095
6	5.17	0.309	0.09
10	3.10	0.286	0.073
16	1.94	0.271	0.068
25	1.24	0.257	0.066
35	0.88	0.246	0.064
50	0.62	0.235	0.063
70	0.44	0.224	0.061
95	0.33	0.215	0.06
120	0.26	0.208	0.06
150	0.20	0.201	0.059
185	0.17	0.194	0.059

表 9-10　　户内明敷及穿管的铜芯绝缘导线的电阻和电抗

标称截面积（mm^2）	铜芯绝缘导线的单位电阻值、单位电抗值（Ω/km）		
	单位电阻值 r_0（20℃）	单位电抗值（X_0）	
		明线间距 150（mm）	穿管
1.5	12.27	—	0.109
2.5	7.36	0.337	0.102
4	4.60	0.318	0.095
6	3.07	0.309	0.09
10	1.84	0.286	0.073
16	1.15	0.271	0.068
25	0.76	0.257	0.066
35	0.53	0.246	0.064
50	0.37	0.235	0.063
70	0.26	0.224	0.081
95	0.19	0.215	0.06
120	0.15	0.208	0.06
150	0.12	0.201	0.059
185	0.10	0.194	0.059

表 9-11　　铜芯三芯电缆的电阻、电抗和电纳

截面积（mm^2）	单位电阻值（Ω/km）	单位电抗值（Ω/km）			单位电纳值（$\times10^{-6}$S/km）		
		6kV	10kV	35kV	6kV	10kV	35kV
10	—	0.1	0.113	—	60	50	—
16	—	0.094	0.104	—	69	57	—
25	0.74	0.085	0.094	—	91	72	—
35	0.52	0.079	0.083	—	104	82	—
50	0.37	0.076	0.082	—	119	94	—
70	0.26	0.072	0.079	0.132	141	100	63
95	0.194	0.069	0.076	0.126	163	119	68
120	0.153	0.069	0.076	0.119	179	132	72
150	0.122	0.066	0.072	0.116	202	144	79
185	0.099	0.066	0.069	0.113	229	163	85
240	—	0.063	0.069	—	257	182	—
300	—	0.063	0.066	—	—	—	—

表 9-12　　铝芯电缆单位长度的电阻

芯线截面积（mm^2）	铝芯电缆的单位电阻值（Ω/km），$t=20℃$
16	1.94
25	1.24
35	0.89
50	0.62
70	0.44
95	0.33
120	0.26
150	0.21
185	0.17
240	0.13

表 9-13　　扁铝线的技术数据

规格（mm）	截面积（mm^2）	25℃时允许电流（A）		单位电抗值（Ω/km）	单位电阻值（Ω/km）	
		平放	竖放		相距 250mm 平放	相距 150mm 平放
15×3	45	156	165	0.11	0.230	0.198
20×3	60	204	215	0.555	0.214	0.181
25×3	75	252	265	0.444	0.201	0.168
30×3	90	300	316	0.37	0.189	0.157
30×4	120	347	365	0.278	0.188	0.156
40×4	160	456	480	0.208	0.172	0.14
40×5	200	518	540	0.167	0.171	0.139
50×5	250	632	665	0.133	0.157	0.125
50×6	300	703	740	0.111	0.156	0.124
60×6	360	826	870	0.093	0.146	0.114
60×8	480	975	1025	0.079	0.145	0.113
60×10	600	1100	1150	0.056	0.144	0.112
80×6	480	1050	1155	0.070	0.129	0.097
80×8	640	1215	1320	0.052	0.128	0.096
80×10	800	1360	1480	0.042	0.127	0.095
100×6	600	1310	1425	0.056	0.118	0.084
100×8	800	1495	1625	0.042	0.115	0.083
100×10	1000	1975	1820	0.033	0.114	0.082
120×8	960	1750	1900	—	—	—
120×10	1200	1905	2070	—	—	—

表 9-14　　矩形母线的电阻和感抗

母线尺寸（mm）	单位阻抗值（mΩ/m）					
	65℃时的电阻		当相间几何均距为下列数值（mm）时的感抗			
	铜	铝	100	150	200	300
25×3	0.268	0.475	0.179	0.200	0.295	0.244
30×3	0.223	0.394	0.163	0.189	0.206	0.235
30×4	0.167	0.296	0.163	0.189	0.206	0.235
40×4	0.125	0.222	0.145	0.170	0.189	0.214
40×5	0.100	0.177	0.145	0.170	0.189	0.214
50×5	0.08	0.142	0.137	0.156 5	0.18	0.200
50×6	0.067	0.118	0.137	0.156 5	0.18	0.200
60×6	0.055 8	0.099	0.119 5	0.145	0.163	0.189
60×8	0.041 8	0.074	0.119 5	0.145	0.163	0.189
80×8	0.031 3	0.055	0.102	0.126	0.145	0.170
80×10	0.025	0.044 5	0.102	0.126	0.145	0.170
100×10	0.020	0.035 5	0.09	0.112 7	0.133	0.157
2（60×8）	0.020 9	0.037	0.12	0.115	0.163	0.189
2（80×8）	0.015 7	0.027 7		0.126	0.145	0.170
2（80×10）	0.012 5	0.022 2		0.126	0.145	0.170
2（100×10）	0.01	0.017 8			0.133	0.157

表 9-15　　常用导线的经济电流密度　　A/mm²

导线材料	年最大负荷利用小时		
	3000 以下	3000～5000	5000 以上
裸铜导线和母线	3.00	2.25	1.75
裸铝导线和母线	1.65	1.15	0.9
铜芯电缆	2.5	2.25	2.00
铝芯电缆	1.92	1.72	1.54

表 9-16　　常用导线的经济负荷电流　　A

导线规格	年最大负荷利用小时		
	3000 以下	3000～5000	5000 以上
T-25	75	56	44
T-50	155	113	108
T-70	210	158	123
T-90	285	214	166
LGJ-25	41	29	23
LGJ-50	83	58	45
LGJ-95	157	109	89
LGJ-120	198	138	108

表 9-17　　10kV 线路经济输送容量　　MVA

导线规格	年最大负荷利用小时		
	3000 以下	3000～5000	5000 以上
LGJ-35	1.053	0.733	0.576
LGJ-50	1.38	0.962	0.753
LGJ-70	1.94	1.358	1.06
LGJ-95	2.71	1.88	1.483
LGJ-120	3.29	2.29	1.792
LGJ-150	4.22	2.945	2.31
LGJ-185	5.18	3.6	2.82
LGJ-240	6.83	4.74	3.71

表 9-18　　35kV 线路经济输送容量　　MVA

导线规格	年最大负荷利用小时		
	3000 以下	3000～5000	5000 以上
LGJ-35	3.68	2.57	2.01
LGJ-50	4.83	3.36	2.63
LGJ-70	6.78	4.73	3.71
LGJ-95	9.5	6.63	5.18
LGJ-120	11.5	8.02	6.27
LGJ-150	14.77	10.3	8.07
LGJ-185	18.1	12.6	9.87
LGJ-240	23.9	16.6	12.95

表 9-19　　110kV 线路经济输送容量　　MVA

导线规格	年最大负荷利用小时		
	3000 以下	3000～5000	5000 以上
LGJ-70	21.3	14.9	11.65
LGJ-95	29.9	20.9	16.3
LGJ-120	36.2	25.3	19.7
LGJ-150	46.5	32.4	25.4
LGJ-185	56.8	39.6	31.1
LGJ-240	75.2	52.2	40.7
LGJ-300	91.4	63.6	49.8
LGJ-400	123.2	86.0	67.2

表 9-20　　220kV 线路经济输送容量　　MVA

导线规格	年最大负荷利用小时		
	3000 以下	3000～5000	5000 以上
LGJ-300	182.5	127.5	99.7
LGJ-400	246	172	134.5
LGJ-500	303	212	165
LGJ-600	364	254	198

第十章　三相电力变压器技术数据

三相电力变压器技术数据见表 10-1～表 10-116。

表 10-1　变压器型号代表符号

序号	分类	类别	代表符号	
			新型号	旧型号
1	相数	单相	D	D
		三相	S	S
2	绕组外绝缘介质	变压器油		
		空气	G	K
		成形固体	C	C
3	冷却方式	油浸自冷式	不表示	J
		空气自冷式	不表示	不表示
		风冷式	F	F
		水冷式	W	S
4	油循环方式	自然循环	不表示	不表示
		强迫油导向循环	D	不表示
		强迫油循环	P	P
5	绕组数	双绕组	不表示	不表示
		三绕组	S	S
6	调压方式	无励磁调压	不表示	不表示
		有载调压	Z	Z
7	绕组导线材料	铜	不表示	不表示
		铝	不表示	L
8	绕组耦合方式	自耦	O	O
		分裂		

表 10-2　　500kV 电力变压器技术数据

型号	额定容量（kVA）	额定电压（kV）			空载损耗（kW）	负载损耗（kW）			阻抗电压百分比（%）		
		高压	中压	低压		高压-中压	高压-低压	中压-低压	高压-中压	高压-低压	中压-低压
OSFPSZ-360000/500	360 000/360 000/40 000	550	246±10%	35	190	800			10	26	41
SFP-360000/500	360 000	525		18	225		1060			16	
SFP-360000/500	360 000	525±2×2.5%		15.75	180		1080			16	
SFP-300000/500	300 000	550−2×2.5%		13.8	280		910			13.8	
DFPS1-250000/500	250 000/250 000/80 000	$\frac{500}{\sqrt{3}}$±8%	$\frac{230}{\sqrt{3}}$	63	195	660	145	130	15.5	37	17.5
DFPS-250000/500	250 000/250 000/51 800	$\frac{510}{\sqrt{3}}$	$\frac{235}{\sqrt{3}}$	36.75	268		900		16	55.85	19.6
ODFPSZ-250000/500	250 000/250 000/60 000	$\frac{500}{\sqrt{3}}$	$\frac{230}{\sqrt{3}}$×13.5%	35	144	540			11.8	38.2	24.8
ODFPSZ7-250000/500	250 000/250 000/60 000	$\frac{500}{\sqrt{3}}$	$\frac{230}{\sqrt{3}}$±9×11.3%	35	144.86		541.14		12	8.7～10.5	6.4～7.6
OFPFS-250000/500	250 000/250 000/2×60 000	$\frac{500}{\sqrt{3}}$	$\frac{230}{\sqrt{3}}$	15.75	264	968	296	169	19.1	31.3	10.4
ODFPSZ-250000/500	250 000/250 000/80 000	$\frac{525}{\sqrt{3}}$	$\frac{230}{\sqrt{3}}$±10%	15.75	123	472	161	133	13	35.6	17.8
DFP-240000/500	240 000	$\frac{550}{\sqrt{3}}$		20	162		600			14	
DFP1-240000/500	240 000	$\frac{525}{\sqrt{3}}$		20	158		475			13.5	
SFP1-240000/500	240 000	550−2×2.5%		15.75	165		680			14	
SFP-240000/500	240 000	550		15.75	214		745			15.2	
ODFPSZ-167000/500	167 000/167 000/66 700	$\frac{500}{\sqrt{3}}$	$\frac{230}{\sqrt{3}}$±10%	35	65	347	214	200	12	27	19.6
ODFPSZ-167000/500		$\frac{550}{\sqrt{3}}$	$\frac{242}{\sqrt{3}}$±10%	35	125		352		11.5	51	37
ODFPSZ-120000/500		$\frac{550}{\sqrt{3}}$	$\frac{242}{\sqrt{3}}$±8%	63	108		290		12.5	34	19
ODFPSZ-120000/500		$\frac{550}{\sqrt{3}}$	$\frac{242}{\sqrt{3}}$	6.3	108		290			1.25	

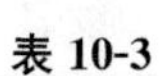

表 10-3　　330kV 电力变压器技术数据

型号	额定容量（kVA）	额定电压（kV）			空载损耗（kW）	负载损耗（kW）			阻抗电压百分比（%）		
		高压	中压	低压		高压-中压	高压-低压	中压-低压	高压-中压	高压-低压	中压-低压
OSFPSZ7-360000/330	360 000/360 000/90 000	363	242±8×1.25%	11	89		666		12.33	49.4	36.4
SFP7-360000/330	360 000	363±2×2.5%		18	220		860			14	
SSP7-360000/330	360 000	363±2×2.5%		15.75	274		1000			15.2	
OSFPSZ7-240000/330Gy	240 000/240 000/72 000	345±8×1.25%	121	10.5	121	580			11	25	12
OSFPS7-240000/330	240 000/240 000/72 000	345±2×2.5%	121	10.5	122	600	122	139	10.5	24.5	12.5
OSFPSZ7-240000/330	240 000/240 000/65 000	363±8×1.25%	242	38.5	60	612			10	62	48
OSFPSZ7-240000/330	240 000/240 000/72 000	330±8×1.25%	121	11	162.6	703	578.6	143.8	10.39	24.96	12.72
OSFPSZ7-240000/330	240 000/240 000/72 000	345±8×1.25%	121	10.5	136	556			10.6	24.8	13
SSP7-240000/330	240 000	363±2×2.5%		13.8	140		780			14.5	
OSFPSZ7-240000/330	240 000/240 000/65 000	345	242±6×1.67%	11	60.5	588	357	368.9	9.8	13.8	12.5
OSFPSZ7-240000/330	240 000/240 000/72 000	330±8×1.25%	121	35	130	593	117	110	10.3	24.5	13.5
SFP7-240000/330	240 000	363±2×2.5%		15.75	141		717			14.6	
OSFPS-240000/330	240 000/240 000/72 000	330±2×2.5%	121	11	181	513	98	131	10.5	24.4	12.6
SFP-240000/330	240 000	363±2×2.5%		15.75	141		780			14.6	
OSFPS-240000/330	240 000/240 000/40 000	330±2×1%	242	10.5	73.5	565.3	177	180	8.7	15.8	13.1
OSSPSZ7-180000/330	180 000/180 000/36 000	363	121±6×1.67%	10.5	110	550			9.9	25.5	14.5
OSFPSZ7-150000/330	150 000/150 000/40 000	345	121±6×1.67%	11	122	412			9.24	28.9	16.6
SFP-150000/330	150 000	363±2×2.5%		13.8	150		600			15.1	

续表

型号	额定容量 (kVA)	额定电压 (kV)			空载损耗 (kW)	负载损耗 (kW)			阻抗电压百分比 (%)		
		高压	中压	低压		高压-中压	高压-低压	中压-低压	高压-中压	高压-低压	中压-低压
SFPS-150000/330	150 000/150 000/150 000	363±2×2.5%	121	13.8	174	555	574	462	22.9	14.6	7.9
OSFPS-150000/330	150 000/150 000/40 000	330±2×2.5%	121	11	141	573	84	106	10	25.1	13.2
OSFPSZ7-150000/330	150 000/150 000/40 000	345+10.7% 345−8%	121	10.5	73	453	91	85	11.1	29	17
OSFPS-120000/330	120 000/120 000/60 000	330+3×2.5% 330−1×2.5%	121	38.5	100	375	159	145	10.1	21.8	10.6
SFPSZ-90000/330	90 000/90 000/90 000	345±8×1.25%	121	11	130	370			16	25	7
SFPS-90000/330	90 000/90 000/90 000	363±2×2.5%	121	10.5	124	560	483	335	23	14.9	7.5
OSFPSZ-90000/330	90 000/90 000/30 000	345	121±6×1.67%	11	97	339	93	78	9.65	25.7	14.3

表 10-4　220kV 容量为 31 500～36 0000kVA 双绕组无励磁调压变压器技术数据

额定容量 (kVA)	电压组合及分接范围		联结组别标号	Ⅰ类			Ⅱ类			阻抗电压百分比 (%)
	高压 (kV)	低压 (kV)		空载损耗 (kW)	负载损耗 (kW)	空载电流百分比 (%)	空载损耗 (kW)	负载损耗 (kW)	空载电流百分比 (%)	
31 500	220*±2×2.5%；242±2×2.5%	6.3、6.6*、10.5、11*	YNd11	44	150	1.1	48	170	1.5	12～14
40 000				52	175	1.1	57	200	1.5	
50 000				61	210	1.0	67	240	1.4	
63 000				73	245	1.0	80	290	1.4	
90 000		10.5、13.8、11*		96	320	0.9	105	380	1.3	
120 000				118	385	0.9	126	490	1.3	
150 000		11*、13.8、15.75		140	450	0.8	150	600	1.2	
180 000				160	510	0.8	170	688	1.2	
240 000				200	630	0.7	216	854	1.1	
300 000		15.75、18		237	750	0.6	255	1010	1.0	
360 000				272	860	0.6	293	1160	1.0	

* 降压变压器用。

表 10-5　220kV 容量为 31 500～240 000kVA 三绕组无励磁调压变压器技术数据

额定容量（kVA）	电压组合及分接范围			联结组别标号	Ⅰ类			Ⅱ类			阻抗电压百分比（%）	
	高压（kV）	中压（kV）	低压（kV）		空载损耗（kW）	负载损耗（kW）	空载电流百分比（%）	空载损耗（kW）	负载损耗（kW）	空载电流百分比（%）	升压	降压
31 500	220*±2×2.5%；242±2×2.5%	69、121	6.3、6.6*、10.5、11*、35*、38.5*	YNyn0d11	50	180	1.1	59	225	1.5	高压-中压：22～24；高压-低压：12～14；中压-低压：7～9	高压-中压：12～14；高压-低压：22～24；中压-低压：7～9
40 000					60	210	1.0	69	264	1.4		
50 000					70	250	0.9	81	316	1.3		
63 000					83	290	0.9	95	376	1.3		
90 000			10.5、11* 13.8、35* 38.5*		108	390	0.8	119	500	1.2		
120 000					133	480	0.8	148	640	1.2		
150 000			11*、13.8、15.75、35*、38.5*		157	570	0.7	172	750	1.1		
180 000					178	650	0.7	196	870	1.1		
240 000					220	800	0.6	238	1080	1.0		

注　1. 表中负载损耗其容量分配为 100/100/100。升压结构者，其容量分配可为 100/50/100；降压结构者，其容量分配为 100/100/50 或 100/50/100。

2. 表中Ⅰ类为现行标准，Ⅱ类为过渡标准。

* 降压变压器用。

表 10-6　220kV 容量为 31 500～24 0000kVA 低压为 63kV 级无励磁调压变压器技术数据

额定容量（kVA）	电压组合及分接范围		联结组别标号	空载损耗（kW）	负载损耗（kW）	空载电流百分比（%）	阻抗电压百分比（%）
	高压（kV）	低压（kV）					
31 500	220±2×2.5%	63、66、69	YNd11	48	168	1.4	12～14
40 000				56	196	1.4	
50 000				66	235	1.3	
63 000				79	275	1.3	
90 000				104	359	1.2	
120 000				128	431	1.2	
150 000				152	504	1.1	
180 000				173	571	1.1	
240 000				216	706	1.0	

表 10-7　220kV 容量为 31 500～24 0000kVA 无励磁调压自耦变压器技术数据

额定容量（kVA）	电压组合及分接范围			联结组别标号	升压组合			降压组合			阻抗电压百分比（%）	
	高压（kV）	中压（kV）	低压（kV）		空载损耗（kW）	负载损耗（kW）	空载电流百分比（%）	空载损耗（kW）	负载损耗（kW）	空载电流百分比（%）	升压	降压
31 500	220*±2×2.5%；242±2×2.5%	121	6.6*、10.5、11*、13.8、35*、38.5*	YNa0d11	31	130	0.9	28	110	0.8	高压-中压：12～14；高压-低压：8～12；中压-低压：14～18	高压-中压：8～10；高压-低压：28～34；中压-低压：18～24
40 000					37	160	0.9	33	135	0.8		
50 000					42	189	0.8	38	160	0.7		
63 000					50	224	0.8	45	190	0.7		
90 000			10.5、11*、13.8、15.75、18.35*、38.5*		63	307	0.7	57	260	0.6		
120 000					77	378	0.7	70	320	0.6		
150 000					91	450	0.6	82	380	0.5		
180 000					105	515	0.6	95	430	0.5		
240 000					124	662	0.5	112	560	0.4		

注　1. 容量分配升压组合为 100/50/100；降压组合为 100/100/50。

2. 表中阻抗电压为 100%额定容量时的数据。

*　降压变压器用。

表 10-8　220kV 容量为 31 500～18 0000kVA 双绕组有载调压变压器技术数据

额定容量（kVA）	电压组合及分接范围		联结组别标号	Ⅰ类			Ⅱ类			阻抗电压百分比（%）
	高压（kV）	低压（kV）		空载损耗（kW）	负载损耗（kW）	空载电流百分比（%）	空载损耗（kW）	负载损耗（kW）	空载电流百分比（%）	
31 500	220±8×1.25%	6.3、6.6、10.5、11、35、38.5	YNd11	48	150	1.1	53	170	1.4	12～14
40 000				57	175	1.0	62	200	1.3	
50 000				67	210	0.9	72	240	1.2	
63 000				79	245	0.9	87	290	1.2	
90 000		10.5、11、35、38.5		101	320	0.8	110	380	1.1	
120 000				124	385	0.8	135	490	1.1	
150 000				146	450	0.7	160	600	1.0	
180 000				169	520	0.7	185	710	0.9	

注　表中Ⅰ类为现行标准，Ⅱ类为过渡标准。

表 10-9　　220kV 容量为 31 500～18 0000kVA 三绕组有载调压变压器技术数据

<table>
<tr><th rowspan="3">额定容量（kVA）</th><th colspan="3">电压组合及分接范围</th><th rowspan="3">联结组别标号</th><th colspan="3">Ⅰ类</th><th colspan="3">Ⅱ类</th><th rowspan="3">容量分配（%）</th><th rowspan="3">阻抗电压百分比（%）</th></tr>
<tr><th rowspan="2">高压（kV）</th><th rowspan="2">中压（kV）</th><th rowspan="2">低压（kV）</th><th rowspan="2">空载损耗（kW）</th><th rowspan="2">负载损耗（kW）</th><th rowspan="2">空载电流百分比（%）</th><th rowspan="2">空载损耗（kW）</th><th rowspan="2">负载损耗（kW）</th><th rowspan="2">空载电流百分比（%）</th></tr>
<tr></tr>
<tr><td>31 500</td><td rowspan="8">220
±8×
1.25%</td><td rowspan="8">69、
121</td><td rowspan="4">6.3、6.6、
10.5、
11、35、38.5</td><td rowspan="8">YNyn0d11</td><td>55</td><td>180</td><td>1.2</td><td>62</td><td>225</td><td>1.5</td><td rowspan="8">100/100
/100、
100/50
/100、
100/100
/50</td><td rowspan="8">高压-
中压：
12～14；
高压-
低压：
22～24；
中压-
低压：
7～9</td></tr>
<tr><td>40 000</td><td>65</td><td>210</td><td>1.1</td><td>72</td><td>264</td><td>1.4</td></tr>
<tr><td>50 000</td><td>76</td><td>250</td><td>1.0</td><td>85</td><td>316</td><td>1.3</td></tr>
<tr><td>63 000</td><td>89</td><td>290</td><td>1.0</td><td>100</td><td>376</td><td>1.3</td></tr>
<tr><td>90 000</td><td rowspan="4">10.5、
11、
35、
38.5</td><td>116</td><td>390</td><td>0.9</td><td>125</td><td>500</td><td>1.2</td></tr>
<tr><td>120 000</td><td>144</td><td>480</td><td>0.9</td><td>155</td><td>640</td><td>1.2</td></tr>
<tr><td>150 000</td><td>170</td><td>570</td><td>0.8</td><td>180</td><td>750</td><td>1.1</td></tr>
<tr><td>180 000</td><td>195</td><td>700</td><td>0.8</td><td>206</td><td>920</td><td>1.1</td></tr>
</table>

注　1. 表中所列数据为降压结构产品。

2. 表中负载损耗其容量分配为 100/100/100。

3. Ⅰ类为现行标准，Ⅱ类为过渡标准。

表 10-10　　220kV 容量为 31 500～24 0000kVA 有载调压自耦变压器技术数据

<table>
<tr><th rowspan="2">额定容量（kVA）</th><th colspan="3">电压组合及分接范围</th><th rowspan="2">联结组别标号</th><th rowspan="2">空载损耗（kW）</th><th rowspan="2">负载损耗（kW）</th><th rowspan="2">空载电流百分比（%）</th><th rowspan="2">容量分配（%）</th><th rowspan="2">阻抗电压百分比（%）</th></tr>
<tr><th>高压（kV）</th><th>中压（kV）</th><th>低压（kV）</th></tr>
<tr><td>31 500</td><td rowspan="9">220
±8×
1.25%</td><td rowspan="9">121</td><td rowspan="5">6.3、6.6、
10.5、11、
35、38.5</td><td rowspan="9">YNa0d11</td><td>32</td><td>121</td><td>0.9</td><td rowspan="9">100/100/50</td><td rowspan="9">高压-中压：
8～10；
高压-低压：
28～34；
中压-低压
18～24</td></tr>
<tr><td>40 000</td><td>38</td><td>147</td><td>0.9</td></tr>
<tr><td>50 000</td><td>45</td><td>175</td><td>0.8</td></tr>
<tr><td>63 000</td><td>53</td><td>210</td><td>0.8</td></tr>
<tr><td>90 000</td><td>64</td><td>275</td><td>0.7</td></tr>
<tr><td>120 000</td><td rowspan="4">10.5、11、
35、38.5</td><td>80</td><td>343</td><td>0.7</td></tr>
<tr><td>150 000</td><td>95</td><td>406</td><td>0.6</td></tr>
<tr><td>180 000</td><td>107</td><td>466</td><td>0.6</td></tr>
<tr><td>240 000</td><td>130</td><td>600</td><td>0.5</td></tr>
</table>

注　1. 表中所列数据为降压结构产品。

2. 高压绕组中性点为死接地方式。

表 10-11　　220kV 容量为 63 000～180 000kVA 有载调压自耦变压器技术数据

额定容量（kVA）	电压组合及分接范围			联结组别标号	空载损耗（kW）	负载损耗（kW）	空载电流百分比（%）	容量分配（%）	阻抗电压百分比（%）
	高压（kV）	中压（kV）	低压（kV）						
63 000	220±8×1.25%	121	6.3、6.6、10.5、11、35、38.5	YNa0d11	54	190	0.9	100/100/50	高压-中压：8～10；高压-低压：28～34；中压-低压：18～24
90 000					66	260	0.8		
120 000					82	320	0.8		
150 000			10.5、11、35、38.5		97	380	0.7		
180 000					110	435	0.6		

注　1. 表中所列数据为降压结构产品。

2. 高压绕组中性点为非死接地方式。

表 10-12　　SFP 系列 220kV 双绕组无励磁调压电力变压器技术数据

变压器型号	额定容量（kVA）	额定电压（kV）		空载电流百分比（%）	空载损耗（kW）	负载损耗（kW）	阻抗电压百分比（%）
		高压	低压				
SFP-400000/220	400 000	236±2×2.5%	18	0.8	250	970	14
SFP-360000/220	360 000	236±2×2.5%	18				14
SFP-360000/220	360 000	242±2×2.5%	18	0.28	190	860	14.3
SFP7-360000/220	360 000	242±2×2.5%	18	0.28	190	860	14.3
SFP7-360000/220	360 000	236±2×2.5%	18	0.36	272	900	13.5
SFP3-360000/220	360 000	242±2×2.5%	18	0.33	199	1079	14.4
SFP3-340000/220	340 000	242±2×2.5%	20	1.0	255	1100	14
SFP-300000/220	300 000	242±2×2.5%	15	1.0	255	1553	14
SFP3-300000/220	300 000	242±2×2.5%	15	0.4	185	903	14.5
SFP7-240000/220	240 000	220±2×2.5%	15.75	0.5	185	620	14
SFP7-240000/220	240 000	242±2×2.5%	15.75	0.4	180	630	14
SFP3-240000/220	240 000	242+1±2×2.5%；242−3±2×2.5%	15.75	1.1	216	854	14.1
SFP3-180000/220	180 000	220±2×2.5%	69	1.2	170	688	13.2
SFP3-150000/220	150 000	242±2×2.5%	13.8	1.0	160	600	13.4
SFP3-120000/220	120 000	242±2×2.5%	13.8	0.9	123.5	443	13.8
SFP7-120000/220	120 000	242±2×2.5%	10.5	0.9	118	385	13
SFP1-120000/220	120 000	236±2×2.5%	10.5	0.36	115	376	12
SFP7-120000/220	120 000	242±2×2.5%	10.5/15.75	0.9	118	385	14
SFP3-90000/220	90 000	220±2×2.5%	66	0.891	115	400	12.5
SFP3-63000/220	63 000	220±2×2.5%	69	1.2	87	290	13.2
SFP3-63000/220	63 000	242±2×2.5%	6.3	0.78	80	290	14.5

续表

变压器型号	额定容量 (kVA)	额定电压（kV）		空载电流百分比（%）	空载损耗 (kW)	负载损耗 (kW)	阻抗电压百分比（%）
		高压	低压				
SFP7-63000/220	63 000	220±2×2.5%	69	1.0	73	245	12.5
SFP7-50000/220	50 000	242±2×2.5%	13.8	1.0	61	210	12
SFP7-40000/220	40 000	220±2×2.5%	6.3、6.6、10.5、11	1.1	52	175	12
OSFP-100000/220	100 000	242±2×2.5%	13.8	0.6	100	380	13

表 10-13　　SSP 系列 220kV 双绕组无励磁调压电力变压器技术数据

变压器型号	额定容量 (kVA)	额定电压（kV）		空载电流百分比（%）	空载损耗 (kW)	负载损耗 (kW)	阻抗电压百分比（%）
		高压	低压				
SSP-360000/220	360 000	242±2×2.5%	18				14
SSP3-260000/220	260 000	242±2×2.5%	15.75	0.7	235	835	14
SSP3-240000/220	240 000	242±2×2.5%	15.75	1.1	216	854	14.1
SSP3-200000/220	200 000	242±2×2.5%	13.8	1.1	199	666	13.1
SSP3-180000/220	180 000	242±2×2.5%	15.75	1.2	170	688	13.4
SSP3-150000/220	150 000	242±2×2.5%	13.8	1.2	150	600	13.25
SSP7-150000/220	150 000	242±2×2.5%	13.8	0.32	124	428	13.3
SSP7-120000/220	120 000	242±2×2.5%	10.5、15.75	0.9	118	385	14
SSP3-75000/220	75 000	242±2×2.5%	10.5	1.3	79.6	342	13.85

表 10-14　　SFPZ 系列 220kV 双绕组有载调压电力变压器技术数据

变压器型号	额定容量 (kVA)	额定电压（kV）		空载电流百分比（%）	空载损耗 (kW)	负载损耗 (kW)	阻抗电压百分比（%）
		高压	低压				
SFPZ7-120000/220	120 000	220±8×1.25%	38.5	0.8	124	385	12～14
SFPZ4-120000/220	120 000	220±8×1.25%	69	1.1	135	490	13.7
SFPZ7-120000/220	120 000	220±8×1.25%	37.5	0.5	90	380	14
SFPZ4-90000/220	90 000	220±8×1.5%	69	0.8	102	369.9	13.5
SFPZ7-90000/220	90 000	220±8×1.5%	38.5	0.75	110	320	13.3
SFPZ-80000/220	80 000	220±8×1.46%	69	0.24	91	305	13.5
SFPZ4-63000/220	63 000	220±8×1.5%	66	0.9	78	270	13.4
SFPZ3-40000/220	40 000	220+6×2%；220−10×2%	6.3	1.0	53.12	176.865	11.98
SFPZ7-40000/220	40 000	230±8×1.5%	6.3	0.37	33	230	20.6
SFPZ7-31500/220	31 500	230±8×1.5%	6.3	0.59	29	144	16
SFPZ-20000/220	20 000	230±7×1.46%	6.3	1.3	42	106	10.6

表 10-15　　**SFPS 系列 220kV 三绕组无励磁调压电力变压器技术数据**

变压器型号	额定容量（kVA）	额定电压（kV）			空载电流百分比（%）	空载损耗（kW）	负载损耗（kW）			阻抗电压百分比（%）		
		高压	中压	低压			高压-中压	高压-低压	中压-低压	高压-中压	高压-低压	中压-低压
SFPS3-180000/220	180 000/180 000/120 000		115	37.5	1.1	196		650		13.8	22.8	7.2
SFPS1-180000/220	180 000/180 000/90 000	220±2×2.5%	121、117	11、37.5	0.5	200	679	220	148	14	24	8.1
SFPS3-150000/220	150 000/150 000/75 000	220±2×2.5%	121	38.5	1.1	172		750		15	24	7.6
SFPS3-150000/220	150 000	220±2×2.5%	66	13.8	1.1	172		750		24	14.8	8
SFPS3-150000/220	150 000/150 000/75 000	220±2×2.5%	121	11	1.1	172		750		15	24	8
SFPS7-150000/220	150 000	242±2×2.5%	121	13.8	0.47	157	581	552	422	23.8	14.6	8.3
SFPS7-150000/220	150 000	242±2×2.5%	121	13.8	0.48	157	570	552	422	24	15	8
SFPS7-150000/220	150 000/150 000/75 000	220±2×2.5%	121	11	0.38	150	570	217	157	13.1	22	6.57
SFPS-150000/220		242±2×2.5%	121	10.5	0.7	168		645		23.5	14.5	8
SFPS3-120000/220	120 000	220±2×2.5%	121	38.5	1.2	163		650		14.5	23	7
SFPS3-120000/220	120 000/120 000/60 000	220±2×2.5%	121	11	1.2	163		650		14.5	23	7
SFPS3-120000/220	120 000	242±2×2.5%	121	10.5	1.2	148		640		23	14	8

续表

变压器型号	额定容量（kVA）	额定电压（kV）			空载电流百分比（%）	空载损耗（kW）	负载损耗（kW）			阻抗电压百分比（%）		
		高压	中压	低压			高压-中压	高压-低压	中压-低压	高压-中压	高压-低压	中压-低压
SFPS3-120000/220	120 000/120 000/60 000	220±2×2.5%	38.5±5%	11	1.2	155		640		14.5	23.3	7.7
SFPS3-120000/220	120 000	242±2×2.5%	69	10.5	0.99	145	570.3	546.6	353.3	23.1	14.8	7.38
SFPS7-120000/220	120 000	230±2×2.5%	121	10.5	0.3	100	492	520	387	14.52	23.27	7.27
SFPS7-120000/220		242±2×2.5%	121	10.5	0.8	123		480		22	13.5	7.5
SFPS7-90000/220	90 000/54 000/90 000	220±2×2.5%	36.75	34.65	0.8	78.2		405		13.85	22.3	7.6
SFPS3-63000/220	63 000/31 500/63 000	242±2×2.5%	69	10.5	1.3	95		376		22.51	13.6	8
SFPS3-50000/220	50 000/50 000/50 000	220±2×2.5%	66	10.5	0.65	71.5	260	270	290	14.8	23	7

表 10-16　　OSFPS 系列 220kV 三绕组无励磁调压电力变压器技术数据

变压器型号	额定容量（kVA）	额定电压（kV）			空载电流百分比（%）	空载损耗（kW）	负载损耗（kW）			阻抗电压百分比（%）		
		高压	中压	低压			高压-中压	高压-低压	中压-低压	高压-中压	高压-低压	中压-低压
OSFPS7-180000/220	180 000/180 000/90 000	220±2×2.5%	121	38.5	0.07	53	430			7.8	31.2	21.4
OSFPS7-180000/220	180 000/90 000/180 000	220±2×2.5%	115	37.5	0.23	85		530		12	11.3	18.1
OSFPS3-150000/220	150 000/150 000/75 000	242±2×2.5%	121	11	0.6	82		380		10	17	11
OSFPS7-150000/220	150 000/150 000/75 000	242±2×2.5%	121	10.5	0.6	66.1	437.9	227.3	291.1	12.92	5.88	8.89

续表

变压器型号	额定容量（kVA）	额定电压（kV）			空载电流百分比（%）	空载损耗（kW）	负载损耗（kW）			阻抗电压百分比（%）		
		高压	中压	低压			高压-中压	高压-低压	中压-低压	高压-中压	高压-低压	中压-低压
OSFPS7-150000/220	150 000/150 000/45 000	242±2×2.5%	121	6.3	0.16	61	400			8.7	29.2	18.3
OSFPS3-120000/220	120 000/120 000/60 000	220±2×2.5%	121	11	0.8	59.7	359.3	354	285	8.7	33.6	22
OSFPS7-120000/220	120 000/120 000/60 000	220+3×2.5%；220−1×2.5%	121	38.5	0.3	75	291	197	222	10	10.6	18.5
OSSPS7-120000/220	120 000/60 000/120 000	242±2×2.5%	121	10.5	0.17	62		370		12.6	11.6	17.4
OSFPS7-120000/220	120 000/120 000/60 000		121	38.5	0.21	53	320			8.4	29	18.4
OSFPS7-120000/220	120 000/120 000/60 000	220+3×2.5%；220-1×2.5%	121	38.5	0.5	57	320	260	246	8.5	30.3	19.9
OSFPSL-120000/220		220±2×2.5%	121	11	0.5	67		450			9.5	
OSFPS3-90000/220	90 000/90 000/45 000	220+1×2.5%；220−3×2.5%	121	11	0.5	49.2	290	216.9	242.3	9.23	34.5	22.7
OSFPS7-90000/220	90 000/90 000/45 000	230±2×2.5%	121	38.5	0.34	54	260	155	193	11.7	11.8	18.2
OSFPS7-90000/220	90 000/90 000/45 000	220±2×2.5%	121	38.5	0.19	41	245			8.2	31	21
OSFPS3-63000/220	63 000/63 000/31 500	220+1×2.5%；220−3×2.5%	121	38.5	0.43	39.6	220	190	186	9.1	33.5	22

表 10-17　　其他 220kV 三绕组无励磁调压电力变压器技术数据

变压器型号	额定容量（kVA）	额定电压（kV）			空载电流百分比（%）	空载损耗（kW）	负载损耗（kW）			阻抗电压百分比（%）		
		高压	中压	低压			高压-中压	高压-低压	中压-低压	高压-中压	高压-低压	中压-低压
OSSPS-360000/220	360 000/360 000/180 000	242±2×2.5%	121	15.75	0.39	258	1164	548	720	12.1	12	18.8
OSSPSL-300000/220	300 000/300 000/150 000	242±2×2.5%	121	15.75	0.3	195	950	500	620	13.1	11.6	18.8
SSPS-150000/220		242±2×2.5%	121	13.8	1.0	175		850		23	14	8
SSPSO3-120000/220	120 000/120 000/60 000	242±2×2.5%	121	10.5	0.7	69.6		428		12.4	11.1	16.25
SSPS3-120000/220	120 000	242±2×2.5%	121	10.5	1.2	148		640		23	14	8
SSPS3-75000/220TH	75 000/37 500/75 000	242±2×2.5%	66	10.5	1.2	88.3		388		23	14.7	7.2

表 10-18　　SFPSZ 系列 220kV 三绕组有载调压电力变压器技术数据

变压器型号	额定容量（kVA）	额定电压（kV）			空载电流百分比（%）	空载损耗（kW）	负载损耗（kW）			阻抗电压百分比（%）		
		高压	中压	低压			高压-中压	高压-低压	中压-低压	高压-中压	高压-低压	中压-低压
SFPSZ4-180000/220	180 000	230±8×1.5%	121	13.8	0.846	175		785		14.7	25	8.7
SFPSZ4-150000/220	150 000	220±8×1.5%	121	10.5	1.2	172		750		14	23.47	7.42
SFPSZ1-150000/220	150 000/150 000/75 000	220±8×1.5%	121	10.5	0.3	140	600	193	123	14.2	22.9	7.1
SFPSZ-150000/220		220±8×1.5%	121	11	0.68	177		230		14.5	24	7.5

续表

变压器型号	额定容量（kVA）	额定电压（kV）			空载电流百分比（%）	空载损耗（kW）	负载损耗（kW）			阻抗电压百分比（%）		
		高压	中压	低压			高压-中压	高压-低压	中压-低压	高压-中压	高压-低压	中压-低压
SFPSZ4-120000/220	120 000/120 000/(60 000)120 000	220(230)±8×1.5%	121	11(10.5)	1.2	155		640		13 13.7	13.5 2.3	7.5 7.2
SFPSZ4-120000/220	120 000/120 000/80 000	220±8×1.5%	69	10.5	0.85	155		500		14	23	7.3
SFPSZ4-120000/220	120 000/120 000/(60 000)120 000	220±8×1.5%	121	38.5	1.2	155		640		14	23	7.3
SFPSZ7-120000/220	120 000/12 0000/60 000	220^{+10}_{-6}×1.5%	115±2×2.5%	11	0.3	79	630	192	156	13.7	39	30
SFPSZ1-120000/220	120 000	220^{+8}_{-4}×1.5%	121	38.5	0.29	133		473		25.8	14.7	8.3
SFPSZ7-120000/220	120 000/120 000/60 000	220±6×1.5%	118.25	10.5	0.48	132	359	121	84	12.1	21.6	8.4
SFPSZ7-120000/220	120 000/120 000/60 000	230±8×1.25%	121	10.5 11	0.7	140	440	131	135	13.5	22.4	7.4
SFPSZ7-120000/220	120 000/120 000/60 000	220±8×1.5%	121	10.5	0.7	140	440	143	117	13.5	22.4	7.4
SFPSZ7-120000/220	120 000/120 000/60 000	220±8×1.5%；230±8×1.25%	121	10.5 11	0.7	130	435	140	107	13.5	22.4	7.4
SFPSZ7-120000/220	120 000/120 000/120 000	220±8×1.5%；230±8×1.25%	121	38.5	0.9	144	422	429	328	13	21.2	7

续表

变压器型号	额定容量（kVA）	额定电压（kV）			空载电流百分比（%）	空载损耗（kW）	负载损耗（kW）			阻抗电压百分比（%）		
		高压	中压	低压			高压-中压	高压-低压	中压-低压	高压-中压	高压-低压	中压-低压
SFPSZ7-120000/220	120 000/120 000/60 000	220±8×1.5%	118.25	10.5	0.8	148	384	144	113	11.8	21.6	8.1
SFPSZ7-120000/220	120 000/120 000/90 000	220±8×1.25%	121	11	1.1	148	440	305	215	12.9	21.2	7.3
SFPSZ7-120000/220	120 000	231±8×1.25%	38.5	10.5	0.5	139	402	408	368	23.1	12.7	9
SFPSZ7-120000/220	120 000/120 000/60 000	220±8×1.25%	38.5	11	0.7	140	440			13	21.4	7.2
SFPSZ7-120000/220		220±8×1.25%	121	11	0.9	144		180		14	23	7
SFPSZ7-120000/220	120 000	220±8×1.5%	121	10.5	0.8	124	465	241	266	14	22.6	7.4
SFPSZ4-90000/220	90 000/45 000/90 000	230±8×1.5%	115	37	0.9	99	168	430	120	23.1	14.3	7.4
SFPSZ4-90000/220	90 000/90 000/45 000	220±8×1.5%	69	10.5	0.65	96.57	420	150	103	13.84	22.47	7.14
SFPSZ7-90000/220	90 000	220±8×1.5%	121	10.5 11	0.5	110	424	466	319	13.4	21.3	7.2
SFPSZ7-90000/220	90 000/45 000/90 000	220±8×1.25%	38.5	63	0.38	112		393		21.3	7.3	13.3
SFPSZ-90000/220		220$^{+7}_{-9}$×1.25%	121	11	0.7	113		395		14.5	24	7.5

续表

变压器型号	额定容量(kVA)	额定电压(kV)			空载电流百分比(%)	空载损耗(kW)	负载损耗(kW)			阻抗电压百分比(%)		
		高压	中压	低压			高压-中压	高压-低压	中压-低压	高压-中压	高压-低压	中压-低压
SFPSZ7-90000/220	90 000/90 000/45 000	220±8×1.25%	121	38.5	0.8	93	370	130	94	13.6	23.4	7.9
SFPSZ4-63000/220	63 000/63 000/31 500	230±8×1.25%	66	11	1.0	90	320	95	75	14	22.6	7.5
SFPSZ7-63000/220	63 000/63 000/31 500	230±8×1.5%	38.5	6.3	1.0	79	274			14.07	23.2	7.52
SFPSZ-63000/220		220±8×1.25%	121	38.5	0.8	88		280		14	24	7.5

表 10-19　其他系列 220kV 三绕组有载调压电力变压器技术数据

变压器型号	额定容量(kVA)	额定电压(kV)			空载电流百分比(%)	空载损耗(kW)	负载损耗(kW)			阻抗电压百分比(%)		
		高压	中压	低压			高压-中压	高压-低压	中压-低压	高压-中压	高压-低压	中压-低压
SSPSZ7-180000/220	180 000/180 000/90 000	220±8×1.5%	115	37.5	0.38	165	700	206	137	13.1	21.5	7.2
OSSPSZ7-180000/220	180 000/180 000/60 000	242	121±4×2.5%	15.75	0.395	105	470	166	188	9.3	55.4	45.5
OSFPSZ7-90000/220	90 000/90 000/45 000	220±6×1.2%	121	38.5	0.18	46	240	203	196	7.7	14.3	9.8

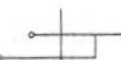

表 10-20　　SFS 系列 220kV 三绕组电力变压器的技术数据

变压器型号	电压（kV）			损耗（kW）		I_0%
	U_1	U_2	U_3	ΔP_o	ΔP_M	
SFS-31500/220	220、242	121	63、6.6、10.5、11	70	275	4
SFS-40000/220	220、242	121	63、6.6、10.5、11	84	320	3.8
SFS-50000/220	220、242	121	63、6.6、10.5、11	98	390	3.6
SFS-63000/220	220、242	121	63、6.6、10.5、11	177	472	3.4

注　1. 损耗数据是各线圈容量均按 100%额定容量时的最大值。

2. 对降压组合，内柱为低压线圈时，其阻抗值为高压-中压：13%～16%；高压-低压：23%～25%；中压-低压：7%～9%。

3. 对升压组合，内柱为中压线圈时，其阻抗为高压-中压：23%～25%；高压-低压：13%～16%；中压-低压：7%～9%。

表 10-21　　SFPSO 系列 220kV 三相自耦电力变压器的技术数据

变压器型号	电压（kV）			损耗（kW）		I_0%
	U_1	U_2	U_3	ΔP_o	ΔP_M	
SFPSO-63000/220	220、242	121	6.3、6.6、10.5、11	59	275	1.8
SFPSO-80000/220	220、242	121	10.5、11、13.8	70	330	1.8
SFPSO-100000/220	220、242	121	10.5、11、13.8	84	390	1.6
SFPSO-125000	220、242	121	10.5、11、13.8	100	455	1.4
SFPSO-125000	220、242	121	10.5、13.8	112	545	1.6

注　1. 损耗数据是各线圈容量均按 100%额定容量时的最大损耗值。

2. 阻抗值按 100%额定容量表示，当降压变压器内柱为低压线圈时，其阻抗值为高压-中压：8%～20%；高压-低压：28%～34%；中压-低压：18%～24%。

3. 阻抗值按 100%额定容量表示，当升压变压器内柱为中压线圈时，其阻抗值为高压-中压：12%～14%；高压-低压：8%～12%；中压-低压：14%～18%。

表 10-22　　220kV 分裂电力变压器技术数据

变压器型号	额定电压（kV）		空载电流百分比（%）	空载损耗（kW）	负载损耗（kW）	阻抗电压百分比（%）	
	高压	低压				全穿越	半穿越
SFPFZ-50000/220	230±8×1.25%	6.3～6.3					23
SFFZ-50000/220	230±8×1.25%	6.3～6.3					18.5
SFPSZ1-40000/220	220； 230$\pm^{5}_{3}$×2%	6.3～6.3	1.2	57.2	165.4	12.02	21.75
SFPFZL-40000/220	220±8×1.25%	6.3～6.3					25
SFPF3-31500/220	230±2×2.5%	6.3～6.3	1.085	53.85	138.35 65.26	12.16	21.45
SFFZ-31500/220	220±8×1.25%	6.3～6.3					23
SFPFZL-31500/220	220±7×14%	6.3～6.3					18

表 10-23　110kV 容量为 6300～12 0000kVA 双绕组无励磁调压变压器技术数据

额定容量（kVA）	电压组合及分接范围		联结组别标号	Ⅰ类		Ⅱ类		负载损耗（kW）	阻抗电压百分比（%）
	高压（kV）	低压（kV）		空载损耗（kW）	空载电流百分比（%）	空载损耗（kW）	空载电流百分比（%）		
6300	110* ±2×2.5%；121±2×2.5%	6.3、6.6*、10.5、11*	YNd11	11.6	1.1	12.5	1.4	41	10.5
8000				14	1.1	15	1.4	50	
10 000				16.5	1.0	18	1.3	59	
12 500				19.5	1.0	21.2	1.3	70	
16 000				23.5	0.9	25	1.2	86	
20 000				27.5	0.9	30	1.2	104	
25 000				32.5	0.8	35	1.1	123	
31 500				38.5	0.8	42	1.1	148	
40 000				46	0.7	50	1.0	174	
50 000				55	0.7	60	1.0	216	
63 000				65	0.6	70	0.9	260	
90 000				85	0.6	93	0.9	340	
120 000				106	0.5	116	0.8	422	

注　表中Ⅰ类为现行标准，Ⅱ类为过渡标准。

*　降压变压器用。

表 10-24　110kV 容量为 6300～63 000kVA 三绕组无励磁调压变压器技术数据

额定容量（kVA）	电压组合及分接范围			联结组别标号	Ⅰ类		Ⅱ类		负载损耗（kW）	阻抗电压百分比（%）	
	高压（kV）	中压（kV）	低压（kV）		空载损耗（kW）	空载电流百分比（%）	空载损耗（kW）	空载电流百分比（%）		升压	降压
6300	110* ±2×2.5%；121±2×2.5%	35；38.5±2×2.5%	6.3、6.6*、10.5、11*	YNyn0d11	14	1.3	16	1.7	53	高压-中压：17～18；高压-低压：10.5；中压-低压：6.5	高压-低压：10.5；高压-中压：17～18；中压-低压 6.5
8000					16.6	1.3	19	1.7	63		
10 000					19.8	1.2	22	1.6	74		
12 500					23	1.2	26	1.6	87		
16 000					28	1.1	31.5	1.5	106		
20 000					33	1.1	36.5	1.5	125		
25 000					38.5	1.0	42.5	1.4	148		
31 500					46	1.0	50	1.4	175		
40 000		35；38.5±5%			54.5	0.9	60	1.3	210		
50 000					65	0.9	70	1.3	250		
63 000					77	0.8	83	1.2	300		

注　1. 高、中、低压绕组的额定容量均为 100%。

2. 根据需要联结组标号可为 YNd11yn0。

3. 表中Ⅰ类为现行标准，Ⅱ类为过渡标准。

*　降压变压器用。

表 10-25 110kV 容量为 6300～63 000kVA 双绕组有载调压变压器技术数据

额定容量（kVA）	电压组合及分接范围		联结组别标号	空载损耗（kW）	负载损耗（kW）	空载电流百分比（%）	阻抗电压百分比（%）
	高压（kV）	低压（kV）					
6300	110±8×1.25%	6.3、6.6、10.5、11	YNd11	12.5	41	1.4	10.5
8000				15.0	50	1.4	
10 000				17.8	59	1.3	
12 500				21.0	70	1.3	
16 000				25.3	86	1.2	
20 000				30.0	104	1.2	
25 000				35.5	123	1.1	
31 500				42.2	148	1.1	
40 000				50.5	174	1.0	
50 000				59.7	216	1.0	
63 000				71.0	260	0.9	

表 10-26 110kV 容量为 6300～63 000kVA 三绕组有载调压变压器技术数据

额定容量（kVA）	电压组合及分接范围			联结组别标号	空载损耗（kW）	负载损耗（kW）	空载电流百分比（%）	容量分配（%）	阻抗电压百分比（%）
	高压（kV）	中压（kV）	低压（kV）						
6300	110±8×1.25%	38.5±2×2.5%	6.3、6.6、10.5、11	YNyn0d11	15	53	1.7	100/100/100	高压-中压：10.5；高压-低压：17～18；中压-低压：6.5
8000					18	63	1.7		
10 000					21.3	74	1.6		
12 500					25.2	87	1.6		
16 000					30.3	106	1.5		
20 000					35.8	125	1.5		
25 000					42.3	148	1.4		
31 500		38.5±5%			50.3	175	1.4		
40 000					60.2	210	1.3		
50 000					71.2	250	1.3		
63 000					81.7	300	1.2		

表 10-27 110kV/35kV 级容量为 6300～63 000kVA 双绕组无励磁调压变压器技术数据

额定容量（kVA）	电压组合及分接范围		联结组别标号	空载损耗（kW）	负载损耗（kW）	空载电流百分比（%）	阻抗电压百分比（%）
	高压（kV）	低压（kV）					
6300	110±2×2.5%；121±2×2.5%	35、38.5	YNd11	12.5	44	1.5	10.5
8000				15.0	53	1.5	
10 000				17.5	62	1.4	
12 500				20.5	74	1.4	
16 000				24.5	91	1.3	
20 000				29.0	110	1.3	
25 000				34.2	129	1.2	
31 500				40.5	156	1.2	
40 000				48.3	183	1.1	
50 000				57.8	227	1.1	
63 000				68.3	273	1.0	

表 10-28 SF 系列 110kV 双绕组电力变压器的技术数据

变压器型号	一次电压（kV）	二次电压（kV）	空载损耗（kW）	负载损耗（kW）	空载电流百分比（%）	阻抗电压百分比（%）
SF-7500/110	110、121	6.3、6.6、10.5、11	24.0	75.0	4.0	10.5
SF-10000/110	110、121	6.3、6.6、10.5、11	30.0	93.0	3.5	10.5
SF-15000/110	110、121	6.3、6.6、10.5、11	40.5	128.0	3.5	10.5
SF-20000/110	110、121	6.3、6.6、10.5、11	48.6	157.0	3.0	10.5
SF-31500/110	110、121	6.3、6.6、10.5、11	74.0	200.0	2.7	10.5
SF-45000/110	110、121	6.3、6.6、10.5、11	100.0	250.0	2.6	10.5

表 10-29 SF7 系列 110kV 双绕组无励磁调压电力变压器的技术数据

变压器型号	额定电压（kV）		空载电流百分比（%）	空载损耗（kW）	负载损耗（kW）	阻抗电压百分比（%）
	高压	低压				
SF7-40000/110	110	11	0.7	46	174	10.5
SF7-31500/110	110（121）±2×2.5%	10.5	0.8	31	147	10.5
SF7-31500/110	110±2×2.5%	10.5		38.5	148	10.5
SF7-31500/110	110（121）±2×2.5%	6.3、6.6、10.5、11		38.5	148	10.5
SF7-25000/110	110（121）±2×2.5%	6.3、6.6、10.5、11		32.5	123	10.5
SF7-20000/110	110（121）±2×2.5%	10.5	0.8	27	104	10.5
SF7-20000/110	110（121）±2×2.5%	6.3、6.6、10.5、11		27.5	104	10.5
SF7-16000/110	110（121）±2×2.5%	6.3、6.6、10.5、11		23.5	86	10.5

续表

变压器型号	额定电压（kV）		空载电流百分比（%）	空载损耗（kW）	负载损耗（kW）	阻抗电压百分比（%）
	高压	低压				
SF7-16000/110	110(121)±2×2.5%	10.5	0.9	21	85	10.5
SF7-12500/110	110(121)±2×2.5%	6.3、6.6、10.5、11		19.5	70	10.5
SF7-10000/110	110(121)±2×2.5%	6.3、6.6、10.5、11		16.5	59	10.5
SF7-8000/110	110(121)±2×2.5%	6.3、6.6、10.5、11	1.1	13	50	10.5
SF7-6300/110	110(121)±2×2.5%	6.3、6.6、10.5、11		11.6	41	10.5

表 10-30　　SFL_1 系列 110kV 双绕组电力变压器的技术数据

变压器型号	一次电压（kV）	二次电压（kV）	空载损耗（kW）	负载损耗（kW）	空载电流百分比（%）	阻抗电压百分比（%）
SFL_1-2500	110、121	6.3、6.6、10.5、11	7.70	28.0	（5）	10.5
SFL_1-6300	110、121	6.3、6.6、10.5、11	9.76（15）	53（55）	1.10（4）	10.5
SFL_1-8000	110、121	6.3、6.6、10.5、11	11.6（17.5）	62（65）	1.1（3.5）	10.5
SFL_1-10000	110、121	6.3、6.6、10.5、11	21	76	（3.5）	10.5
SFL_1-12500	110、121	6.3、6.6、10.5、11	24.5	92	（3.3）	10.5
SFL_1-16000	110、121	6.3、6.6、10.5、11	29	110	0.9（3）	10.5
SFL_1-20000	110、121	6.3、6.6、10.5、11	22（34）	135	0.8（3）	10.5
SFL_1-25000	110、121	6.3、6.6、10.5、11	40.5	160	（2.8）	10.5
SFL_1-31500	110、121	6.3、6.6、10.5、11	31.05（49）	190	（2.8）	10.5
SFL_1-40000	110、121	6.3、6.6、10.5、11	41.5（57）	203.36（230）	0.7（2.5）	10.5

注　括号内数据为最大值。

表 10-31　　SFL7 系列 110kV 双绕组无励磁调压电力变压器的技术数据

变压器型号	额定电压（kV）		空载电流百分比(%)	空载损耗（kW）	负载损耗（kW）	阻抗电压百分比(%)
	高压	低压				
SFL7-31500/110	110(121)±2×2.5%	6.3、6.6、10.5、11	0.8	38.5	148	10.5
SFL7-25000/110	110(121)±2×2.5%	10.5	0.9	31	121	10.5
SFL7-20000/110	110(121)±2×2.5%	6.3、6.6、10.5	0.9	27.5	104	10.5
SFL7-16000/110	110(121)±2×2.5%	6.3、6.6、10.5、11		23.5	86	10.5
SFL7-12500/110	110(121)±2×2.5%	6.3、6.6、10.5、11		19.5	70	10.5
SFL7-10000/110	110(121)±2×2.5%	6.3、6.6、10.5、11	1.0	16.5	59	10.5
SFL7-8000/110	110(121)±2×2.5%	6.3、6.6、10.5、11		14	50	10.5
SFL7-6300/110	110(121)±2×2.5%	6.3、6.6、10.5、11		11.6	41	10.5

表 10-32　　SFP7 系列 110kV 双绕组无励磁调压电力变压器的技术数据

变压器型号	额定电压（kV）		空载电流百分比(%)	空载损耗(kW)	负载损耗(kW)	阻抗电压百分比(%)
	高压	低压				
SFP7-150000/110	110（121）±2×2.5%	13.8	0.6	107	547	13
SFP7-120000/110	110（121）±2×2.5%	13.8	0.5	99.4	410	10.5
SFP7-63000/110	110（121）±2×2.5%	10.5	0.6	52	254	10.5

表 10-33　　其他系列 110kV 双绕组无励磁调压电力变压器的技术数据

变压器型号	额定电压（kV）		空载电流百分比(%)	空载损耗(kW)	负载损耗(kW)	阻抗电压百分比(%)
	高压	低压				
SFP-120000/110	121	10.5		107	422	10.5
SSPL7-63000/110	121±2×2.5%	13.8	0.6	50.48	265.5	10.59
SFL1-50000/110	110(121)±2×2.5%	0.3、6.6、10.5、11	0.7	65	260	10.5
SFL-40000/110	110(121)±2×2.5%	10.5	0.7	45	174	10.5
SF-20000/110	110±2×2.5%	27.5	1.025	25.5	100.34	10.324
SFL1-20000/110	110±2×2.5%	27.5	1.2	29.7	107.3	10.4
SFL1-15000/110	110±2×2.5%	27.5	1.2	22.2	91.8	10.4
DFL-15000/110	110±2×2.5%	27.5	1.1	31.7	82.3	10.3
SF1-10000/110	110	27.5	1.0	16.5	59	10.5
SFL1-10000/110	110±2×2.5%	27.5	1.0	15.9	68.3	10.4
DFL-10000/110	110±2×2.5%	27.5		24.1	64.7	10.8
S7-6300/110	110±2×2.5%	10.5	1.1	11.6	41	10.5

表 10-34　　SFZ7 系列 110kV 双绕组有载调压电力变压器的技术数据

变压器型号	额定电压（kV）		空载电流百分比(%)	空载损耗(kW)	负载损耗(kW)	阻抗电压百分比(%)
	高压	低压				
SFZ7-50000/110	110±8×1.25%	6.3、6.6、10.5、11	1.0	59.7	216	10.5
SFZ7-40000/110	110±8×1.25%	6.3、6.6、10.5、11	1.0	50.5	174	10.5
SFZ7-31500/110	110±8×1.25%	6.3、6.6、10.5、11	1.1	42.2	148	10.5
SFZ7-31500/110	110(121)±8×1.25%	10.5	0.9	36	138	10.5
SFZ7-31500/110	110±8×1.25%	6.3、6.6、10.5、11		42.2	148	10.5
SFZ7-25000/110	110(121)±8×1.25%	10.5	0.8	29	114	
SFZ7-25000/110	110±8×1.25%	6.3、6.6、10.5、11		35.5	123	10.5
SFZ7-20000/110	110±8×1.25%	6.3、6.6、10.5、11		30	104	10.5
SFZ7-16000/110	121±8×1.25%	6.3	1.4	22.625	83.48	10.62
SFZ7-16000/110	110±8×1.25%	6.3、6.6、10.5、11	1.2	25.3	86	10.5
SFZ7-16000/110	110±8×1.25%	10.5	1.2	23	106	10.5
SFZ7-16000/110	110±8×1.25%	10、6.3		25.3	86	10.5
SFZ7-12500/110	110(121)±3×2.5%	6.3、6.6、10.5、11	1.0	17	69	10.5

续表

变压器型号	额定电压（kV）		空载电流百分比(%)	空载损耗(kW)	负载损耗(kW)	阻抗电压百分比(%)
	高压	低压				
SFZ7-12500/110	110±8×1.25%	6.3、6.6、10.5、11		21	70	10.5
SFZ7-10000/110	110(121)±8×1.25%	6.3、6.6、10.5、11	1.1	15	57	10.5
SFZ7-10000/110	110±8×1.25%	6.3、10.5		17.8	59	10.5
SFZ7-8000/110	110±8×1.25%	6.3、6.6、10.5、11		15	50	10.5
SFZ7-6000/110	110±8×1.25%	6.3、6.6、10.5、11		12.5	41	10.5

表 10-35　　SFZ9 系列 110kV 双绕组有载调压电力变压器的技术数据

变压器型号	电压组合			联结组别标号	阻抗电压百分比(%)	空载损耗(kW)	负载损耗(kW)	空载电流百分比(%)
	高压(kV)	高压分接范围	低压(kV)					
SFZ9-6300/110	110（121）	±8×1.25%	6.3、6.6、10.5、11	Ynd11	10.5	10	36.9	0.6
SFZ9-8000/110						12	45	0.6
SFZ9-10000/110						14.2	53.1	0.5
SFZ9-12500/110						16.8	63	0.5
SFZ9-16000/110						20	77	0.45
SFZ9-20000/110						24	91.7	0.4
SFZ9-25000/110						28.4	110.7	0.4
SFZ9-31500/110						33.5	133.2	0.35
SFZ9-40000/110						40.4	156.6	0.3
SFZ9-50000/110						47	194.4	0.25
SFZ9-63000/110						56.8	234	0.25

表 10-36　　SFZL7 系列 110kV 双绕组有载调压电力变压器的技术数据

变压器型号	额定电压（kV）		空载电流百分比(%)	空载损耗(kW)	负载损耗(kW)	阻抗电压百分比(%)
	高压	低压				
SFZL7-31500/110	110±8×1.25%	11	0.974	42.2	148	10.5
SFZL7-31500/110	110±8×1.25%	6.3、6.6、10.5、11	1.1	42.2	148	10.5
SFZL7-31500/110	110±8×1.25%	38.5	0.648	41.13	780	10.46
SFZL7-25000/110	110±8×1.25%	6.3、6.6、10.5、11		35.5	125	10.5
SFZL7-20000/110	110±8×1.25%	6.3、6.6、10.5、11	1.2	30	104	10.5
SFZL7-16000/110	110±8×1.25%	6.3、6.6、10.5、11	1.2	25.3	86	10.5
SFZL7-10000/110	110±8×1.25%	6.3、6.6、10.5、11	1.3	17.8	59	10.5
SFZL7-10000/110	110（121）±8×1.25%	6.3、6.6、10.5、11	1.1	16	57	10.5
SFZL7-8000/110	110±8×1.25%	6.3、6.6、10.5、11		15	50	10.5
SFZL7-6300/110	110±8×1.25%	6.3、6.6、10.5、11		12.5	41	10.5

表 10-37　　其他系列 110kV 双绕组有载调压电力变压器的技术数据

变压器型号	额定电压（kV）		空载电流百分比(%)	空载损耗(kW)	负载损耗(kW)	阻抗电压百分比(%)
	高压	低压				
SFZ1-63000/110	110±8×1.25%	6.3、6.6、10.5、11	0.9	71	260	10.5
SFPZ7-50000/110	110±8×1.25%	10.5	0.743	59.7	216	10.5
SFZ1-31500/110	110±8×1.25%	11	1.1	38.23	148.25	10.46
SFZL-25000/110	121	6.3		27	158	14
SFZ-10000/110TH	110	11		17.8	59	10.5

表 10-38　　SFS7 系列 110kV 三绕组无励磁调压电力变压器的技术数据

变压器型号	额定电压（kV）			空载电流百分比(%)	空载损耗(kW)	负载损耗（kW）			阻抗电压百分比（%）		
	高压	中压	低压			高压-中压	高压-低压	中压-低压	高压-中压	高压-低压	中压-低压
SFS7-40000/110	110(121)±2×2.5%	38.5 (35)±5%	6.3、6.6、10.5、11	1.1	54		193			10.5	
SFS7-31500/110	110±2×2.5%	38.5±2×2.5%	11	1.02	46		175		10.5	18	6.5
SFS7-31500/110	110(121)±2×2.5%	38.5(35)±2×2.5%	6.3、6.6、10.5、11	1.0	39		165			10.5	
SFS7-31500/110	110(121)±2×2.5%	38.5(35)±2×2.5%	6.3、6.6、10.5、11		46		175		17～18(10.5)	10.5(17～18)	6.5
SFS7-25000/110	110(121)±2×2.5%	38.5(35)±2×2.5%	6.3、6.6、10.5、11	0.8	33		143			10.5	
SFS7-20000/110	110(121)±2×2.5%	38.5(35)±2×2.5%	6.3、6.6、10.5、11	1.0	26		123			10.5	
SFS7-16000/110	110(121)±2×2.5%	38.5(35)±2×2.5%	6.3、6.6、10.5、11	1.1	25		104			10.5	
SFS7-12500/110	110(121)±2×2.5%	38.5(35)±2×2.5%	6.3、6.6、10.5、11		23		87		17～18(10.5)	10.5(17～18)	6.5
SFS7-10000/110	110(121)±2×2.5%	38.5(35)±2×2.5%	6.3、6.6、10.5、11		19.8		74		17～18(10.5)	10.5(17～18)	6.5
SFS7-8000/110	110(121)±2×2.5%	38.5(35)±2×2.5%	6.3、6.6、10.5、11		16.6		63		17～18(10.5)	10.5(17～18)	6.5
SFS7-6300/110	110(121)±2×2.5%	38.5(35)±2×2.5%	6.3、6.6、10.5、11		14		53		17～18(10.5)	10.5(17～18)	6.5

表 10-39　　SFSL7 系列 110kV 三绕组无励磁调压电力变压器的技术数据

变压器型号	额定电压（kV）			空载电流百分比（%）	空载损耗（kW）	负载损耗（kW）			阻抗电压百分比（%）		
	高压	中压	低压			高压-中压	高压-低压	中压-低压	高压-中压	高压-低压	中压-低压
SFSL7-31500/110	110(121)±2×2.5%	38.5(35)±2×2.5%	6.3、6.6、10.5、11	1.0	46		175		17～18(10.5)	10.5(17～18)	6.5
SFSL7-31500/110	110(121)±2×2.5%	38.5(35)±5%	6.3、6.6、10.5、11	1.1	44		162			10.5	
SFSL7-25000/110	110±2×2.5%	38.5±2×2.5%	11		37.7	152.4	151.245	112.741	10.25	17.9	6.53
SFSL7-25000/110	110	35±2×2.5%	10.5		38		148		17～18	10.5	6.5
SFSL7-25000/110	110(121)±2×2.5%	38.5(35)±2×2.5%	6.3、6.6、10.5、11		38.5		148		17～18(10.5)	10.5(17～18)	6.5
SFSL7-20000/110	110(121)±2×2.5%	38.5(35)±2×2.5%	6.3、6.6、10.5、11	1.1	33		125		17～18(10.5)	10.5(17～18)	6.5
SFSL7-20000/110	121(100)±2×2.5%	35(38.5)±2×2.5%	6.3、6.6、10.5、11	1.3	32		123			17.5	
SFSL7-16000/110	110(121)±2×2.5%	38.5(35)±2×2.5%	6.3、6.6、10.5、11	1.1	28		106		17～18(10.5)	10.5(17～18)	6.5
SFSL7-16000/110	110±2×2.5%	38.5±2×2.5%	11	1.403	28.16	104.34	105.03	81.61	10.49	18.03	6.35
SFSL7-16000/110	110(121)±2×2.5%	38.5(35)±2×2.5%	6.3、6.6、10.5、11	1.3	27		106			10.5	
SFSL7-16000/110	110	35±2×2.5%	10.5		28		106		17～18	10.5	6.5
SFSL7-12500/110	110(121)±2×2.5%	38.5(35)±2×2.5%	6.3、6.6、10.5、11		23		87		17～18(10.5)	10.5(17～18)	6.5
SFSL7-10000/110	110(121)±2×2.5%	38.5(35)±2×2.5%	6.3、6.6、10.5、11	1.2	19		70			10.5	
SFSL7-10000/110	110(121)±2×2.5%	38.5(35)±2×2.5%	6.3、6.6、10.5、11		19.8		74		17～18(10.5)	10.5(17～18)	6.5
SFSL7-8000/110	110(121)±2×2.5%	38.5(35)±2×2.5%	6.3、6.6、10.5、11		16.6		63		17～18(10.5)	10.5(17～18)	6.5
SFSL7-6300/110	110(121)±2×2.5%	38.5(35)±2×2.5%	6.3、6.6、10.5、11		14		53		17～18(10.5)	10.5(17～18)	6.5

表 10-40　　其他系列 110kV 三绕组无励磁调压电力变压器的技术数据

变压器型号	额定电压（kV）			空载电流百分比（%）	空载损耗（kW）	负载损耗（kW）			阻抗电压百分比（%）		
	高压	中压	低压			高压-中压	高压-低压	中压-低压	高压-中压	高压-低压	中压-低压
SFSY7-75000/110	110±2×2.5%	55	55	0.45	70		267			10.5	
SFPSL7-63000/110	110(121)±2×2.5%	38.5(35)±2×2.5%	6.3、6.6、10.5、11	0.8	77		300		17～18(10.5)	10.5(17～18)	6.5
SFPS7-63000/110	110(121)±2×2.5%	38.5(35)±2×2.5%	6.3、6.6、10.5、11	1.0	76		265			10.5	
SFSY7-50000/110	110±2×2.5%	27.5	27.5	0.54	54		194.6			9.9	
SFS-50000/110	110	38.5	6.3、6.6、10.5、11		65		250		10.5	17.5	6.5
SSL7-10000/110	110(121)±2×2.5%	38.5(35)±2×2.5%	6.3、6.6、10.5、11	1.2	19.8		74		17～18(10.5)	10.5(17～18)	6.5
SSL7-8000/110	110(121)±2×2.5%	38.5(35)±2×2.5%	6.3、6.6、10.5、11	1.3	16.6		63		17～18(10.5)	10.5(17～18)	6.5

表 10-41　　SFSZ7 系列 110kV 三绕组有载调压电力变压器的技术数据

变压器型号	额定电压（kV）			空载电流百分比（%）	空载损耗（kW）	负载损耗（kW）			阻抗电压百分比（%）		
	高压	中压	低压			高压-中压	高压-低压	中压-低压	高压-中压	高压-低压	中压-低压
SFSZ7-63000/110	110±8×1.25%	38.5±2×2.5%	6.3、6.6、10.5、11	1.2	84.7		300		17～18(10.5)	10.5(17～18)	6.5
SFSZ7-50000/110	110±8×1.25%	38.5±2×2.5%	6.3、6.6、10.5、11	1.3	71.2		250		17～18(10.5)	10.5(17～18)	6.5
SFSZ7-40000/110	110±8×1.25%	38.5±2×2.5%	6.3、6.6、10.5、11	1.3	60.2		210		17～18(10.5)	10.5(17～18)	6.5
SFSZ7-40000/110	121(110)±4×2.5%	38.5(35)±5%	6.3、6.6、10.5、11	1.1	54		192			10.5	
SFSZ7-31500/110	110±8×1.25%	38.5±2×2.5%	11	1.09	50.3		175		10.5	17.5	6.5
SFSZ7-31500/110	121(110)±8×1.25%	38.5(35)±2×2.5%	6.3、6.6、10.5、11	0.8	38		160			10.5	
SFSZ7-20000/110	110±8×1.25%	38.5±2×2.5%	6.3、6.6、10.5、11	1.5	35.8		125		17～18(10.5)	10.5(17～18)	6.5
SFSZ7-20000/110	110(121)±3×2.5%	38.5(35)±2×2.5%	6.3、6.6、10.5、11	0.9	26		121			10.5	
SFSZ7-16000/110	110±8×1.25%	38.5±2×2.5%	6.3、6.6、10.5、11	1.5	30.3		106		17～18(10.5)	10.5(17～18)	6.5

续表

变压器型号	额定电压（kV）			空载电流百分比（%）	空载损耗（kW）	负载损耗（kW）			阻抗电压百分比（%）		
	高压	中压	低压			高压-中压	高压-低压	中压-低压	高压-中压	高压-低压	中压-低压
SFSZ7-16000/110GY	110±3×2.5%	38.5	11	1.03	25.03	99.12	106	78.35	10.78	18.02	6.25
SFSZ7-12500/110	110±8×1.25%	38.5±2×3.5%	6.3、6.6、10.5、11		25.2		87		10.5	17~18	6.5
SFSZ7-10000/110	110±8×1.25%	38.5±2×2.5%	6.3、6.6、10.5、11		21.3		74		10.5	17~18	6.5
SFSZ7-8000/110	110±8×1.25%	38.5±2×2.5%	6.3、6.6、10.5、11		18		63		10.5	17~18	6.5

表 10-42　　SFSZ9 系列 110kV 三绕组有载调压电力变压器的技术数据

变压器型号	电压组合			联结组别标号	阻抗电压百分比（%）	空载损耗（kW）	负载损耗（kW）	空载电流百分比（%）
	高压（kV）	高压分接范围	低压（kV）					
SFSZ9-6300/110	110±8×1.25%	38.5±2×2.5%	6.3 6.6 10.5 11	YNyn0d11	高压-中压：10.5；高压-低压：17~18；中压-低压：6.5	12	47.7	0.6
SF9SZ9-8000/110						14.4	50.4	0.6
SF9SZ9-10000/110						17.2	66.6	0.5
SF9-12500/110						20	78.3	0.5
SF9-16000/110						24.2	95.4	0.45
SF9-20000/110						28.6	112.5	0.4
SF9-25000/110						33.8	133.2	0.4
SF9-31500/110						40.2	157.5	0.35
SF9-40000/110						48	189	0.3
SF9-50000/110						56.9	225	0.25
SF9-63000/110						67.8	270	0.25

表 10-43　　SFSZL7 系列 110kV 三绕组有载调压电力变压器的技术数据

变压器型号	额定电压（kV）			空载电流百分比（%）	空载损耗（kW）	负载损耗（kW）			阻抗电压百分比（%）		
	高压	中压	低压			高压-中压	高压-低压	中压-低压	高压-中压	高压-低压	中压-低压
SFSZL7-40000/110	110±8×1.25%	38.5±2×2.5%	6.3、6.6、10.5、11	1.3	60.2		210		17~18 (10.5)	10.5 (17~18)	6.5
SFSZL7-31500/110	110±8×1.25%	38.5±2×2.5%	6.3、6.6、10.5、11	1.4	50.3		175		17~18 (10.5)	10.5 (17~18)	6.5
SFSZL7-31500/110	110(121)±3×2.5%	38.5(35)±2×2.5%	6.3、6.6、10.5、11	1.1	46		160			10.5	

续表

变压器型号	额定电压（kV）			空载电流百分比（%）	空载损耗（kW）	负载损耗（kW）			阻抗电压百分比（%）		
	高压	中压	低压			高压-中压	高压-低压	中压-低压	高压-中压	高压-低压	中压-低压
SFSZL7-20000/110	110±8×1.25%	38.5±2×2.5%	6.3、6.6、10.5、11	1.5	35.8		125		17～18(10.5)	10.5(17～18)	6.5
SFSZL7-16000/110	110±8×1.25%	38.5±2×2.5%	6.3、6.6、10.5、11	1.5	30.3		106		17～18(10.5)	10.5(17～18)	6.5
SFSZL7-12500/110	110±8×1.25%	38.5±2×2.5%	6.3、6.6、10.5、11		25.2		87		10.5	17～18	6.5
SFSZL7-10000/110	110±8×1.25%	38.5±2×2.5%	6.3、6.6、10.5、11	1.6	21.3		74		17～18(10.5)	10.5(17～18)	6.5
SFSZL7-10000/110	110(121)±8×1.25%	38.5(35)±2×2.5%	6.3、6.6、10.5、11	1.6	19		70			10.5	
SFSZL7-8000/110	110±8×1.25%	38.5±2×2.5%	6.3、6.6、10.5、11	1.7	18		63		17～18(10.5)	10.5(17～18)	6.5

表 10-44　　其他系列 110kV 三绕组有载调压电力变压器的技术数据

变压器型号	额定电压（kV）			空载电流百分比（%）	空载损耗（kW）	负载损耗（kW）			阻抗电压百分比（%）		
	高压	中压	低压			高压-中压	高压-低压	中压-低压	高压-中压	高压-低压	中压-低压
SFPSZ7-63000/110	115±8×1.25%	38.5±5%	6.3	1	84.7		300		10.5	18.5	6.5
SFSZ-63000/110	110±8×1.25%	38.5±5%	11		77		300		10.5	15.5	6.5
SFPSZ7-63000/110	110(121)±3×2.5%	38.5(35)±5%	6.3、6.6、10.5、11	0.8	67		270			10.5	
SSPSZ1-50000/110	121±3×2.5%	38.5±5%	13.8		64.74	24.679	23.601	188.13	17.89	10.49	6.262
SFSZQ7-40000/110	110±8×1.25%	38.5±5%	10.5	1.1	60.2		210		10.5	17.5	6.5
SFSZL-40000/110	110±8×1.25%	38.5±2×2.5%	6.3、6.6、10.5、11		60.2		210		10.5	17.5	6.5
SFSZQ7-31500/110	110±8×1.25%	38.5±2×2.5%	10.5	1.15	50.3		175		10.5	18	6.5
SFSLZ1-31500/110	110±8×1.25%	38.5±5%	11	0.7	34.5	175	175	165	10.5	17～18	6.5
SFSZL-31500/110	110±8×1.25%	38.5±2×2.5%	11		50.3		175		10.5	17.5	6.5
SFSZ1-20000/110	121±3×2.5%	36.75±5%	10.5		31.25	131.7	138.65	99.68	10.74	17.88	6.21
SFSZL-20000/110	110	38.5	6.3、6.6、10.5、11		33		125		10.5	17.5	6.5

表 10-45　　SFPL$_1$系列 110kV 三相双绕组变压器的技术数据

变压器型号	一次电压（kV）	二次电压（kV）	空载损耗（kW）	负载损耗（kW）	空载电流百分比（%）	阻抗电压百分比（%）
SFPL$_1$-50000	110、121	6.3、6.6、10.5、11	48.6（68）	250（275）	0.75（2.3）	10.5
SFL$_1$-63000	110、121	6.3、6.6、10.5、11	60（81.5）	296.6(330)	0.61(2.3)	10.5

注　括号内数据为最大值。

表 10-46　　110kV 分裂电力变压器技术数据

变压器型号	额定电压（kV）		空载电流百分比（%）	空载损耗（kW）	负载损耗（kW）	阻抗电压百分比(%)	
	高压	低压				全穿越	半穿越
SFPFZ7-40000/110	115±6×1.46%	6.3	1	44	164	6.75	12.75
SFPZF-40000/110	110±1×2.5%	6.3	0.96	43.15	179	10.3	18.75
SFFQ7-31500/110	110±2×2.5%	6.3	0.9	33	155	10.4	18.5
SFFZL-31500/110	110±3×2.5%	6.3	0.404	36	177	10.51	18.55
SFFZ-31500/110	110±8×1.5%	10.5、6.3		38	140		18.5
SFPFZ-31500/110	110±8×1.5%	6.3		38	140		18.5

表 10-47　　SFSL$_1$系列 110kV 三相三绕组变压器的技术数据

变压器型号	电压（kV）			损耗（kW）		I_0%
	U_1	U_2	U_3	ΔP_o	ΔP_K	
SFSL$_1$-6300	110、121	38.5	6.3、6.6、10.5、11	12.5	62	1.4(5.2)
SFSL$_1$-8000	110、121	38.5	6.3、6.6、10.5、11	14.2	82.2	1.26(4.5)
SFSL$_1$-10000	110、121	38.5	6.3、6.6、10.5、11	17	90	1.5(4.2)
SFSL$_1$-12500	110、121	38.5	6.3、6.6、10.5、11	33	110	(4)
SFSL$_1$-15000	110、121	38.5	6.3、6.6、10.5、11	22.7	120	1.3(3.8)
SFSL$_1$-20000	110、121	38.5	6.3、6.6、10.5、11	50	150	(3.6)
SFSL$_1$-25000	110、121	38.5	6.3、6.6、10.5、11	52.6	185	(3.6)
SFSL$_1$-31500	110、121	38.5	6.3、6.6、10.5、11	37.2	229	0.8(3.2)
SFSL$_1$-40000	110、121	38.5	6.3、6.6、10.5、11	73.7	285	(3)
SFSL$_1$-50000	110、121	38.5	6.3、6.6、10.5、11	53.2	350	0.8(2.8)

注　1. 损耗数据是各线圈容量均按 100%额定容量计算的。

2. 括号内为最大值。

3. 对降压组合，内柱为低压线圈时，其阻抗为高压-中压：10.5%；高压-低压：17.5%；中压-低压：6.5%。

4. 对升压组合，内柱为中压线圈时，其阻抗为高压-中压：17.5%；高压-低压：10.5%；中压-低压：6.5%。

表 10-48　　**SFSLQ 系列 110kV 三相三绕组变压器的技术数据**

变压器型号	电压（kV）			损耗（kW）		$I_0\%$
	U_1	U_2	U_3	ΔP_o	ΔP_K	
SFSLQ-10000	110、121	38.5	6.3、6.6、10.5、11	21.5	90	1.6
SFSLQ-15000	110、121	38.5	6.3、6.6、10.5、11	30.5	120	1.2
SFSLQ-20000	110、121	38.5	6.3、6.6、10.5、11	34	150	1.2
SFSLQ-31500	110、121	38.5	6.3、6.6、10.5、11	47.2	207	0.9

注　1. 损耗数据是各线圈容量均按 100%额定容量计算的。

2. 对降压组合，内柱为低压线圈时，其阻抗为高压-中压：10.5%；高压-低压：17.5%；中压-低压：6.5%。

3. 对升压组合，内柱为中压线圈时，其阻抗为高压-中压：17.5%；高压-低压：10.5%；中压-低压：6.5%。

表 10-49　　**SSPSLQ 系列 110kV 三相三绕组变压器的技术数据**

变压器型号	电压（kV）			损耗（kW）		$I_0\%$
	U_1	U_2	U_3	ΔP_o	ΔP_K	
SSPSLQ-31500	110	38.5	6.3	47.2	207	0.9

注　1. 损耗数据是各线圈容量均按 100%额定容量计算的。

2. 对降压组合，内柱为低压线圈时，其阻抗为高压-中压：10.5%；高压-低压：17.5%；中压-低压：6.5%。

3. 对升压组合，内柱为中压线圈时，其阻抗为高压-中压：17.5%；高压-低压：10.5%；中压-低压：6.5%。

表 10-50　　**SFS 系列 110kV 三相三绕组变压器的技术数据**

变压器型号	电压（kV）			损耗（kW）				$I_0\%$
	U_1	U_2	U_3	ΔP_o	ΔP_K			
					高压-中压	高压-低压	中压-低压	
SFS-5600	110、121	38.5	6.3、6.6、10.5、11	28.8	52.35	51.63	41.47	5
SFS-7500	110、121	38.5	6.3、6.6、10.5、11	32	80	80	80	4.6
SFS-10000	110、121	38.5	6.3、6.6、10.5、11	39	98	98	98	4.4
SFS-15000	110、121	38.5	6.3、6.6、10.5、11	55	135	135	135	4
SFS-20000	110、121	38.5	6.3、6.6、10.5、11	70	162	162	162	3.5
SFS-31500	110、121	38.5	6.3、6.6、10.5、11	98	230	230	230	3
SFS-45000	110、121	38.5	6.3、6.6、10.5、11	130	300	300	300	3
SFS-60000	110、121	38.5	6.3、6.6、10.5、11	147	430	430	430	2.5

注　1. 损耗数据是各线圈容量均按 100%额定容量计算的。

2. 对降压组合，内柱为低压线圈时，其阻抗为高压-中压：10.5%；高压-低压：17.5%；中压-低压：6.5%。

3. 对升压组合，内柱为中压线圈时，其阻抗为高压-中压：17.5%；高压-低压：10.5%；中压-低压：6.5%。

表 10-51　　S11 系列 110kV 双绕组无励磁调压变压器技术数据

额定容量（kVA）	电压组合及分接范围			联结组别标号	空载损耗（kW）	负载损耗（kW）	阻抗电压百分比（%）
	高压（kV）	高压分接范围（%）	低压（kV）				
6300	110、121	±2×2.5	6.3、6.6、10.5、11	YNd11	7	34.9	10.5
8000					8.4	42.3	
10 000					9.8	50.2	
12 500					11.6	59.5	
16 000					14	73.1	
20 000					16.6	88.4	
25 000					19.6	105	
31 500					23.3	126	
40 000					27.9	145	
50 000					32.9	184	
63 000					39.1	221	
90 000					51	289	
120 000					72	259	

表 10-52　　S11 系列 110kV 三绕组无励磁调压变压器技术数据

额定容量（kVA）	电压组合及分接范围			联结组别标号	空载损耗（kW）	负载损耗（kW）	阻抗电压百分比（%）	
	高压（kV）	中压（kV）	低压（kV）				升压	降压
6300	110±2×25%；121±2×25%	35、38.5	6.3、6.6、10.5、11	YNyn0d11	8.4	45.1	高压-中压：17～18；高压-低压：10.5；中压-低压：6.5	高压-中压：10.5；高压-低压：17～18；中压-低压：6.5
8000					10.2	53.6		
10 000					12	63		
12 500					14	74		
16 000					17	90		
20 000					20	106		
25 000					23.6	126		
31 500					28	109		
40 000					33.5	179		
50 000					39.6	213		
63 000					46.9	255		

表 10-53　　**S11 系列 110kV 双绕组有载调压变压器技术数据**

额定容量（kVA）	电压组合及分接范围			联结组别标号	空载损耗（kW）	负载损耗（kW）	阻抗电压百分比（%）
	高压（kV）	高压分接范围（%）	低压（kV）				
6300	110	±8×1.25	6.3、6.6、10.5、11	YNd11	7.63	34.9	10.5
8000					9.1	42.5	
10 000					11	50.2	
12 000					11.7	59.5	
16 000					15.4	73.1	
20 000					18.4	88.4	
25 000					21.4	105	
31 500					25.6	126	
40 000					30.7	148	
50 000					36.3	184	
63 000					43.3	221	

表 10-54　　**S11 系列 110kV 三绕组有载调压变压器技术数据**

额定容量（kVA）	电压组合及分接范围			联结组别标号	空载损耗（kW）	负载损耗（kW）	阻抗电压百分比（%）
	高压（kV）	高压分接范围（%）	低压（kV）				
6300	110±8×1.25%	35、38.5	6.3、6.6、10.5、11	YNyn0d11	8.1	45.1	高压-中压：10.5；高压-低压：17～18；中压-低压：6.5
8000					11	53.6	
10 000					13	62.9	
12 000					18.1	74	
16 000					22.4	90.1	
20 000					26.4	106	
25 000					31.2	126	
31 500					37.2	149	
40 000					44.5	179	
50 000					52.6	213	
63 000					62.6	255	

表 10-55　　63kV 容量为 630～63 000kVA 双绕组无励磁调压变压器技术数据

额定容量（kVA）	电压组合及分接范围		联结组别标号	空载损耗（kW）	负载损耗（kW）	空载电流百分比（%）	阻抗电压百分比（%）
	高压（kV）	低压（kV）					
630	60±5%；63±5%；66±5%	6.3、6.6、10.5、11	Yd11	2.0	8.4	2.0	8
1000				2.8	11.6	1.9	
1600				3.9	16.5	1.8	
2000				4.6	19.5	1.7	
2500				5.4	23.0	1.6	
3150			YNd11	6.4	27.0	1.5	
4000				7.5	32.0	1.4	
5000				9.0	36.0	1.3	
6300				11.6	40.0	1.2	9
8000	60±2×2.5%；63±2×2.5%；66±2×2.5%	6.3、6.6、10.5、11		14.0	47.5	1.1	
10 000				16.5	56.0	1.1	
12 500				19.5	66.5	1.0	
16 000				23.5	81.7	1.0	
20 000				27.5	93.0	0.9	
25 000				32.5	117.0	0.9	
31 500				38.5	141.0	0.8	
40 000				46.0	165.5	0.8	
50 000				55.0	205.0	0.7	
63 000				65.0	247.0	0.7	

表 10-56　　63kV 容量为 6300～63 000kVA 双绕组有载调压变压器技术数据

额定容量（kVA）	电压组合及分接范围		联结组别标号	空载损耗（kW）	负载损耗（kW）	空载电流百分比（%）	阻抗电压百分比（%）
	高压（kV）	低压（kV）					
6300	60±8×1.25%；63±8×1.25%；66±8×1.25%	6.3、6.6、10.5、11	YNd11	12.5	40.0	1.3	9
8000				15.0	47.5	1.2	
10 000				17.8	56.0	1.1	
12 500				21.0	66.5	1.0	
16 000				25.3	81.7	1.0	
20 000				30.0	99.0	0.9	
25 000				35.5	117.0	0.9	
31 500				42.2	141.0	0.8	
40 000				50.5	165.5	0.8	
50 000				59.7	205.0	0.7	
63 000				71.0	247.0	0.7	

表 10-57 S11 系列 60kV 容量为 630～63 000kVA 双绕组无励磁调压变压器技术数据

额定容量（kVA）	电压组合及分接范围		联结组别标号	空载损耗（kW）	负载损耗（kW）	阻抗电压百分比（%）
	高压（kV）	低压（kV）				
630	63±5%；66±5%；69±5%	6.3、6.6、10.5、11	Yd11	1.2	7.14	8
800				1.4	8.5	
1000				1.68	9.9	
1250				1.96	11.4	
1600				2.38	14	
2000				2.80	16.6	
2500				3.29	20	
3150				3.92	23	
4000				4.62	27.2	
5000				5.46	31	
6300	63±2×2.5%；66±2×2.5%；69±2×2.5%		YNd11	7.0	34	9
8000				8.4	40.4	
10 000				10.0	48	
12 500				11.7	56.5	
16 000				14.1	69.4	
20 000				16.7	86	
25 000				20	99.5	
31 500				23.4	120	
40 000				28	141	
50 000				33	174	
63 000				39.3	210	

表 10-58 S11 系列 60kV 容量为 6300～63 000kVA 双绕组有载调压变压器技术数据

额定容量（kVA）	电压组合及分接范围		联结组别标号	空载损耗（kW）	负载损耗（kW）	阻抗电压百分比（%）
	高压（kV）	低压（kV）				
6300	63±8×1.25% 66±8×1.25% 69±8×1.25%	6.3、6.6、10.5、11	YNd11	7.9	34	9
8000				9.2	40.4	
10 000				10.8	47.6	
12 500				12.7	56.5	
16 000				15.2	69.4	
20 000				17.9	84.2	
25 000				21.1	99.5	
31 500				25	120	
40 000				29.8	141	
50 000				35.1	174	
63 000				41.4	210	

表 10-59　　35kV 容量为 50～1600kVA 双绕组无励磁调压配电变压器技术数据

额定容量（kVA）	电压组合及分接范围		联结组别标号	空载损耗（kW）	负载损耗（kW）	空载电流百分比（%）	阻抗电压百分比（%）
	高压（kV）	低压（kV）					
50	35±5%	0.4	Yyn0	0.265	1.35	2.8	6.5
100				0.37	2.25	2.6	
125				0.42	2.65	2.5	
160				0.47	3.15	2.4	
200				0.55	3.70	2.2	
250				0.64	4.40	2.0	
315				0.76	5.30	2.0	
400				0.92	6.40	1.9	
500				1.08	7.70	1.9	
630				1.30	9.20	1.8	
800				1.54	11.00	1.5	
1000				1.80	13.50	1.4	
1250				2.20	16.30	1.2	
1600				2.65	19.50	1.1	

表 10-60　　35kV 容量为 800～31 500kVA 双绕组无励磁调压电力变压器技术数据

额定容量（kVA）	电压组合及分接范围		联结组别标号	空载损耗（kW）	负载损耗（kW）	空载电流百分比（%）	阻抗电压百分比（%）
	高压（kV）	低压（kV）					
800	35±5%	3.15、6.3、10.5	Yd11	1.54	11.0	1.5	6.5
1000				1.80	13.5	1.4	
1250				2.20	16.5	1.3	
1600				2.65	19.5	1.2	
2000				3.40	19.8	1.1	
2500				4.00	23.0	1.1	
3150	35±5%；38.5±5%	3.15、6.3、10.5		4.75	27.0	1.0	7.0
4000				5.65	32.0	1.0	7.0
5000				6.75	36.7	0.9	7.0
6300				8.20	41.0	0.9	7.5
8000	35±2×2.5%；38.5±2×2.5%	3.15、3.3、6.3、6.6、10.5、11	YNd11	11.50	45.0	0.8	7.5
10 000				13.60	53.0	0.8	7.5
12 500				16.00	63.0	0.7	8.0
16 000				19.00	77.0	0.7	8.0
20 000				22.50	93.0	0.7	8.0
25 000				26.60	110.0	0.6	8.0
31 500				31.60	132.0	0.6	8.0

表 10-61　　35kV 容量为 2000～12 500kVA 双绕组有载调压变压器技术数据

额定容量（kVA）	电压组合及分接范围		联结组别标号	空载损耗（kW）	负载损耗（kW）	空载电流百分比（%）	阻抗电压百分比（%）
	高压（kV）	低压（kV）					
2000	35±3×2.5%	6.3、10.5	Yd11	3.60	20.80	1.4	6
2500				4.25	24.15	1.4	
3150	35±3×2.5%；38.5±3×2.5%	6.3、10.5		5.05	28.90	1.3	7
4000				6.05	34.10	1.3	
5000				7.25	40.00	1.2	
6300				8.80	43.00	1.2	7
8000	35±3×2.5%；38.5±3×2.5%	6.3、6.6、10.5、11	YNd11	12.30	47.50	1.1	
10 000				14.50	56.20	1.1	
12 500				17.10	66.50	1.0	8

表 10-62　　S11 系列 110kV 双绕组低压为 35kV 级无励磁调压变压器技术数据

额定容量（kVA）	电压组合及分接范围		联结组别标号	空载损耗（kW）	负载损耗（kW）	阻抗电压百分比（%）
	高压（kV）	低压（kV）				
6300	110±2×2.5；121±2×2.5	35 38.5	YNd11	7.49	37.4	10.5
8000				9.1	45.1	
10 000				10.6	52.1	
12 000				12.5	62.2	
16 000				14.9	77.4	
20 000				17.8	93.5	
25 000				20.7	110	
31 500				24.5	134	
40 000				29.1	153	
50 000				34.2	193	
63 000				40.5	232	

表 10-63　　SF7 系列 35kV 电力变压器的技术数据

变压器型号	额定电压（kV）		联结组别标号	变压器损耗（kW）		空载电流百分比（%）	阻抗电压百分比（%）
	高压	低压		空载损耗	负载损耗		
SF7-8000/35	38.5、35	11、10.5、6.6、6.3、3.3、3.15	YNd11	11.5	45	0.8	7.5
SF7-10000/35				13.6	53	0.8	7.5
SF7-12500/35				16.0	63	0.7	8
SF7-16000/35				19.0	77	0.7	8
SF7-20000/35				22.5	93	0.7	8
SF7-25000/35				26.6	110	0.6	8
SF7-31500/35				31.6	132	0.6	8

表 10-64　　SFL7 系列 35kV 电力变压器的技术数据

变压器型号	额定电压（kV）		联结组别标号	变压器损耗（kW）		空载电流百分比（%）	阻抗电压百分比（%）
	高压	低压		空载损耗	负载损耗		
SFL7-8000/35	38.5、35	11、10.5、6.6、6.3	YNd11	11.5	45	0.8	7.5
SFL7-10000/35				13.6	53	0.8	7.5
SFL7-12500/35				16.0	63	0.7	8
SFL7-16000/35				19.0	77	0.7	8
SFL7-20000/35				22.5	93	0.7	8
SFL7-25000/35				26.6	110	0.6	8
SFL7-31500/35				31.6	132	0.6	8

表 10-65　　SFZ7 系列 35kV 有载调压电力变压器技术数据

变压器型号	额定电压（kV）		联结组别标号	变压器损耗（kW）		空载电流百分比（%）	阻抗电压百分比（%）
	高压	低压		空载损耗	负载损耗		
SFZ7-8000/35	35、38.5	6.3、6.6、10.5、11	YNd11	12.3	47.5	1.1	7.5
SFZ7-10000/35				14.5	56.2	1.1	7.5
SFZ7-12500/35				17.1	66.5	1.0	8
SFZ7-16000/35				20.1	81.5	1.0	8
SFZ7-20000/35				24.3	96.0	1.0	8

表 10-66　　SFZ9 系列 35kV 有载调压电力变压器技术数据

变压器型号	额定电压（kV）		联结组别标号	变压器损耗（kW）		空载电流百分比（%）	阻抗电压百分比（%）
	高压	低压		空载损耗	负载损耗		
SFZ9-6300/35	35±3×2.5%；38.5±3×2.5%	6.0、6.3、10、10.5	YNd11	8.80	43.00	1.2	7.5
SFZ9-8000/35				12.30	47.50	1.1	7.5
SFZ9-10000/35				14.50	56.20	1.1	7.5
SFZ9-12500/35				17.10	66.50	1.0	8.0
SFZ9-16000/35				19.00	78.50	0.9	8.0
SFZ9-20000/35				22.50	93.00	0.8	8.0

表 10-67　　SFZL7 系列 35kV 有载调压电力变压器技术数据

变压器型号	额定电压（kV）		联结组别标号	变压器损耗（kW）		空载电流百分比（%）	阻抗电压百分比（%）
	高压	低压		空载损耗	负载损耗		
SFZL7-8000/35	35、38.5	6.3、6.6、10.5、11	YNd11	12.3	47.5	1.1	7.5
SFZL7-10000/35				14.5	56.2	1.1	7.5
SFZL7-12500/35				17.1	66.5	1.0	8

表 10-68　　**BS7 系列 35kV 全密封式电力变压器技术数据**

<table>
<tr><th rowspan="2">变压器型号</th><th colspan="2">额定电压（kV）</th><th>联结组别</th><th colspan="2">变压器损耗（kW）</th><th>空载电流</th><th>阻抗电压</th></tr>
<tr><th>高压</th><th>低压</th><th>标号</th><th>空载损耗</th><th>负载损耗</th><th>百分比（%）</th><th>百分比（%）</th></tr>
<tr><td>BS7-2500/35</td><td rowspan="2">35</td><td rowspan="2">6.3</td><td rowspan="2">Yd11</td><td>3.65</td><td>23</td><td>1.0</td><td>5.5</td></tr>
<tr><td>BS7-3150/35</td><td>4.4</td><td>27</td><td>0.9</td><td>5.5</td></tr>
</table>

表 10-69　　**S7 系列 35kV 级配电变压器的技术数据**

<table>
<tr><th rowspan="2">变压器型号</th><th colspan="2">额定电压（kV）</th><th>联结组别</th><th>空载损耗</th><th>负载损耗</th><th>空载电流</th><th>阻抗电压</th></tr>
<tr><th>高压</th><th>低压</th><th>标号</th><th>（kW）</th><th>（kW）</th><th>百分比（%）</th><th>百分比（%）</th></tr>
<tr><td>S7-50/35</td><td rowspan="20">35</td><td rowspan="14">0.4</td><td rowspan="14">Yyn0</td><td>0.265</td><td>1.35</td><td>2.8</td><td>6.5</td></tr>
<tr><td>S7-100/35</td><td>0.37</td><td>2.25</td><td>2.6</td><td>6.5</td></tr>
<tr><td>S7-125/35</td><td>0.42</td><td>2.65</td><td>2.5</td><td>6.5</td></tr>
<tr><td>S7-160/35</td><td>0.47</td><td>3.15</td><td>2.4</td><td>6.5</td></tr>
<tr><td>S7-200/35</td><td>0.55</td><td>3.70</td><td>2.2</td><td>6.5</td></tr>
<tr><td>S7-250/35</td><td>0.64</td><td>4.40</td><td>2.0</td><td>6.5</td></tr>
<tr><td>S7-315/35</td><td>0.76</td><td>5.30</td><td>2.0</td><td>6.5</td></tr>
<tr><td>S7-400/35</td><td>0.92</td><td>6.40</td><td>1.9</td><td>6.5</td></tr>
<tr><td>S7-500/35</td><td>1.08</td><td>7.70</td><td>1.9</td><td>6.5</td></tr>
<tr><td>S7-630/35</td><td>1.30</td><td>9.20</td><td>1.8</td><td>6.5</td></tr>
<tr><td>S7-800/35</td><td>1.54</td><td>11.00</td><td>1.5</td><td>6.5</td></tr>
<tr><td>S7-1000/35</td><td>1.80</td><td>13.50</td><td>1.4</td><td>6.5</td></tr>
<tr><td>S7-1250/35</td><td>2.20</td><td>16.30</td><td>1.2</td><td>6.5</td></tr>
<tr><td>S7-1600/35</td><td>2.65</td><td>19.50</td><td>1.1</td><td>6.5</td></tr>
<tr><td>S7-800/35</td><td rowspan="6">10.5、
6.3、
3.15</td><td rowspan="10">Yd11</td><td>1.54</td><td>11.00</td><td>1.5</td><td>6.5</td></tr>
<tr><td>S7-1000/35</td><td>1.80</td><td>13.50</td><td>1.4</td><td>6.5</td></tr>
<tr><td>S7-1250/35</td><td>2.20</td><td>16.30</td><td>1.3</td><td>6.5</td></tr>
<tr><td>S7-1600/35</td><td>2.65</td><td>19.50</td><td>1.2</td><td>6.5</td></tr>
<tr><td>S7-2000/35</td><td>3.40</td><td>19.80</td><td>1.1</td><td>6.5</td></tr>
<tr><td>S7-2500/35</td><td>4.00</td><td>23.00</td><td>1.1</td><td>6.5</td></tr>
<tr><td>S7-3150/35</td><td rowspan="4">38.5、
35</td><td rowspan="4">10.5、
6.3、
3.15</td><td>4.75</td><td>27.00</td><td>1.0</td><td>7</td></tr>
<tr><td>S7-4000/35</td><td>5.65</td><td>32.00</td><td>1.0</td><td>7</td></tr>
<tr><td>S7-5000/35</td><td>6.75</td><td>36.70</td><td>0.9</td><td>7</td></tr>
<tr><td>S7-6300/35</td><td>8.20</td><td>41.00</td><td>0.9</td><td>7.5</td></tr>
</table>

表 10-70 **S9 系列 35kV 级配电变压器的技术数据**

变压器型号	额定电压（kV）		联结组别标号	空载损耗（kW）	负载损耗（kW）	空载电流百分比（%）	阻抗电压百分比（%）
	高压	低压					
S9-50/35	35	0.4	Yyn0	0.25	1.18	2.0	6.5
S9-100/35				0.35	2.10	1.9	6.5
S9-125/35				0.40	1.95	2.0	6.5
S9-160/35				0.45	2.80	1.8	6.5
S9-200/35				0.53	3.30	1.7	6.5
S9-250/35				0.61	3.90	1.6	6.5
S9-315/35				0.72	4.70	1.5	6.5
S9-400/35				0.88	5.70	1.4	6.5
S9-500/35				1.03	6.90	1.3	6.5
S9-630/35				1.25	8.20	1.2	6.5
S9-800/35				1.48	9.50	1.1	6.5
S9-1000/35				1.75	12.00	1.0	6.5
S9-1250/35				2.10	14.50	0.9	6.5
S9-1600/35				2.50	17.50	0.8	6.5
S9-800/35		10.5、6.3、3.15	Yd11	1.48	8.80	1.1	6.5
S9-1000/35				1.75	11.00	1.0	6.5
S9-1250/35				2.10	14.50	0.9	6.5
S9-1600/35				2.50	16.50	0.8	6.5
S9-2000/35				3.20	16.80	0.8	6.5
S9-2500/35				3.80	19.50	0.8	6.5
S9-3150/35	38.5、35	10.5、6.3、3.15		4.50	22.50	0.8	7
S9-4000/35				5.40	27.00	0.8	7
S9-5000/35				6.50	31.00	0.7	7
S9-6300/35				7.90	34.50	0.7	7.5

表 10-71 **S11 系列 35kV/0.4kV 双绕组无励磁调压变压器技术数据**

额定容量（kVA）	电压组合及分接范围			联结组别标号	空载损耗（kW）	负载损耗（kW）	阻抗电压百分比（%）
	高压（kV）	高压分接范围	低压（kV）				
50	35	±5%	0.4	Yyn0	0.168	1.15	6.5
100					0.238	1.91	
125					0.266	2.25	
160					0.287	2.68	
200					0.336	3.15	
250					0.389	3.74	
315					0.476	4.50	
400					0.574	5.44	
500					0.679	6.55	
630					0.822	7.82	
800					0.973	9.35	
1000					1.135	11.5	
1250					1.372	13.9	
1600					1.650	16.6	

表 10-72　　**S11 系列 35kV 双绕组无励磁调压变压器技术数据**

额定容量（kVA）	电压组合及分接范围			联结组别标号	空载损耗（kW）	负载损耗（kW）	阻抗电压百分比（%）
	高压（kV）	高压分接范围	低压（kV）				
800	35	±5%	3.15、6.3、10.5	Yd11	0.973	9.35	6.5
1000					1.16	11.5	
1250					1.37	13.9	
1600					1.66	16.6	
2000					2.03	18.3	
2500					2.45	19.6	
3150	35、38.5		3.15、6.3、10.5		3.01	23	7.0
4000					3.61	27.2	
5000					4.27	31.2	
6300					5.11	34.9	
8000		±2×2.5%	3.15、3.3、6.3、6.6、10.5、11	YNd11	7.0	38.3	7.5
10 000					8.26	45.1	
12 500					9.8	53.6	8.0
16 000					11.9	65.5	
20 000					14.1	79.1	
25 000					16.7	93.5	
31 500					20	12.2	

表 10-73　　**S11 系列 35kV 双绕组有载调压变压器技术数据**

额定容量（kVA）	电压组合及分接范围			联结组别标号	空载损耗（kW）	负载损耗（kW）	阻抗电压百分比（%）
	高压（kV）	高压分接范围	低压（kV）				
2000	35	±3×2.5%	6.3	Yd11	2.25	19.1	6.5
2500			10.5		2.67	20.5	
3150	35、38.5	±3×2.5%	6.3、10.5		3.15	24.6	7.0
4000					3.85	29	
5000					4.55	34	
6300					5.46	36.6	7.5
8000		±3×2.5%	6.3、6.6、10.5、11	YNd11	7.7	40.4	
10 000					7.9	47.8	
12 500					10.7	56.5	8.0

表 10-74　　SC 系列 35kV 环氧树脂浇注干式电力变压器技术数据

变压器型号	额定容量（kVA）	变压器损耗（kW）		空载电流百分比（%）	阻抗电压百分比（%）
		空载损耗	负载损耗		
SC-100/35	100	0.64	2.50	2.6	6
SC-125/35	125	0.75	2.65	2.5	6
SC-160/35	160	0.82	2.90	2.4	6
SC-200/35	200	0.90	3.20	2.2	6
SC-250/35	250	1.08	3.80	2.0	6
SC-315/35	315	1.25	4.25	2.0	6
SC-400/35	400	1.55	4.80	1.9	6
SC-500/35	500	1.80	5.80	1.9	6
SC-630/35	630	2.10	7.20	1.8	6
SC-800/35	800	2.60	8.60	1.5	6
SC-1000/35	1000	3.20	10.70	1.4	6
SC-1250/35	1250	3.65	12.90	1.3	6
SC-1600/35	1600	4.30	15.10	1.2	6
SC-2000/35	2000	5.00	17.60	1.1	6
SC-2500/35	2500	6.00	20.60	1.1	7
SC-3150/35	3150	7.10	24.00	1.0	7
SC-4000/35	4000	8.20	28.00	1.0	9
SC-5000/35	5000	9.70	32.00	0.9	9
SC-6300/35	6300	11.5	37.00	0.8	9
SC-8000/35	8000	13.5	42.00	0.8	9
SC-10000/35	10 000	15.9	47.00	0.8	9

表 10-75　　SCB8 系列 35kV 环氧树脂浇注干式电力变压器技术数据

变压器型号	额定容量（kVA）	变压器损耗（kW）		空载电流百分比（%）	阻抗电压百分比（%）
		空载损耗	负载损耗		
SCB8-100/35	100	0.60	1.70	2.6	6.5
SCB8-125/35	125	0.685	1.90	2.5	6.5
SCB8-160/35	160	0.80	2.30	2.4	6.5
SCB8-200/35	200	0.95	2.70	2.2	6.5
SCB8-250/35	250	1.08	3.10	2.0	6.5

续表

变压器型号	额定容量(kVA)	变压器损耗（kW）		空载电流百分比（%）	阻抗电压百分比（%）
		空载损耗	负载损耗		
SCB8-315/35	315	1.44	3.75	1.9	6.5
SCB8-400/35	400	1.45	4.60	1.8	6.5
SCB8-500/35	500	1.73	6.10	1.8	6.5
SCB8-630/35	630	1.94	7.26	1.7	6.5
SCB8-800/35	800	2.28	8.30	1.5	6.5
SCB8-1000/35	1000	2.64	9.50	1.3	6.5
SCB8-1250/35	1250	2.90	11.90	1.2	6.5
SCB8-1600/35	1600	3.20	14.90	1.1	6.5
SCB8-2000/35	2000	4.20	17.50	1.0	6.5
SCB8-2500/35	2500	4.60	18.50	1.0	7
SCB8-3150/35	3150	7.00	22.00	0.9	7
SCB8-4000/35	4000	7.50	28.50	0.9	9
SCB8-5000/35	5000	9.20	29.00	0.9	9
SCB8-6300/35	6300	11.00	35.00	0.8	9
SCB8-8000/35	8000	13.00	39.00	0.8	9
SCB8-10000/35	10 000	15.20	43.50	0.8	9

表 10-76　　SCLB8 系列 35kV 环氧树脂浇注干式电力变压器技术数据

变压器型号	额定容量(kVA)	变压器损耗（kW）		阻抗电压百分比（%）
		空载损耗	负载损耗	
SCLB8-400/35	400	1.70	5.40	6
SCLB8-500/35	500	2.00	6.70	6
SCLB8-630/35	630	2.30	7.85	6
SCLB8-800/35	800	2.70	9.00	6
SCLB8-1000/35	1000	3.00	10.5	6
SCLB8-1250/35	1250	3.50	12.00	6
SCLB8-1600/35	1600	4.00	14.00	6
SCLB8-2000/35	2000	4.70	16.00	6
SCLB8-2500/35	2500	5.50	20.00	6

表 10-77　　SC9 系列 35kV 树脂浇注薄绝缘干式电力变压器技术数据

变压器型号	额定电压（kV）		联结组别	变压器损耗（kW）		空载电流	阻抗电压
	高压	低压	标号	空载损耗	负载损耗	百分比（%）	百分比（%）
SC9-315/35	35、38.5	0.4	Yyn0、Yd11、YNd11、Dyn11	1.30	4.41	2.0	6
SC9-400/35				1.51	5.67	2.0	
SC9-500/35				1.75	6.97	2.0	
SC9-630/35				1.98	8.12	1.8	
SC9-800/35				2.28	9.63	1.8	
SC9-1000/35				2.57	11.00	1.8	
SC9-1250/35				3.01	13.40	1.6	
SC9-1600/35				3.90	16.20	1.6	
SC9-2000/35				4.115	19.15	1.4	
SC9-2500/35				4.79	22.95	1.4	
SC9-2000/35		3.15、6、6.3、10、10.5、11		4.725	19.10	1.5	7
SC9-2500/35				5.40	22.95	1.5	
SC9-3150/35				6.75	25.83	1.3	8
SC9-4000/35				7.83	31.00	1.3	
SC9-5000/35				9.36	36.50	1.1	
SC9-6300/35				11.07	42.80	1.1	
SC9-8000/35				12.00	47.50	1.0	9
SC9-10000/35				14.40	57.20	1.0	

表 10-78　　SC10 系列 35kV/0.4kV 级干式配电变压器技术数据

变压器型号	额定电压（kV）		联结组别	变压器损耗（kW）		空载电流	阻抗电压
	高压	低压	标号	空载损耗	负载损耗	百分比（%）	百分比（%）
SC10-50/35	35、38.5	0.4	Yyn0 或 Dyn11	0.39	0.87	2.4	6
SC10-80/35				0.46	1.54	2.0	
SC10-100/35				0.49	2.00	2.0	
SC10-125/35				0.57	2.11	1.6	
SC10-160/35				0.64	2.32	1.6	
SC10-200/35				0.71	2.56	1.6	
SC10-250/35				0.82	3.04	1.6	
SC10-315/35				1.09	3.42	1.4	
SC10-400/35				1.27	4.40	1.4	
SC10-500/35				1.50	5.41	1.4	
SC10-630/35				1.72	6.31	1.2	
SC10-800/35				2.02	7.48	1.2	
SC10-1000/35				2.25	8.59	1.0	
SC10-1250/35				2.62	10.39	1.0	
SC10-1600/35				3.00	12.66	1.0	
SC10-2000/35				3.52	14.85	0.8	
SC10-2500/35				4.12	17.81	0.8	

表 10-79　　SC10 系列 35kV 级干式电力变压器技术数据

变压器型号	额定电压（kV）		联结组别标号	变压器损耗（kW）		空载电流百分比（%）	阻抗电压百分比（%）
	高压	低压		空载损耗	负载损耗		
SC10-800/35	30、36、35、38.5	11、10.5、10、6.6、6.3、6、3.15	Yd11 或 YNd11 或 Dyn11	2.50	8.21	1.5	6
SC10-1000/35				3.25	10.06	1.5	
SC10-1250/35				3.68	11.87	1.3	
SC10-1600/35				4.37	14.22	1.3	
SC10-2000/35				4.70	15.72	1.1	7
SC10-2500/35				5.40	19.65	1.1	
SC10-3150/35				6.80	22.55	0.9	8
SC10-4000/35				7.50	26.06	0.9	
SC10-5000/35				9.31	30.95	0.7	
SC10-6300/35				11.00	35.80	0.7	
SC10-8000/35				12.00	40.60	0.6	9
SC10-10000/35				14.40	46.71	0.6	
SC10-12500/35				17.70	48.89	0.6	
SC10-16000/35				21.00	54.56	0.5	
SC10-20000/35				23.00	68.00	0.5	
SC10-25000/35				26.00	82.50	0.5	

表 10-80　　35kV、10kV 分裂电力变压器技术数据

变压器型号	额定电压（kV）		空载电流百分比（%）	空载损耗（kW）	负载损耗（kW）	阻抗电压百分比（%）	
	高压	低压				全穿越	半穿越
SFPFZ7-40000/35	35	6.3～6.3	0.5	39	160	5.4	10.4
SFF-15000/10	10.5×5%	3.3～3.3	1	15.5	99		21
SFFL-10000/10	10.5	3.15～3.15	1.4	16.1	73.5	8.03	17.326

表 10-81　　S6 系列 10kV 级电力变压器技术数据

变压器型号	额定容量（kVA）	额定电压（kV）		阻抗电压百分比（%）	空载损耗（kW）	负载损耗（kW）	空载电流百分比（%）
		高压	低压				
S6-50/10	50	11、10.5、10、6.3、6	0.4	4	0.175	0.87	5/4.5
S6-63/10	63			4	0.21	1.03	5/4.5
S6-80/10	80			4	0.25	1.24	2.5/4.5
S6-100/10	100			4	0.30	1.47	2/4
S6-125/10	125			4	0.36	1.72	2/4
S6-160/10	160			4	0.43	2.10	2/3.5
S6-200/10	200			4	0.50	2.50	1.8/3.5
S6-250/10	250			4	0.60	2.90	1.8/3

续表

变压器型号	额定容量（kVA）	额定电压（kV）		阻抗电压百分比（%）	空载损耗（kW）	负载损耗（kW）	空载电流百分比（%）
		高压	低压				
S6-315/10	315	11、10.5、10、6.3、6	0.4	4	0.72	3.45	1.8/3
S6-400/10	400			4	0.87	4.20	1.5/3
S6-500/10	500			4	1.03	4.95	1.5/3
S6-630/10	630			4.5/5	1.25	5.80	1.5/1
S6-800/10	800			5	1.40	7.50	1/2.5
S6-1000/10	1000			5	1.70	9.20	1/1.7
S6-1250/10	1250			5	2.00	11.00	1/2.5
S6-1600/10	1600			6	2.40	14.00	0.8/2.5
S6-315/10	315	11、10.5、10	6.3、6	4	0.72	3.45	3
S6-400/10	400			4	0.87	4.20	3
S6-1000/10	1000			5.5	1.70	9.20	1.4
S6-2000/10	2000			5.5	3.00	18.00	0.8
S6-2500/10	2500			5.5	3.50	19.00	1.2

表 10-82 SG10 系列 10kV 级 H 级绝缘非包封线圈干式电力变压器技术数据

变压器型号	额定电压（kV）			联结组别标号	空载损耗（kW）	负载损耗（kW）	空载电流百分比（%）	阻抗电压百分比（%）
	高压	高压分接范围	低压					
SG10-100/10	11、10.5、10、6.6、6.3、6、3	±5%或±2×2.5%	0.4	Yyn0或Dyn11	0.405	1.88	2.4	4
SG10-160/10					0.56	2.55	2.0	4
SG10-200/10					0.63	3.10	2.0	4
SG10-250/10					0.76	3.60	1.8	4
SG10-315/10					0.80	4.60	1.8	4
SG10-400/10					1.04	5.40	1.8	4
SG10-500/10					1.20	6.60	1.8	4
SG10-630/10					1.34	7.90	1.6	6
SG10-800/10					1.69	9.50	1.3	6
SG10-1000/10					1.98	11.40	1.3	6
SG10-1250/10					2.35	12.50	1.3	6
SG10-1600/10					2.70	13.90	1.3	6
SG10-2000/10					3.32	17.50	1.2	6
SG10-2500/10					4.00	20.30	1.2	6

表 10-83　　S7 系列 10kV 级配电变压器技术数据

变压器型号	额定电压（kV）		联结组别	空载损耗	负载损耗	空载电流	阻抗电压
	高压	低压	标号	（kW）	（kW）	百分比（%）	百分比（%）
S7-30/10	11、10.5、10、6.3、6	0.4	Yyn0	0.15	0.80	2.8	4
S7-50/10				0.19	1.15	2.6	4
S7-63/10				0.22	1.40	2.5	4
S7-80/10				0.27	1.65	2.4	4
S7-100/10				0.32	2.00	2.3	4
S7-125/10				0.37	2.45	2.2	4
S7-160/10				0.46	2.85	2.1	4
S7-200/10				0.54	3.40	2.1	4
S7-250/10				0.64	4.00	2.0	4
S7-315/10				0.76	4.80	2.0	4
S7-400/10				0.92	5.80	1.9	4
S7-500/10				1.08	6.90	1.9	4
S7-630/10				1.30	8.10	1.8	4.5
S7-800/10				1.54	9.90	1.5	4.5
S7-1000/10				1.80	11.60	1.2	4.5
S7-1250/10				2.20	13.80	1.2	4.5
S7-1600/10				2.65	16.50	1.1	4.5
S7-630/10		3.15、6.3	Yyd11	1.30	8.10	1.8	5.5
S7-800/10				1.54	9.90	1.5	5.5
S7-1000/10				1.80	11.60	1.2	5.5
S7-1250/10				2.20	13.80	1.2	5.5
S7-1600/10				2.65	16.50	1.1	5.5
S7-2000/10				3.10	19.80	1.0	5.5
S7-2500/10				3.65	23.00	1.0	5.5
S7-3150/10				4.40	27.00	0.9	5.5
S7-4000/10				5.30	32.00	0.8	5.5
S7-5000/10				6.40	36.70	0.8	5.5
S7-6300/10				7.50	41.00	0.7	5.5

表 10-84　　S8 系列 10kV 级配电变压器技术数据

变压器型号	额定电压（kV）		联结组别	空载损耗	负载损耗	空载电流	阻抗电压
	高压	低压	标号	（kW）	（kW）	百分比（%）	百分比（%）
S8-250/10	11、10.5、10、6.3、6	0.4	Yyn0	0.56	3.05	1.2	4
S8-315/10				0.67	3.65	1.1	4
S8-400/10				0.80	4.30	1.0	4
S8-500/10				0.96	5.10	1.0	4
S8-630/10				1.20	6.20	0.9	4.5
S8-800/10				1.40	7.50	0.8	4.5（5.5）
S8-1000/10				1.70	10.30	0.7	4.5（5.5）
S8-1250/10				1.95	12.00	0.6	4.5（5.5）
S8-1600/10				2.40	14.50	0.6	4.5（5.5）

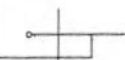

表 10-85　　S9 系列 10kV 级配电变压器技术数据

变压器型号	额定电压（kV）		联结组别标号	空载损耗（kW）	负载损耗（kW）	空载电流百分比（%）	阻抗电压百分比（%）
	高压	低压					
S9-30/10	11、10.5、10、6.3、6	0.4	Yyn0	0.13	0.60	2.1	4
S9-50/10				0.17	0.87	2.0	4
S9-63/10				0.20	1.04	1.9	4
S9-80/10				0.24	1.25	1.8	4
S9-100/10				0.29	1.50	1.6	4
S9-125/10				0.34	1.80	1.5	4
S9-160/10				0.40	2.20	1.4	4
S9-200/10				0.48	2.60	1.3	4
S9-250/10				0.56	3.05	1.2	4
S9-315/10				0.67	3.65	1.1	4
S9-400/10				0.80	4.30	1.0	4
S9-500/10				0.96	5.10	1.0	4
S9-630/10				1.20	6.20	0.9	4.5
S9-800/10				1.40	7.50	0.8	4.5
S9-1000/10				1.70	10.30	0.7	4.5
S9-1250/10				1.95	12.00	0.6	4.5
S9-1600/10				2.40	14.50	0.6	4.5
S9-630/10	11、10.5、10、6.3、6	3.15、6.3	Yd11	1.20	6.20	1.5	4.5
S9-800/10				1.40	7.50	1.4	5.5
S9-1000/10				1.70	9.20	1.4	5.5
S9-1250/10				1.95	12.00	1.3	5.5
S9-1600/10				2.40	14.50	1.3	5.5
S9-2000/10				3.00	18.00	1.2	5.5
S9-2500/10				3.50	19.00	1.2	5.5
S9-3150/10				4.10	23.00	1.0	5.5
S9-4000/10				5.00	26.00	1.0	5.5
S9-5000/10				6.00	30.00	0.9	5.5
S9-6300/10				7.00	35.00	0.9	5.5

表 10-86　　**S9-M 系列 10kV 级低损耗全密封电力变压器技术数据**

变压器型号	额定电压（kV）			联结组别标号	空载损耗（kW）	负载损耗（kW）	空载电流百分比（%）	阻抗电压百分比（%）
	高压	高压分接范围	低压					
S9-M-30/10F	3、6.3、10	±5%	0.4	Yyn0、Dyn11	0.13	0.60	2.1	4
S9-M-50/10F					0.17	0.87	2.0	4
S9-M-63/10F					0.20	1.04	1.9	4
S9-M-80/10F					0.25	1.25	1.8	4
S9-M-100/10F					0.29	1.50	1.6	4
S9-M-125/10F					0.34	1.80	1.5	4
S9-M-160/10F					0.40	2.20	1.4	4
S9-M-200/10F					0.48	2.60	1.3	4
S9-M-250/10F					0.56	3.05	1.2	4
S9-M-315/10F					0.67	3.65	1.1	4
S9-M-400/10F					0.80	4.30	1.0	4
S9-M-500/10F					0.96	5.10	1.0	4
S9-M-630/10F					1.20	6.20	0.9	4.5
S9-M-800/10F					1.40	7.50	0.8	4.5
S9-M-1000/10F					1.70	10.30	0.7	4.5
S9-M-1250/10F					1.95	12.80	0.6	4.5
S9-M-1600/10F					2.40	14.50	0.6	4.5
S9-M-2000/10F					2.52	17.80	0.4	4.5
S9-M-2500/10F					2.97	20.70	0.4	4.5

表 10-87　　**S9-M_a^b 系列 10kV 级全密封膨胀散热器电力变压器技术数据**

变压器型号	额定电压（kV）			联结组别标号	空载损耗（kW）	负载损耗（kW）	空载电流百分比（%）	阻抗电压百分比（%）
	高压	高压分接范围	低压					
250	3、6.3、10	±5%	0.4	Yyn0、Dyn11	0.56	3.05	1.2	4
315					0.67	3.60	1.1	4
400					0.80	4.30	1.0	4
500					0.96	5.10	1.0	4
630					1.15	6.90	0.9	4.5
800					1.40	8.40	0.8	4.5
1000					1.65	9.80	0.7	4.5
1250					1.95	11.70	0.6	4.5
1600					2.35	14.00	0.6	4.5
2000					2.70	19.00	0.6	5.5
2500					3.65	21.00	0.6	5.5

表 10-88　　　　S10-M 系列 10kV 级低损耗全密封电力变压器技术数据

变压器型号	额定电压（kV）			联结组别标号	空载损耗（kW）	负载损耗（kW）	空载电流百分比（%）	阻抗电压百分比（%）
	高压	高压分接范围	低压					
S10-M-315F	3、6.3、10	±5%	0.4	Yyn0、Dyn11	0.54	3.46	1.40	4
S10-M-400F					0.65	4.08	1.40	4
S10-M-500F					0.78	4.84	1.20	4
S10-M-630F					0.92	5.89	1.20	4.5
S10-M-800F					1.12	7.12	1.10	4.5
S10-M-1000F					1.32	9.78	0.90	4.5
S10-M-1250F					1.56	11.40	0.90	4.5
S10-M-1600F					1.88	13.77	0.80	4.5
S10-M-2000F					2.24	16.90	0.70	4.5
S10-M-2500F					2.64	19.66	0.70	4.5

表 10-89　　　　S10-M_a^b 系列 10kV 级全密封膨胀散热器电力变压器技术数据

变压器型号	额定电压（kV）			联结组别标号	空载损耗（kW）	负载损耗（kW）	空载电流百分比（%）	阻抗电压百分比（%）
	高压	高压分接范围	低压					
250	3、6.3、10	±5%	0.4	Yyn0、Dyn11	0.45	3.05	1.2	4
315					0.55	3.60	1.1	4
400					0.66	4.30	1.0	4
500					0.76	5.10	1.0	4
630					0.91	6.76	0.9	4.5
800					1.08	8.23	0.8	4.5
1000					1.26	9.60	0.7	4.5
1250					1.54	11.46	0.6	4.5
1600					1.87	13.72	0.6	4.5
2000					2.25	16.50	0.6	5.5
2500					3.40	19.00	0.6	5.5

表 10-90　　　　S11 系列 10kV 级配电变压器技术数据

变压器型号	空载损耗（kW）	负载损耗（kW）	空载电流百分比（%）	阻抗电压百分比（%）
S11-30/10	0.090	0.60	1.4	4
S11-50/10	0.130	0.87	1.2	4
S11-63/10	0.150	1.04	1.2	4
S11-80/10	0.175	1.25	1.1	4

续表

变压器型号	空载损耗 (kW)	负载损耗 (kW)	空载电流百分比 (%)	阻抗电压百分比 (%)
S11-100/10	0.200	1.50	1.0	4
S11-125/10	0.235	1.80	1.0	4
S11-160/10	0.270	2.20	0.9	4
S11-200/10	0.325	2.60	0.9	4
S11-250/10	0.395	3.05	0.8	4
S11-315/10	0.475	3.65	0.8	4
S11-400/10	0.565	4.30	0.7	4
S11-500/10	0.675	5.10	0.7	4
S11-630/10	0.805	6.20	0.6	4.5
S11-800/10	0.980	7.50	0.6	4.5
S11-1000/10	1.155	10.30	0.5	4.5
S11-1250/10	1.365	12.00	0.5	4.5
S11-1600/10	1.650	14.50	0.4	4.5

表 10-91　　S11-M 系列 10kV 全密封低损变压器技术数据

变压器型号	空载损耗 (kW)	负载损耗 (kW)	空载电流百分比 (%)	阻抗电压百分比 (%)
S11-M-80/10	0.18	1.25	1.8	4
S11-M-100/10	0.20	1.50	1.6	4
S11-M-125/10	0.24	1.80	1.4	4
S11-M-160/10	0.28	2.20	1.4	4
S11-M-200/10	0.33	2.60	1.3	4
S11-M-250/10	0.40	3.05	1.2	4
S11-M-315/10	0.48	3.65	1.1	4
S11-M-400/10	0.57	4.30	1.0	4
S11-M-500/10	0.60	5.15	1.0	4
S11-M-630/10	0.81	6.20	0.9	4.5
S11-M-800/10	0.98	7.50	0.8	4.5
S11-M-1000/10	1.15	10.30	0.7	4.5
S11-M-1250/10	1.36	12.00	0.6	4.5
S11-M-1600/10	1.64	14.50	0.6	4.5

表 10-92　　S11-M・R 系列 10kV 卷铁芯全密封配电变压器技术数据

变压器型号	额定电压（kV）			联结组别标号	空载损耗（kW）	负载损耗（kW）	空载电流百分比（%）	阻抗电压百分比（%）
	高压	高压分接范围	低压					
S11-M・R-30	3、6.3、10、10.5、11	±5%	0.4	Yyn0、Dyn11	0.095	0.59	1.1	4
S11-M・R-50					0.13	0.86	1.0	4
S11-M・R-63					0.14	1.03	0.95	4
S11-M・R-80					0.175	1.24	0.88	4
S11-M・R-100					0.200	1.48	0.85	4
S11-M・R-125					0.235	1.78	0.8	4
S11-M・R-160					0.280	2.18	0.76	4
S11-M・R-200					0.335	2.58	0.72	4
S11-M・R-250					0.390	3.03	0.7	4
S11-M・R-315					0.470	3.63	0.65	4
S11-M・R-400					0.560	4.28	0.6	4
S11-M・R-500					0.670	5.13	0.55	4
S11-M・R-630					0.805	6.18	0.52	4.5

表 10-93　　ZGS9-H（Z）系列箱式变压器技术数据

额定容量（kVA）	空载损耗（kW）	负载损耗（kW）	空载电流百分比（%）	阻抗电压百分比（%）
100	0.29	1.50	1.6	4.0
125	0.34	1.80	1.5	
160	0.40	2.20	1.4	
200	0.48	2.60	1.3	
250	0.565	3.05	1.2	
315	0.67	3.65	1.1	
400	0.80	4.30	1.0	
500	0.96	5.10	1.0	
630	1.20	6.20	0.9	4.5
800	1.40	7.50	0.8	
1000	1.70	10.30	0.7	
1250	1.95	12.80	0.6	
1600	2.40	14.50	0.6	

表 10-94　　ZGS11-H(Z) 系列 10kV 箱式变压器技术数据

额定容量 (kVA)	空载损耗 (kW)	负载损耗 (kW)	空载电流百分比 (%)	阻抗电压百分比 (%)
100	0.200	1.50	1.0	4.0
125	0.235	1.80	1.0	
160	0.270	2.20	0.9	
200	0.325	2.60	0.9	
250	0.395	3.05	0.8	
315	0.475	3.65	0.8	
400	0.565	4.30	0.7	
500	0.675	5.10	0.7	
630	0.805	6.20	0.6	4.5
800	0.980	7.50	0.6	
1000	1.155	10.30	0.5	
1250	1.365	12.80	0.5	
1600	1.650	14.50	0.4	

表 10-95　　SC(B)9 系列 10kV 环氧树脂浇注干式变压器技术数据

变压器型号	额定电压 (kV)		联结组别标号	空载损耗 (kW)	负载损耗 (kW)	空载电流百分比 (%)	阻抗电压百分比 (%)
	高压	低压					
SC9-30/10	11、10.5、10、6.6、6.3、6	0.4	Yyn0、Dyn11	0.20	0.56	2.8	4
SC9-50/10				0.26	0.86	2.4	4
SC9-80/10				0.34	1.14	2	4
SC9-100/10				0.36	1.44	2	4
SC9-125/10				0.42	1.58	1.6	4
SC9-160/10				0.50	1.98	1.6	4
SC9-200/10				0.56	2.24	1.6	4
SC9-250/10				0.65	2.41	1.6	4
SC9-315/10				0.82	3.10	1.4	4
SC9-400/10				0.90	3.60	1.4	4
SCB9-500/10				1.10	4.30	1.4	4
SCB9-630/10				1.20	5.40	1.2	4
SCB9-630/10				1.10	5.60	1.2	6
SCB9-800/10				1.35	6.60	1.2	6
SCB9-1000/10				1.55	7.60	1	6
SCB9-1250/10				2.00	9.10	1	6
SCB9-1600/10				2.30	11.00	1	6
SCB9-2000/10				2.70	13.30	0.8	6
SCB9-2500/10				3.20	15.80	0.8	6

表 10-96　　SC(B)10 系列 10kV/0.4kV 级干式电力变压器技术数据

变压器型号	额定电压（kV）		联结组别标号	空载损耗（kW）	负载损耗（kW）	空载电流百分比（%）	阻抗电压百分比（%）
	高压	低压					
SC10-30/10	11、10.5、10、6.6、6.3、6	0.4	Yyn0 或 Dy11	0.17	0.62	2.2	4
SC10-50/10				0.24	0.86	1.8	4
SC10-80/10				0.32	1.21	1.4	4
SC10-100/10				0.35	1.37	1.4	4
SC10-125/10				0.41	1.61	1.0	4
SC10-160/10				0.48	1.86	1.0	4
SC10-200/10				0.55	2.20	1.0	4
SC10-250/10				0.63	2.40	1.0	4
SC10-315/10				0.77	3.03	0.8	4
SC10-400/10				0.85	3.48	0.8	4
SCB10-500/10				1.02	4.26	0.8	4
SCB10-630/10				1.18	5.12	0.8	4
SCB10-630/10				1.13	5.20	0.8	6
SCB10-800/10				1.33	6.06	0.8	6
SCB10-1000/10				1.55	7.09	0.6	6
SCB10-1250/10				1.83	8.46	0.6	6
SCB10-1600/10				2.14	10.20	0.6	6
SCB10-2000/10				2.40	12.60	0.4	6
SCB10-2500/10				2.85	15.00	0.4	6
SCB10-2000/10				2.28	14.30	0.4	8
SCB10-2500/10				2.70	17.25	0.4	8
SCB10-2000/10				2.23	15.40	0.4	10
SCB10-2500/10				2.65	18.60	0.4	10

表 10-97　　SCR 系列 10kV 级 H 级绝缘干式电力变压器技术数据

变压器型号	额定电压（kV）		联结组别标号	空载损耗（kW）	负载损耗（kW）	空载电流百分比（%）	阻抗电压百分比（%）
	高压	低压					
SCR-30/10	6±5%或±2×2.5%；6.3±5%或±2×2.5%；10±5%或±2×2.5%	0.4	Yyn0 或 Dyn11	0.24	0.89	3	4
SCR-50/10				0.34	1.26	2.8	4
SCR-63/10				0.44	1.60	2.8	4
SCR-80/10				0.46	1.74	2.8	4
SCR-100/10				0.50	1.90	2.8	4
SCR-125/10				0.59	2.33	2	4
SCR-160/10				0.68	2.68	2	4
SCR-200/10				0.78	3.10	2	4
SCR-250/10				0.90	3.30	1.8	4
SCR-315/10				1.10	4.00	1.8	4
SCR-400/10				1.22	4.50	1.8	4
SCR-500/10				1.45	5.50	1.8	4
SCR-630/10				1.60	6.50	1.8	6

续表

变压器型号	额定电压（kV）		联结组别标号	空载损耗（kW）	负载损耗（kW）	空载电流百分比（%）	阻抗电压百分比（%）
	高压	低压					
SCR-800/10	6±5%或	0.4	Yyn0 或 Dyn11	1.80	7.80	1.3	6
SCR-1000/10	±2×2.5%；			2.15	9.10	1.3	6
SCR-1250/10	6.3±5%或			2.55	11.00	1.3	6
SCR-1600/10	±2×2.5%；			3.00	12.00	1.3	6
SCR-2000/10	10±5%或			3.50	15.00	1.2	6
SCR-2500/10	±2×2.5%			4.00	18.00	1.2	6

表 10-98　　SCZ 系列 10kV 环氧浇注有载调压干式变压器技术数据

变压器型号	额定电压（kV）		联结组别标号	空载损耗（kW）	负载损耗（kW）	空载电流百分比（%）	阻抗电压百分比（%）
	高压	低压					
SCZ-200/10	11、10.5、10、6.3、6	0.4	Yyn0、Dyn11	0.82	3.075	2.2	4
SCZ-250/10				0.95	3.655	1.8	4
SCZ-315/10				1.10	4.345	1.8	4
SCZ-400/10				1.30	5.25	1.8	4
SCZ-500/10				1.50	6.25	1.8	4
SCZ-630/10				1.75	8.55	1.3	4
SCZ-800/10				2.12	10.28	1.3	6
SCZ-1000/10				2.48	12.25	1.3	6
SCZ-1250/10				2.98	14.73	1.3	6
SCZ-1600/10				3.42	17.70	1.3	6
SCZ-2000/10				4.15	21.20	1.3	6
SCZ-2500/10				5.00	26.00	1.3	6

表 10-99　　SCZ9-Z 系列 10kV 树脂浇注有载调压干式变压器技术数据

变压器型号	额定电压（kV）		联结组别标号	空载损耗（kW）	负载损耗（kW）	空载电流百分比（%）	阻抗电压百分比（%）
	高压	低压					
SCZ9-Z-250/10	10	0.4	Yyn0、Dyn11	0.910	2.79	0.8	4
SCZ9-Z-315/10				1.080	3.33	0.7	
SCZ9-Z-400/10				1.215	3.92		
SCZ9-Z-500/10				1.440	4.76	0.6	
SCZ9-Z-630/10				1.650	5.66		
SCZ9-Z-630/10				1.600	5.79	0.5	6
SCZ9-Z-800/10				1.880	6.83		
SCZ9-Z-1000/10				2.190	8.09		
SCZ9-Z-1250/10				2.580	9.74		
SCZ9-Z-1600/10				3.030	11.47		
SCZ9-Z-2000/10			Dyn11	4.140	14.06	0.4	
SCZ9-Z-2500/10				4.950	16.74		

表 10-100　　SCZ(B)9 系列 10kV 有载调压干式电力变压器技术数据

变压器型号	额定电压（kV）		联结组别标号	空载损耗（kW）	负载损耗（kW）	阻抗电压百分比（%）
	高压	低压				
SCZ9-200/10	11、10.5、10、6.6、6.3、6	0.4	Yyn0、Dyn11	0.610	2.47	4
SCZ9-250/10				0.710	2.66	
SCZ9-315/10				0.890	3.41	
SCZ9-400/10				0.970	3.96	
SCZB9-500/10				1.190	4.73	6
SCZB9-630/10				1.300	5.94	
SCZB9-630/10				1.190	6.16	
SCZB9-800/10				1.460	7.26	
SCZB9-1000/10				1.680	8.36	
SCZB9-1250/10				2.160	10.01	
SCZB9-1600/10				2.490	12.10	
SCZB9-2000/10				2.920	14.60	
SCZB9-2500/10				3.460	17.40	

表 10-101　　SCZL 系列 10kV 环氧浇注有载调压干式变压器技术数据

变压器型号	额定电压（kV）		联结组别标号	空载损耗（kW）	负载损耗（kW）	空载电流百分比（%）	阻抗电压百分比（%）
	高压	低压					
SCZL-630/10	11、10.5、10、6.3、6、3.3、3.15、3	0.4	Yyn0、Dyn11	2.1	5.65	1.8	4
SCZL-800/10				2.30	7.08	1.8	6
SCZL-1000/10				2.63	8.33	1.7	6
SCZL-1250/10				3.12	10.33	1.6	6
SCZL-1600/10				3.66	12.52	1.5	6
SCZL-2000/10				4.95	14.94	1.5	6

表 10-102　　SCLB8 系列 10kV 环氧浇注干式变压器技术数据

变压器型号	变压器容量（kVA）	空载损耗（kW）	负载损耗（kW）	阻抗电压百分比（%）
SCLB8-100/10	100	0.5	1.61	4
SCLB8-100/10	100	0.5	1.61	6
SCLB8-160/10	160	0.68	2.15	4
SCLB8-160/10	160	0.65	2.25	6
SCLB8-200/10	200	0.78	2.50	4
SCLB8-200/10	200	0.74	2.60	6

续表

变压器型号	变压器容量（kVA）	空载损耗（kW）	负载损耗（kW）	阻抗电压百分比（%）
SCLB8-250/10	250	0.90	2.78	4
SCLB8-250/10	250	0.86	2.82	6
SCLB8-315/10	315	1.10	3.50	4
SCLB8-315/10	315	1.00	3.60	6
SCLB8-400/10	400	1.20	4.00	4
SCLB8-400/10	400	1.15	4.10	6
SCLB8-500/10	500	1.45	4.90	4
SCLB8-500/10	500	1.40	5.00	6
SCLB8-630/10	630	1.68	5.90	4
SCLB8-630/10	630	1.62	6.00	6
SCLB8-800/10	800	1.90	7.10	6
SCLB8-800/10	800	1.80	7.30	8
SCLB8-1000/10	1000	2.20	8.30	6
SCLB8-1000/10	1000	2.10	8.40	8
SCLB8-1250/10	1250	2.60	9.50	6
SCLB8-1250/10	1250	2.40	9.60	8
SCLB8-1600/10	1600	3.06	12.00	6
SCLB8-1600/10	1600	3.00	12.20	8
SCLB8-2000/10	2000	4.10	14.70	6
SCLB8-2000/10	2000	3.90	14.90	8

表 10-103　　SC 型干式变压器技术数据

变压器型号	变压器容量（kVA）	空载损耗（kW）	负载损耗（kW）	阻抗电压百分比（%）
SC-50/10　DG54-10	50	0.32	1.10	
SC-75/10　DG79-10	75	0.33	1.50	
SC-100/10　DG104-10	100	0.38	1.70	
SC-125/10　DG129-10	125	0.38	2.00	
SC-160/10　DG164-10	166	0.55	2.10	
SC-200/10　DG204-10	200	0.60	2.60	
SC-250/10　DG254-10	250	0.79	2.70	

续表

变压器型号	变压器容量（kVA）	空载损耗（kW）	负载损耗（kW）	阻抗电压百分比（%）
SC-315/10 DG319-10	315	0.84	3.25	
SC-400/10 DG404-10	400	0.95	3.60	
SC-500/10 DG504-10	500	1.20	4.00	
SC-630/10 DG634-10	630	1.50	6.20	
SC-800/10 DG804-10	800	1.90	9.00	
SC-1000/10 DG1004-10	1000	2.20	9.90	
SC-100/10 DG106-10	100	0.36	1.75	6
SC-125/10 DG131-10	125	0.40	2.20	6
SC-160/10 DG166-10	160	0.44	2.50	6
SC-200/10 DG206-10	200	0.55	2.60	6
SC-250/10 DG256-10	250	0.62	3.10	6
SC-315/10 DG321-10	315	0.75	3.30	6
SC-400/10 DG406-10	400	0.85	4.00	6
SC-500/10 DG506-10	500	1.20	5.60	6
SC-630/10 DG636-10	630	1.40	7.40	6
SC-800/10 DG806-10	800	1.50	8.95	6
SC-1000/10 DG1006-10	1000	2.00	9.10	6
SC-1250/10 DG1256-10	1250	2.30	11.30	6
SC-1600/10 DG1606-10	1600	2.80	13.70	6
SC-2000/10 DG2006-10	2000	3.50	16.30	6
SC-2500/10 DG2506-10	2500	3.70	18.80	6
SC-3150/10 DG3157-10	3150	4.70	21.10	7
SC-4000/10 DG4007-10	4000	6.40	27.20	7
SC-5000/10 DG5007-10	5000	7.40	27.50	7
SC-8000/10 DG8007-10	8000	13.00	38.95	7
SC-10000/10 DG10007-10	10 000	13.85	43.50	7
SC-100/10R DG104-10R	100	0.31	1.90	
SC-125/10R DG129-10R	125	0.33	2.10	
SC-160/10R DG164-10R	160	0.46	2.20	
SC-200/10R DG204-10R	200	0.51	2.70	
SC-250/10R DG254-10R	250	0.62	2.90	
SC-315/10R DG319-10R	315	0.68	3.50	
SC-400/10R DG404-10R	400	0.75	4.00	
SC-500/10R DG504-10R	500	0.93	4.60	
SC-630/10R DG634-10R	630	1.10	6.40	

续表

变压器型号	变压器容量 (kVA)	空载损耗 (kW)	负载损耗 (kW)	阻抗电压百分比（%）
SC-800/10R DG804-10R	800	1.20	7.90	
SC-1000/10R DG1004-10R	1000	1.55	9.40	
SC-100/10R DG106-10R	100	0.36	1.75	6
SC-125/10R DG131-10R	125	0.40	2.20	6
SC-160/10R DG166-10R	160	0.44	2.50	6
SC-200/10R DG206-10R	200	0.55	2.60	6
SC-250/10R DG256-10R	250	0.62	3.10	6
SC-315/10R DG321-10R	315	0.75	3.30	6
SC-400/10R DG406-10R	400	0.85	4.00	6
SC-500/10R DG506-10R	500	1.20	5.60	6
SC-630/10R DG636-10R	630	1.40	7.40	6
SC-800/10R DG806-10R	800	1.50	8.95	6
SC-1000/10R DG1006-10R	1000	2.00	9.10	6
SC-1250/10R DG1256-10R	1250	2.30	11.30	6
SC-1600/10R DG1606-10R	1600	2.80	13.70	6
SC-2000/10R DG2006-10R	2000	3.50	16.30	6
SC-2500/10R DG2506-10R	2500	3.70	18.80	6
SC-100/35 DG106-35	100	0.64	2.60	6
SC-125/35 DG131-35	125	0.80	2.65	6
SC-160/35 DG166-35	160	0.85	2.90	6
SC-200/35 DG206-35	200	0.90	3.20	6
SC-250/35 DG256-35	250	0.95	3.90	6
SC-315/35 DG321-35	315	1.20	4.25	6
SC-400/35 DG406-35	400	1.60	4.30	6
SC-500/35 DG506-35	500	1.80	4.80	6
SC-630/35 DG636-35	630	2.10	7.90	6
SC-800/35 DG806-35	800	2.60	8.60	6
SC-1000/35 DG1006-35	1000	3.35	9.40	6
SC-1250/35 DG1256-35	1250	3.80	13.20	6
SC-1600/35 DG1606-35	1600	4.50	15.10	6
SC-2000/35 DG12006-35	2000	4.80	17.60	6
SC-2500/35 DG2507-35	2500	5.00	19.00	7
SC-3150/35 DG3157-35	3150	7.70	22.70	7
SC-4000/35 DG4009-35	4000	7.90	29.50	9
SC-5000/35 DG5009-35	5000	9.70	30.00	9
SC-8000/35 DG8009-35	8000	13.50	39.70	9
SC-10000/35 DG10009-35	10 000	15.90	44.20	9

表 10-104　　SH 系列 10kV 非晶体合金铁芯全密封配电变压器技术数据

变压器型号	额定电压（kV）			联结组别标号	空载损耗（kW）	负载损耗（kW）	阻抗电压百分比（%）
	高压	高压分接范围	低压				
SH-30/10	10	±5%	0.4	Dyn11	0.035	0.60	4
SH-50/10					0.045	0.87	4
SH-80/10					0.060	1.25	4
SH-100/10					0.070	1.50	4
SH-125/10					0.085	1.80	4
SH-160/10					0.095	2.20	4
SH-200/10					0.115	2.60	4
SH-250/10					0.140	3.05	4
SH-315/10					0.170	3.65	4
SH-400/10					0.200	4.30	4
SH-500/10					0.240	5.10	4
SH-630/10					0.295	6.20	4

表 10-105　　SH12-M 系列 10kV 非晶体合金铁芯全密封配电变压器技术数据

变压器型号	额定电压（kV）			联结组别标号	空载损耗（kW）	负载损耗（kW）	空载电流百分比（%）	阻抗电压百分比（%）
	高压	高压分接范围	低压					
SH12-M-100/10	6、6.3、10、10.5、11	±5%；±2×2.5%	0.4	Yyn0、Dyn11	0.075	1.50	0.9	4
SH12-M-125/10					0.085	1.80	0.8	4
SH12-M-160/10					0.10	2.20	0.7	4
SH12-M-200/10					0.12	2.60	0.6	4
SH12-M-250/10					0.14	3.05	0.6	4
SH12-M-315/10					0.17	3.65	0.5	4
SH12-M-400/10					0.20	4.30	0.5	4
SH12-M-500/10					0.24	5.10	0.4	4
SH12-M-630/10					0.30	6.20	0.4	4.5
SH12-M-800/10					0.35	7.50	0.4	4.5
SH12-M-1000/10					0.42	10.30	0.3	4.5
SH12-M-1250/10					0.49	12.80	0.3	4.5
SH12-M-1600/10					0.60	14.50	0.3	4.5

表 10-106　　D12 系列 10kV 单相电力变压器技术数据

变压器型号	额定电压（kV）		空载损耗（kW）	负载损耗（kW）	空载电流百分比（%）	阻抗电压百分比（%）
	高压	低压				
D12-10/10	10	0.23	0.057	0.240	2.0	3.5
D12-20/10			0.093	0.380	1.8	
D12-30/10			0.122	0.500	1.6	
D12-50/10			0.160	0.660	1.4	
D12-63/10			0.190	0.810	1.2	
D12-75/10			0.230	0.970	1.1	
D12-100/10			0.270	1.170	1.0	
D12-125/10			0.310	1.440	0.9	4.0
D12-160/10			0.400	1.670	0.8	

表 10-107　　DC10-Z 系列 10kV 单相树脂绝缘干式变压器技术数据

变压器型号	额定电压（kV）		空载损耗（kW）	负载损耗（kW）	空载电流百分比（%）	阻抗电压百分比（%）
	高压	低压				
DC10-Z-5/10	11、10.5、10、6.6、6.3、6	0.4、0.24、0.23、0.22	0.070	0.125	3	3.8
DC10-Z-10/10			0.085	0.220	2	3.8
DC10-Z-20/10			0.130	0.350	1.5	4
DC10-Z-30/10			0.150	0.530	1.3	4
DC10-Z-40/10			0.180	0.610	1.2	4
DC10-Z-50/10			0.230	0.680	1.0	4
DC10-Z-75/10			0.260	0.860	1.0	4
DC10-Z-100/10			0.350	1.050	1.0	4

表 10-108　　6～10kV 容量为 630～6300kVA 双绕组无励磁调压变压器技术数据

额定容量（kVA）	电压组合及分接范围		联结组别标号	空载损耗（kW）	负载损耗（kW）	空载电流百分比（%）	阻抗电压百分比（%）
	高压（kV）	低压（kV）					
630	6±5%；6.3±5%；10±5%；10.5±5%；11±5%	3.15、6.3	Yd11	1.30	8.10	1.80	4.50
800				1.54	9.90	1.50	5.50
1000				1.80	11.60	1.20	
1250				2.20	13.80	1.20	
1600				2.65	16.50	1.10	
2000				3.10	19.80	1.00	
2500				3.65	23.0	1.00	
3150				4.40	27.0	0.90	
4000	10±5%；10.5±5%；11±5%			5.30	32.0	0.80	
5000				6.40	36.7	0.80	
6300				7.50	41.0	0.70	

表 10-109　　6～10kV 容量为 200～1600kVA 双绕组有载调压变压器技术数据

额定容量 (kVA)	电压组合及分接范围		联结组别标号	空载损耗 (kW)	负载损耗 (kW)	空载电流百分比（%）	阻抗电压百分比（%）
	高压（kV）	低压（kV）					
200	6±4×2.5%；6.3±4×2.5%；10±4×2.5%	0.4	Yyn0	0.54	3.40	2.10	4
250				0.64	4.00	2.00	
315				0.76	4.80	2.00	
400				0.92	5.80	1.90	
500				1.08	6.90	1.90	
630				1.40	8.50	1.80	4.5
800				1.60	10.40	1.80	
10 000				1.93	12.18	1.70	
1250				2.35	14.49	1.60	
1600				3.00	17.30	1.50	

表 10-110　　S11 系列 630～6300kVA 双绕组无励磁调压变压器技术数据

额定容量 (kVA)	电压组合及分接范围		联结组别标号	空载损耗 (kW)	负载损耗 (kW)	阻抗电压百分比（%）
	高压（kV）	低压（kV）				
630	6±5%；6.3±5%；10±5%；10.5±5%；11±5%	3、3.15、6.3	Yd11	0.805	6.89	5.5
800				0.98	8.42	
1000				1.16	9.86	
1250				1.37	11.7	
1600				1.65	14.1	
2000				1.96	16.8	
2500				2.31	19.6	
3150				2.73	23	
4000	10±5%；10.5±5%；11±5%	3.15、6.3		3.36	27.2	
5000				3.99	31.2	
6300				4.76	34.9	

表 10-111　　S11 系列 200～1600kVA 双绕组有载调压变压器技术数据

额定容量 (kVA)	电压组合及分接范围		联结组别标号	空载损耗 (kW)	负载损耗 (kW)	阻抗电压百分比（%）
	高压（kV）	低压（kV）				
200	6±4×25%；6.3±4×25%；10±4×25%	0.4	Yyn0、Dyn11	0.329	2.89/3.06	4.0
250				0.399	3.40/3.49	
315				0.470	4.08/4.17	
400				0.567	4.93/5.10	
500				0.679	5.87/6.10	
630				0.868	7.23	4.5
800				1.06	8.84	
1000				1.24	10.4	
1250				1.46	12.3	
1600				1.86	14.7	

表 10-112　　S13 系列 10kV 双绕组变压器技术数据

产品型号	额定容量 (kVA)	损耗 (W)		空载电流百分比 (%)
		空载	负载	
S13-30/10	30	65	600	0.63
S13-50/10	50	85	870	0.60
S13-63/10	63	100	1040	0.57
S13-80/10	80	125	1250	0.54
S13-100/10	100	145	1500	0.48
S13-125/10	125	170	1800	0.45
S13-160/10	160	200	2200	0.42
S13-200/10	200	240	2600	0.39
S13-250/10	250	280	3050	0.36
S13-315/10	315	335	3650	0.38
S13-400/10	400	400	4300	0.30
S13-500/10	500	480	5100	0.30
S13-630/10	630	600	6200	0.27
S13-800/10	800	700	7500	0.24
S13-1000/10	1000	850	10 300	0.21
S13-1250/10	1250	975	12 000	0.18
S13-1600/10	1600	1200	14 500	0.18

表 10-113　　S13-M 型全密封电力变压器主要技术参数

<table>
<tr><th rowspan="2">型号</th><th rowspan="2">容量 (kVA)</th><th colspan="3">电压组合</th><th colspan="2">损耗 (W)</th><th rowspan="2">空载电流百分比 (%)</th><th rowspan="2">阻抗电压百分比 (%)</th></tr>
<tr><th>高压 (kV)</th><th>分接范围</th><th>低压 (kV)</th><th>空载</th><th>负载</th></tr>
<tr><td>S13-30</td><td>30</td><td rowspan="17">6、6.3、10、10.5、11</td><td rowspan="17">±2×2.5%或±5%</td><td rowspan="17">0.4</td><td>80</td><td>600</td><td>0.28</td><td rowspan="12">4</td></tr>
<tr><td>S13-50</td><td>50</td><td>100</td><td>870</td><td>0.25</td></tr>
<tr><td>S13-63</td><td>63</td><td>110</td><td>1040</td><td>0.23</td></tr>
<tr><td>S13-80</td><td>80</td><td>130</td><td>1250</td><td>0.22</td></tr>
<tr><td>S13-100</td><td>100</td><td>150</td><td>1500</td><td>0.21</td></tr>
<tr><td>S13-125</td><td>125</td><td>170</td><td>1800</td><td>0.20</td></tr>
<tr><td>S13-160</td><td>160</td><td>200</td><td>2200</td><td>0.19</td></tr>
<tr><td>S13-200</td><td>200</td><td>240</td><td>2600</td><td>0.18</td></tr>
<tr><td>S13-250</td><td>250</td><td>290</td><td>3050</td><td>0.17</td></tr>
<tr><td>S13-315</td><td>315</td><td>340</td><td>3650</td><td>0.16</td></tr>
<tr><td>S13-400</td><td>400</td><td>410</td><td>4300</td><td>0.16</td></tr>
<tr><td>S13-500</td><td>500</td><td>460</td><td>5100</td><td>0.15</td></tr>
<tr><td>S13-630</td><td>630</td><td>580</td><td>6200</td><td>0.15</td><td rowspan="5">4.5</td></tr>
<tr><td>S13-800</td><td>800</td><td>700</td><td>7500</td><td>0.14</td></tr>
<tr><td>S13-1000</td><td>1000</td><td>830</td><td>10 300</td><td>0.13</td></tr>
<tr><td>S13-1250</td><td>1250</td><td>980</td><td>12 000</td><td>0.12</td></tr>
<tr><td>S13-1600</td><td>1600</td><td>1180</td><td>14 500</td><td>0.11</td></tr>
</table>

表 10-114　　**S15 系列 10kV 双绕组变压器技术数据**

产品型号	额定容量（kVA）	损耗（W）		空载电流百分比（%）
		空载	负载	
S15-30/10	30	33	600	1.70
S15-50/10	50	43	870	1.30
S15-63/10	63	50	1040	1.20
S15-80/10	80	60	1250	1.00
S15-100/10	100	75	1500	0.90
S15-125/10	125	85	1800	0.70
S15-160/10	160	100	2200	0.70
S15-200/10	200	120	2600	0.70
S15-250/10	250	140	3050	0.70
S15-315/10	315	170	3650	0.50
S15-400/10	400	200	4300	0.50
S15-500/10	500	240	5100	0.50
S15-630/10	630	320	6200	0.30
S15-800/10	800	380	7500	0.30
S15-1000/10	1000	450	10 300	0.30
S15-1250/10	1250	530	12 000	0.20
S15-1600/10	1600	630	14 500	0.20

表 10-115　　**SH15 非晶合金系列电力变压器技术数据**

<table>
<tr><th rowspan="2">额定容量（kVA）</th><th colspan="3">电压组合及分接范围</th><th rowspan="2">联结组别标号</th><th colspan="2">损耗（W）</th><th rowspan="2">空载电流百分比（%）</th><th rowspan="2">阻抗电压百分比（%）</th></tr>
<tr><th>高压（kV）</th><th>分接范围</th><th>低压（kV）</th><th>空载</th><th>负载</th></tr>
<tr><td>30</td><td rowspan="20">6、6.3、10、10.5、11</td><td rowspan="20">±5%或±2×2.5%</td><td rowspan="20">0.4</td><td rowspan="20">Dyn11</td><td>33</td><td>600</td><td>1.7</td><td rowspan="12">4</td></tr>
<tr><td>50</td><td>43</td><td>870</td><td>1.3</td></tr>
<tr><td>63</td><td>50</td><td>1040</td><td>1.2</td></tr>
<tr><td>80</td><td>60</td><td>1250</td><td>1.1</td></tr>
<tr><td>100</td><td>75</td><td>1500</td><td>1.0</td></tr>
<tr><td>125</td><td>85</td><td>1800</td><td>0.9</td></tr>
<tr><td>160</td><td>100</td><td>2200</td><td>0.7</td></tr>
<tr><td>200</td><td>120</td><td>2600</td><td>0.7</td></tr>
<tr><td>250</td><td>140</td><td>3050</td><td>0.7</td></tr>
<tr><td>315</td><td>170</td><td>3650</td><td>0.5</td></tr>
<tr><td>400</td><td>200</td><td>4300</td><td>0.5</td></tr>
<tr><td>500</td><td>240</td><td>5150</td><td>0.5</td></tr>
<tr><td>630</td><td>320</td><td>6200</td><td>0.3</td><td rowspan="6">4.5</td></tr>
<tr><td>800</td><td>380</td><td>7500</td><td>0.3</td></tr>
<tr><td>1000</td><td>450</td><td>10 300</td><td>0.3</td></tr>
<tr><td>1250</td><td>530</td><td>12 000</td><td>0.2</td></tr>
<tr><td>1600</td><td>630</td><td>14 500</td><td>0.2</td></tr>
<tr><td>2000</td><td>750</td><td>17 400</td><td>0.2</td></tr>
<tr><td>2500</td><td>900</td><td>20 200</td><td>0.2</td><td>5</td></tr>
</table>

表 10-116　S16 非晶合金变压器试验参数

容量（kVA）	空载损耗（W）	负载损耗（W）	空载电流百分比（%）	阻抗电压百分比（%）
50	38	870	0.9	4
100	58	1500	0.7	
160	78	2200	0.5	
200	90	2600	0.5	
250	110	3050	0.5	
315	130	3650	0.4	
400	160	4300	0.4	
500	190	5150	0.4	
630	230	6200	0.3	4.5
800	280	7500	0.3	

参 考 文 献

[1] 艾军．怎样反窃电．北京：海洋出版社，1992.
[2] 虞忠年，陈星莺，刘昊．电力网电能损耗．北京，中国电力出版社，2000.
[3] 翟世隆．线损知识问答．北京：中国电力出版社，1990.
[4] 电力行业职业技能鉴定指导中心．装表接电．北京：中国电力出版社，2003.
[5] 李景村．防止窃电应用技术与实例．北京：中国水利水电出版社，2004.
[6] 方大千，等．简明电工速查速算手册．北京：中国水利水电出版社，2004.
[7] 赵家礼．变压器修理技师手册．北京，机械工业出版社，2003.
[8] 国家电网有限公司营销部．台区同期线损异常处理．北京，中国电力出版社，2018.